세상을 바꾸는 Reactions 반응

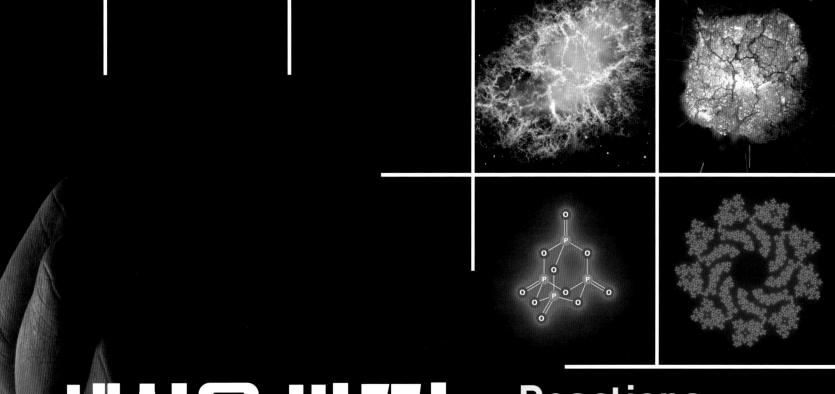

세상을 바꾸는 Reactions
반응

시어도어 그레이 지음 | 닉 만 사진 | 전창림 옮김

다른

[일러두기]

본문의 화학 용어 표기는 대한화학회의 화학술어집과 화합물 명명법을 기준으로 삼되,

일부는 국립국어원의 표준국어대사전을 참조하여 국내 독자에게 익숙한 명칭을 썼습니다.

차례

여는 글

2008년, 나는《세상의 모든 원소 118》을 쓰는 것을 시작으로《세상을 만드는 분자》와《세상을 바꾸는 반응》까지 총 세 권의 시리즈 도서를 썼다. 이 책들은 화학 세계로의 여행을 안내한다. 이 세상의 모든 것은 원소로 되어 있기 때문에 '원소'로 시작했다. 그런 다음 그 원소들이 모여 '분자'가 되고, 그 분자들이 모여 나노 크기의 싸움판 즉 '반응'으로 이어졌다.

　거의 10년(무려 10년이다!) 만에 이 시리즈를 완성했다. 이 책들을 써 오며 내가 내내 이야기하던, 내 몸의 분자들도 얼마만큼 변했음을 느낀다. 그동안 내 아이들도 컸으며, 내 머리카락도 빠졌지만, 이 책들을 쓰는 일은 그만한 가치가 있었다.

　내가 이 책을 쓰며 즐거웠던 만큼 당신도 이 책을 읽으며 즐기기를 바란다.

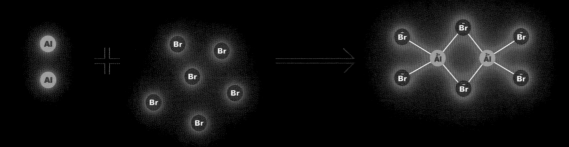

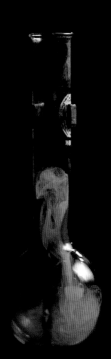

6

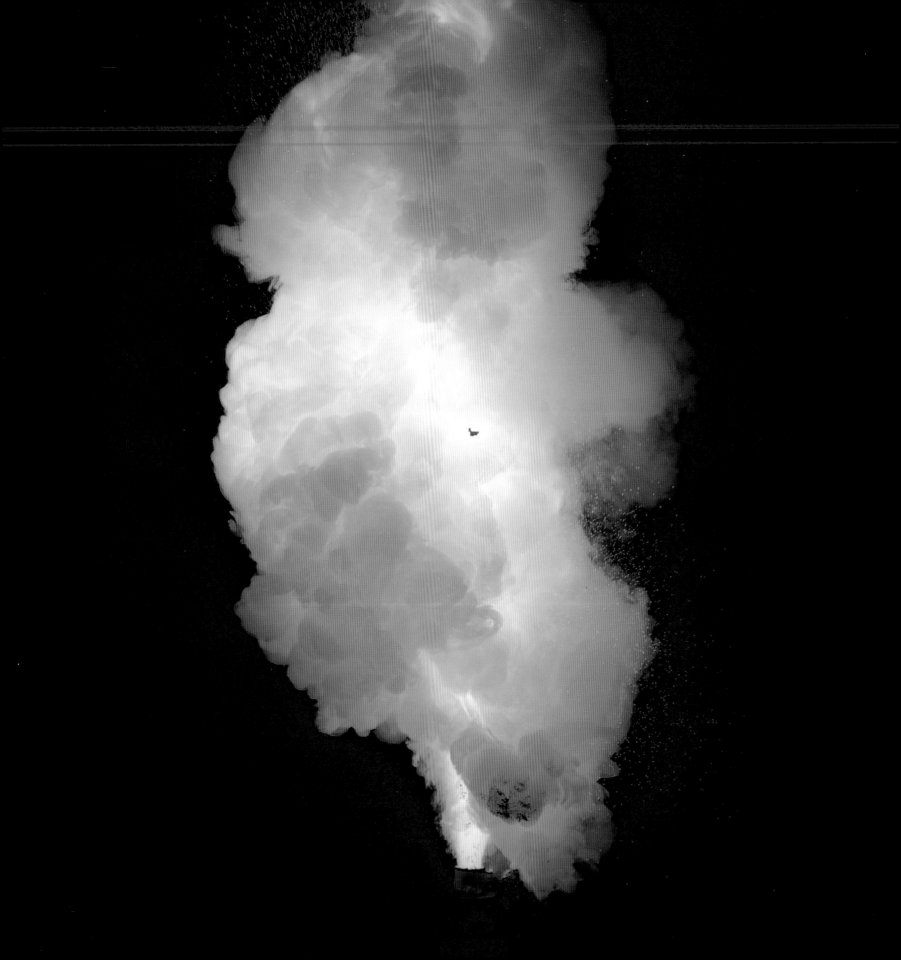

화학은 마술이다

우리는 이제 자연을 이해하고 어느 정도 통제할 수 있게 되었다. 그러나 그렇다고 눈부신 자연 앞에서 그 에너지와 힘에 경외심을 품지 않을 수는 없다.

강한 자석 2개를 같은 극을 향해 밀어붙여서, 보이지 않지만 서로 반발하는 힘을 느껴보라. 할 수 있다면 지금 당장 해보라. 그러면 이런 일이 존재한다는 사실에 놀라움과 경이로움을 '함께' 느낄 것이다.

자석이 평범한 광물이고 또 그것이 어떻게 작동하는지, 어떻게 만드는지까지 잘 안다고 해서 현혹되어선 안 된다. 자석은 다른 별에서 날아온 운석 또는 월석(달 표면에 있던 암석을 표본으로 가져온 것_옮긴이)과 같이 다른 세계에서 온 물체다. 자석은 자신이 있었던 고향의 지식과 힘을 우리 인류에게 전해주기 위해서 온 손님이다.

그렇지만 자석의 고향이 진짜 외계 행성인 건 아니다. 자석의 고향은 규모 자체가 전혀 다른 완전 딴 세계다. 곧 사라질 그 미세 세계에는 물질과 에너지의 본질을 제어하는 양자력이 주민으로 살고 있다.

양자 자력은 모든 물질에, 언제나 존재하지만 보통 때는 반대 방향으로 작용해 서로의 힘을 상쇄하고 있다. 양자 자력은 보통 보이지 않는다. 그러나 우리가 강한 자석을 만들어서, 엄청난 수의 양자력을 모두 같은 방향으로 나란히 놓는다면, 이 놀라운 힘을 우리 손으로 밀고 당기며 느낄 수 있도록 우리의 세계 속으로 들어오게 할 수 있다.

초미세한 양자의 세계는 또한 화학의 고향이기도 하다. 불타는 모습이나 단풍이 드는 모습을 볼 수 있는 것은 상상할 수 없을 만큼 많은 원자의 반응 덕이다. 이러한 모든 반응이 모여 인간이 인지할 수 있는 가시적인 효과를 만들어낸다.

이것이 우리가 다음 장부터 탐구할 세계다.

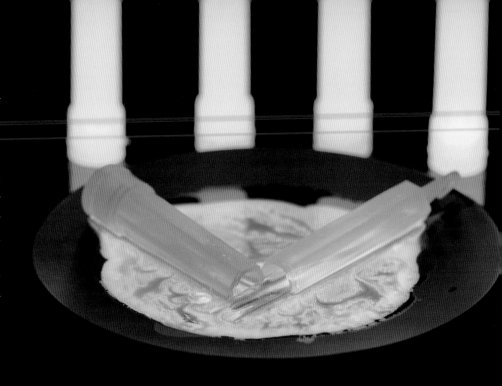

값싼 야광봉을 살펴보자. 그 안에 들어 있는 캡슐을 깨트리면 두 가지 용액이 뒤섞이면서. 갑자기 야광봉이 빛나기 시작한다! 어떻게 이게 가능할까? 더구나 생수 한 병도 안 되는 값에 살 수 있다니. 그렇다고는 해도 이 야광봉을 보고 너무 감탄진 말자.

이 빛은 어디서 왔을까?

빛은 수없이 많은 광자의 모임이고, 그 광자는 빛의 속도로 우주를 돌아다니는 에너지 덩어리다. 광자를 발생시키는 방법에는 여러 가지가 있다. 야광봉에서 일어나는 반응은 그중에서도 복잡한 방법 가운데 하나다. 모든 광자는 하나하나 단 한 번뿐인 화학 반응에 의해 사랑스럽고도 정교하게 만들어진다.

우리는 처음부터 이 야광봉을 설계하고 만들었으므로 어떻게 빛을 내는지 정확히 알고 있고 설명할 수도 있다.(여기서 전문 용어가 많이 나와도 걱정하지 마라. 이 책의 뒤에서 하나하나 다시 설명할 것이다.)

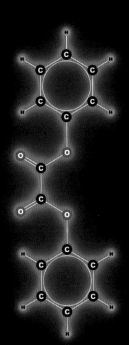

◀ 야광봉에서 빛을 내는 반응의 메커니즘은 다이페닐 옥살레이트라는 분자로 시작한다. 이는 좌우 대칭 구조의 두 날개 사이에 산소 4개가 끼어 있는 특이한 구조를 가진 분자다. 무수히 많은 수의 이 분자가 야광봉을 가득 채우고 있다.

▲ 내부의 캡슐이 깨지면 과산화수소가 방출되어 다이페닐 옥살레이트 분자와 섞인다.

▲ 이 두 분자가 만나 반응을 일으키면 과산화수소가 파괴되면서 다이페닐 옥살레이트를 분해한다.

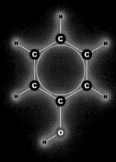

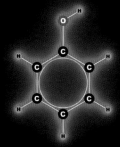

▲ 다이페닐 옥살레이트의 두 날개 부분이 페놀 분자 2개로 분리된다. 그러나 이들이 주인공은 아니다.

▲ 분해 과정 중 두 날개 사이에서 떨어져 나오는 작은 분자인 과산화산에스터가 반응을 일으키는 주인공이다. 이 4각 고리 모양의 특이한 분자는 꽉 감긴 태엽처럼 쉽게 폭발을 일으킬 만큼 반응성이 매우 높다.

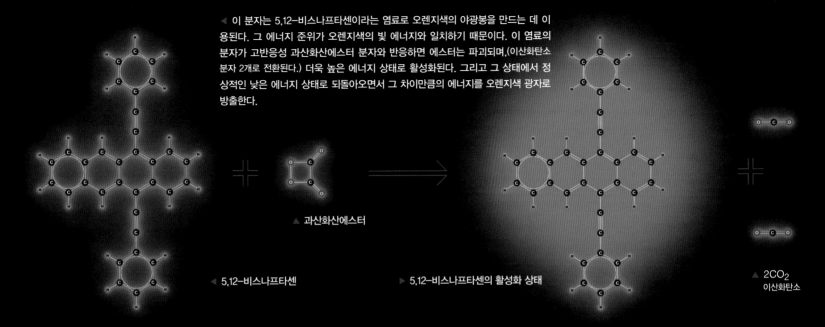

◁ 이 분자는 5,12-비스나프타센이라는 염료로 오렌지색의 야광봉을 만드는 데 이용된다. 그 에너지 준위가 오렌지색의 빛 에너지와 일치하기 때문이다. 이 염료의 분자가 고반응성 과산화산에스터 분자와 반응하면 에스터는 파괴되며,(이산화탄소 분자 2개로 전환된다.) 더욱 높은 에너지 상태로 활성화된다. 그리고 그 상태에서 정상적인 낮은 에너지 상태로 되돌아오면서 그 차이만큼의 에너지를 오렌지색 광자로 방출한다.

▲ 과산화산에스터

◁ 5,12-비스나프타센

▷ 5,12-비스나프타센의 활성화 상태

▲ 2CO₂
이산화탄소

이러한 화학적 과정으로 빛을 내기 위해서는 적정량의 에너지를 흡수해 광자를 방출할 수 있는 분자가 필요하다.(에너지와 광자가 너무 적으면 보이지 않는 적외선 빛을 내고, 너무 많으면 역시 보이지 않는 자외선 빛을 낸다.)

이 반응에서 염료 분자는 무한히 재사용할 수 있다. 하지만 다른 분자들은 단 한 번밖에 쓸 수가 없다. 이들 분자는 반응 중에 파괴되면서 광자를 만들어내는 데 필요한 에너지를 공급한다. 빛을 내기 위해 광자 하나를 만들려면 이 복잡한 과정 전체를 다시 다 거쳐야 한다. 새로운 광자를 얻으려면 이 모든 분자를 새로 구해 처음부터 다시 시작해야 한다는 뜻이다.

보통의 야광봉은 매초 약 10,000,000,000,000,000(100억의 100만 배)개의 반응을 연속적으로 일으킨다.

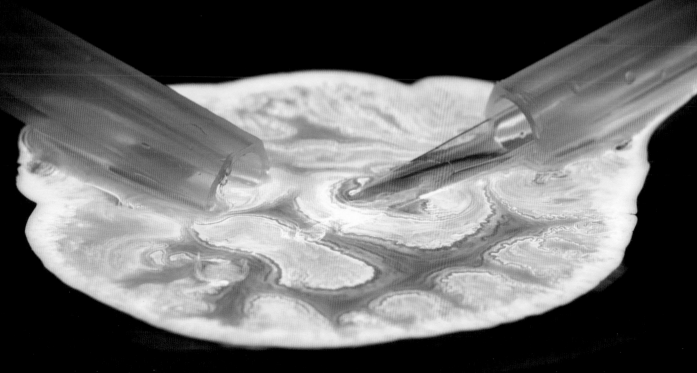

화학은 진짜 마술일까?

이 장의 제목이 〈화학은 마술이다〉이지만, 이제 화학의 '마술'이 어떻게 이루어지는지 겨우 하나를 보여주었을 뿐이다. 그렇다고 화학이 마술이 아니라는 뜻은 아니다.

나는 '마술'이라는 말을 마술사가 쓰는 것과 같은 뜻으로 쓰고 싶다. 마술은 속임수지만 어떻게 작동하는지 이해하기 전에는 초자연적으로 보이기 때문에 마술이라고 한다. 어떤 사람은 그 원리를 밝히는 것을 좋아하지 않지만, 나는 늘 그 원리를 밝혀내는 것을 더 좋아한다. 나는 교묘한 장치와 마술사의 기술이 그 마술의 결과보다 훨씬 더 흥미롭다.

프로 마술사들과 고대 마법사들은 자신들의 비법을 이윤 추구라는 목적에 따라 철저히 감춰왔다. 마술사들이 어떻게 속임수를 써왔는지를 모든 사람이 알아채 버리면, 그들은 일자리를 잃게 되기 때문이다. 그러나 과학자들은 그들과 반대다. 초자연적으로 보이는 어느 마술의 교묘한 원리를 발견하게 되면 전 세계에 그것을 알리고 싶어 한다.

나는 지금 과학 캠프에 와 있다. 그래서 나는 우리 주변에서 온통 벌어지고 있는, 정교하지만 보이지 않는 화학적마술들에 대해 이야기하고 싶은 마음이 굴뚝같다. 그렇다고 더 이상 마술이 아닌 건 아니다. 단지 속임수가 어떻게이루어지는지 우리가 알게 되는 것뿐이다. 그러면 다음에누군가 야광봉을 갖고 있을 때, 우리는 그 작은 물건 안에서 광자가 어떻게 빛을 내는지 설명해줄 수 있다.

▲ 휴대폰은 겉만 봐서는 어떻게 작동하는지 전혀 알 수가 없고, 심지어 분해해 보아도 모르기는 마찬가지다.

모든 첨단 기술은 결국 마술이다 아서 C. 클락

우리는 100년 전에 만들어진 기계들의 원리를 아주 잘 알고 있다. 모든 작동 장치는 실제로 움직이며, 실제로 볼 수 있고 또한 분해할 수도 있다. 이러한 기계들이 제아무리 놀랍다고 해도 마술이 아님을 누구라도 분명히 알 수 있다. 그런데 만일 증기 시대의 누군가에게 오늘날의 휴대폰을 보여준다고 상상해보라. 그에게는 휴대폰이 분명 마술처럼 보이지 않을까?

물론 오늘날에도 휴대폰은 마술처럼 보인다. 어떻게 작동하는지 '전혀' 보이지 않기 때문이다. 그 어떤 부분의 메커니즘도 눈에 보이지 않는다. 부품을 분해해도 보이는 건 아주 작은 금속 다리들이 달린 작은 플라스틱 조각들뿐이다. 그 칩들을 떼어내 봐도 그 안에 흥미로워 보이는 건 아무것도 없다. 휴대폰의 모든 작동은 가시광선의 파장보다도 더 작은 회로 안에서 일어난다. 그냥 작은 게 아니라, 빛보다 더 작다.

보이지 않을 만큼 작은 부품들로 이루어진 기계도 현대의 '마술' 같은 발명품이지만 화학은 그 속이 전혀 보이지 않는다는 점에서 언제나 '마술'이었다.

오늘날 화학은 그저 마술처럼 보일 뿐이고, 그게 진짜 마술이 아니란건 누구나 안다. 하지만 옛날에는 아무도 그 원리를 전혀 알지 못했고, 신비로운 헛소리인지 진지한 과학인지 알 수 없었다.

▶ 이 오래된 아름다운 기계는 모든 부품이 그대로 다 보인다. 그냥 들여다 보는 것만으로도 실제로 어떻게 작동하는지 알 수 있다.

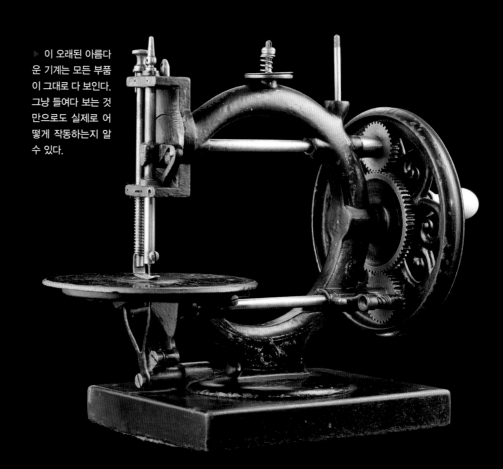

고대 마술은
대부분 화학이다

▲ 〈세 마녀들, 세익스피어의 《맥베스》에서〉,
대니얼 가드너, 1775

현대 사회는 패스트푸드와 멍청한 텔레비전의 시대다. 그런데 이런 시대에 잃어버린 위대한 힘을 풀기 위해 그 열쇠를 오래전의 '비밀스러운 지식'에서 찾으려는 사람들이 있다. 사실 이 비밀스러운 지식은 대개가 오늘날의 기준에서 보면 지나치게 단순하거나 아니면 완전히 잘못된 것이다. 지금 우리는 그 어떤 오래전 비밀의 책보다도 더욱 흥미롭고 새로운 지식들이 속속 밝혀지고 있는 세상을 살고 있다.

내가 흥미롭게 생각하는 것은, 고대 세계의 비밀스러운 지식이나 마술로 여겼던 많은 것이 사실은 화학이거나 최소한 화학을 시도한 일들이라는 사실이다. 모든 고대의 마술은 사실 '모두 다' 화학이었다. 주문을 외우거나 글자를 쓰는 건 그다지 도움이 안 됐지만, 몇 가지 '묘약'은 효과가 있었다.

효과가 있던 묘약들은 현대의 화학이 되었다. 그리고 효과가 없던 묘약들은 돌팔이가 파는 약, 대체의학 제품, 그리고 가짜 '노화 방지' 크림으로 살아남아 지금도 인기를 끌고 있다.

> 도롱뇽의 눈알, 개구리의 발가락, 박쥐의 털,
> 개의 혀, 살모사의 혀, 민도마뱀의 독침,
> 도마뱀의 다리, 올빼미의 날개. 이상할수록
> 더 매력적인 지옥의 스프 (마법의 묘약) 레시피.

윌리엄 세익스피어

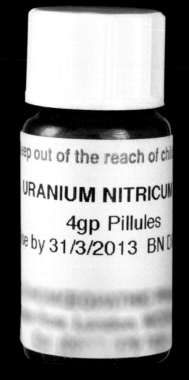

▶ 마법의 묘약 가운데 오늘날 상업화된 가장 좋은 예는 '대체의약품'이다. 이국적인 성분들을 나열하지만 사실 그 어느 것도 실제로 들어 있지 않다.(진짜다. 특정 제품의 성분표에 이렇게 거짓을 적는 건 이를 허용하는 이상한 법 때문에 합법이다.) 제조자는 약품을 '적절하게' 만들기 위해 일정한 횟수만큼 용액을 희석하며, 희석할 때마다 일정한 방향과 일정한 횟수로 희석액이 든 용기를 흔들고 두드려야 한다. 이건 완전히 말도 안 되는 소리고 웃기는 이야기지만, 너무 많은 사람이 속아 넘어가는 탓에 널리 팔려나가서 엄청난 돈을 번다. 정말 웃기는 이야기다.

이름도 이상한 여러 재료를 뒤섞어 끓이는 동안 책에 쓰여 있는 이상한 주문을 외고 신비한 효능을 가진 묘약이 되기를 기다린다. 그러나 아무리 냄새가 고약해도, 아무리 어둠 속에서 애를 써도 도롱뇽의 눈알로 끓인 묘약은 효과가 없었다.

다행히도 고대의 모든 사람이 이런 식으로 만든 묘약을 원하진 않았다. 그중 어떤 사람들은 자연은 상당히 까다롭고 우리가 간절히 원한다고 해서 이를 들어주는 건 아니라는 것을 알았다. 효능이 있는 묘약을 만들기 위해서는 자연을 열심히 연구해야 하며, 운도 따라야 하고, 흥미로운 결과를 일으키는 조합을 찾아내기까지 수많은 시행착오를 거쳐야 한다는 것도 알았다. 다시 말해 과학자라는 단어가 생기기 전부터 그들은 이미 과학자였다.

◀ 화약의 조성은 숯(검은 색), 초석(흰색), 황(노란색) 이다.

세 가지 가루를 아무렇게 섞었을 때, 그 결과물이 특정한 성질을 가질 가능성은 매우 낮다. 그러나 사진 속에 보이는 흰 초석, 검은 숯, 노란 황, 이 세 가지 특정한 가루를 정확한 비율로 섞으면, 적을 지옥불 속에서 태워버리거나 단숨에 산산조각으로 날려버려 전투에서 이길 수 있는 가루를 얻을 수 있다.

여기 이 세 가지 가루가 바로 화약의 구성 성분이다.

화약은 그 자체로 놀라운 물질인 데다 세상에 어마어마하게 큰 영향을 끼쳤다는 점에서 마법의 묘약과 같다. 그것도 아주 강한. 그러나 진짜 마법의 묘약은 아니다. 가루들을 섞는 동안 어리석은 주문을 외지 않는다고 해서 묘약이 되지 않는 건 아니기 때문이다. 정확한 비율로 섞기만 하면 언제나 제조에 성공한다.

이것이 핵심이다. 우리가 화약을 '마술'이라고 하지 않는 건 실제로 작동할 뿐만 아니라 우리가 사용할 때마다 항상 작동하기 때문이다. 또한 화약은 불꽃놀이나 총 같은 새로운 발명품들을 탄생시키기도 했다. 이 발명품들은 실제적인 힘을 발휘한다. 아무런 효과도 없는 마법의 묘약(고대의 것이든 현대의 것이든) 같은 게 아니다.

우리는 화약이 어떤 식으로 아름답게 활용되고 있는지,(142쪽) 어떻게 발전하고 있는지,(156쪽) 그리고 마지막으로 어떤 화학 반응으로 그러한 효과를 일으키는지(201쪽) 자세히 배울 것이다.

◀ 완성된 화약

▶ 폭발하는 화약

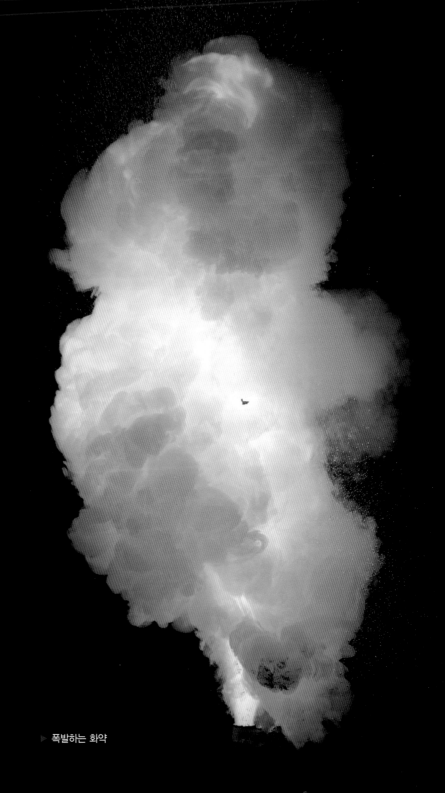

납을 금으로 만들거나 장생불사의 묘약을 만드는 등 지금은 우리가 불가능하다고 여기는 황당한 연구를 했다고 해서 고대 연금술사들을 우스꽝스럽게 여길 수 있다. 그러나 연금술사를 신비주의자나 그 시대의 사기꾼같이 보는 이런 비판은 부당하다.

연금술사들은 목표를 이루기 위해 발전하고자 다양한 물질을 조합하고 실험하면서 강한 물질들(즉 화학 물질들)을 이해하고 확인하기 위해 끊임없이 노력했다. 그들은 원소는 불변한다는 개념을 비롯해 화학적 변화의 본질을 밝혀내려 했다.(보통 금속으로 금을 만드는 특별한 문제를 해결해야 했기 때문에 원소에 대한 정확한 이해가 필요했다.)

연금술사들이 한 일들 중에서 어떤 부분은 오류로 밝혀졌지만, 옳은 연구도 많았다. 그보다 더 중요한 것은 그들이 현실을 바탕으로 일을 했다는 사실이다. 연금술사들은 자신들의 아이디어를 실험으로 증명할 수 있다고 믿었다.(현대적이며 과학적인 방법으로 말이다.) 그들은 증거와 연구, 그리고 검증을 믿었다. 현대의 화학은 1700년대에 들어 견고한 과학으로 정립이 되었는데, 그 토대는 다름 아닌 연금술이었다.

▲ 〈연금술사〉,
N. C. 와이어스, 1937

◀ 공기 중에서 연소
하는 인

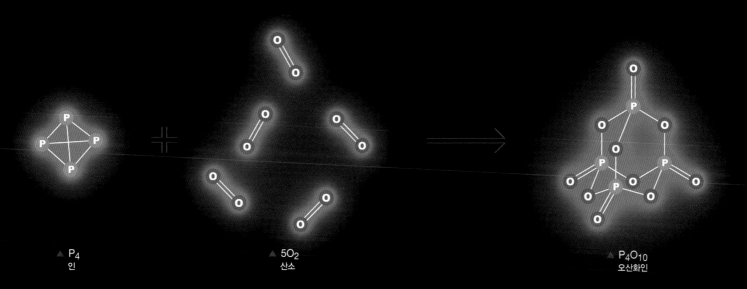

▲ P_4
인

▲ $5O_2$
산소

▲ P_4O_{10}
오산화인

▲ 인(백린)과 산소가 (공기 중에서) 반응하면 인 4개와 산소 10개로 이루어진 아름다운 3차원 분자가 만들어진다.

이 영원히 빛나는 화학 물질에 연금술사들은 매료되었다. 인을 처음 발견한 사람은 1669년 독일의 연금술사 헤니히 브란트였다. 그는 인이 금을 만들 수 있는 비법일 거라고 절대적으로 확신했다. 인을 오줌 속에서 찾은 데다.(오줌은 금처럼 노랗다.) 어둠 속에서 빛났기 때문이다.(그 현상이 인이 태초로부터 이어져 온 어떤 생명력을 이어받았음을 증명하는 것이라고 믿었다.) 인이 강력한 물질이라는 브란트의 생각은 맞았지만, 그렇다고 브란트가 원하던 비법은 아니었다.

▽ '인의 태양' 시연은 인기가 많지만 매우 독성이 강하고 인화성이 강한 물질을 대중 앞에서 다루어야 하는 위험한 일이다. 아래 사진은 나의 용감한 동료 할 소사보스키 교수가 순수한 산소로 채운 병에 인 조각을 넣는 시연을 하고 있는 모습이다.

▷ 헤니히 브란트는 독일 함부르크에서 일하다가 인을 발견했다. 그로부터 270년 뒤인 1939년에 제2차 세계대전이 일어나 연합군이 함부르크에 수천 발에 이르는 폭탄을 투하했다. 그중 가장 많은 게 바로 백린탄(인으로 만든 발화용 폭탄. 인류 최악의 비핵무기로 알려져 있다._옮긴이)이었다. 힘 자체는 선한 것도 악한 것도 아니다. 하지만 이런 강력한 인을, 우리는 식물을 자라게 하는 데 쓸 수도 있고 도시를 쑥대밭으로 만드는 데 쓸 수도 있다.

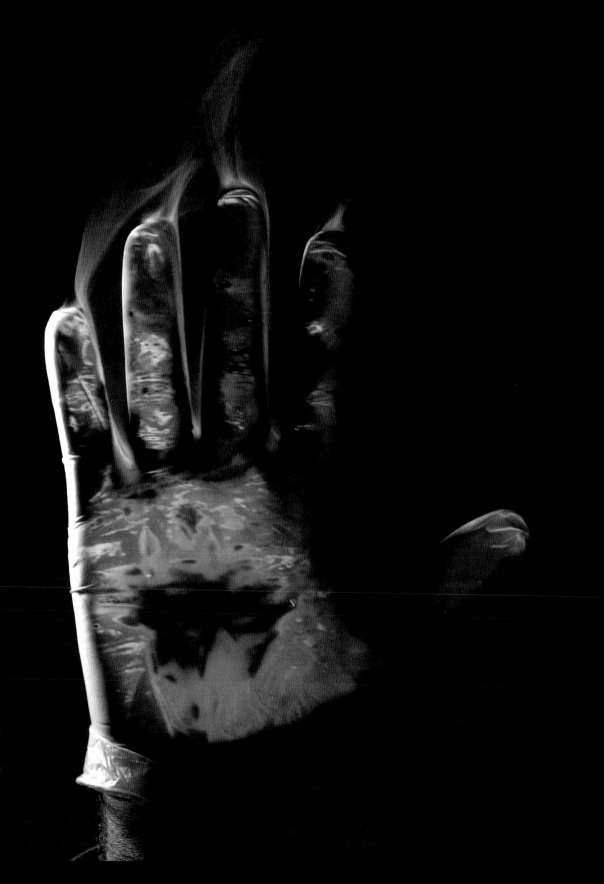

▶ 인은 독성이 무척 강하며 보통의 실온에서 공기 중에 자연 발화한다. 또한 물에 녹아서 피부에 묻으면 섬뜩한 빛을 낸다.(그래서 이중 장갑을 끼고 아주 조심스럽게 다루어야 한다.)

석송 가루는 연금술사들이 화려한 쇼를 보여주고 싶을 때나 자연을 통제할 수 있는 힘을 원하는 왕을 설득할 때 즐겨 쓰던 재료다. 석송 가루를 한 줌 집어서 촛불에 던지면 연기조차 없이 강렬한 섬광이 나타났다가 사라진다.

석송 가루는 (공기 중에 던지면) 화약과 거의 비슷하지만, 실제로는 이끼류의 포자다. 단일 화학 물질이 아니라 식물이다. 단지 엄청나게 넓은 표면적 때문에 매우 빠르게 연소해 아주 '화학적으로' 보이는 것이다.

▷ 석송 가루가 불꽃에 닿아 폭발하는 광경을 직접 본다면 옛날 사람들이 왜 이것을 마술로 느꼈는지 알 수 있을 것이다.

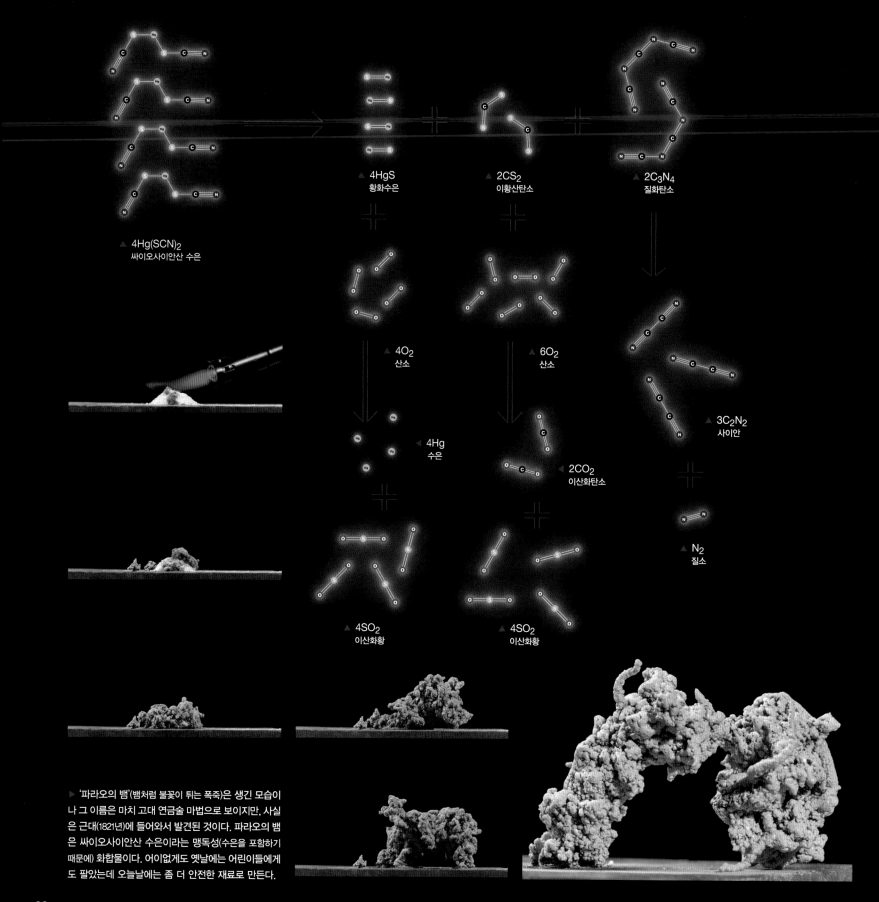

▲ 4Hg(SCN)$_2$
싸이오사이안산 수은

▲ 4HgS
황화수은

▲ 2CS$_2$
이황산탄소

▲ 2C$_3$N$_4$
질화탄소

▲ 4O$_2$
산소

▲ 6O$_2$
산소

◄ 4Hg
수은

◄ 2CO$_2$
이산화탄소

▲ 3C$_2$N$_2$
사이안

▲ N$_2$
질소

▲ 4SO$_2$
이산화황

▲ 4SO$_2$
이산화황

▶ '파라오의 뱀'(뱀처럼 불꽃이 튀는 폭죽)은 생긴 모습이
나 그 이름은 마치 고대 연금술 마법으로 보이지만, 사실
은 근대(1821년)에 들어와서 발견된 것이다. 파라오의 뱀
은 싸이오사이안산 수은이라는 맹독성(수은을 포함하기
때문에) 화합물이다. 어이없게도 옛날에는 어린이들에게
도 팔았는데 오늘날에는 좀 더 안전한 재료로 만든다.

▶ 지금은 '파라오의 뱀' 대신 유해 중금속이 들어 있지 않은 '검은 뱀'이라는 어린이용 불꽃놀이 장난감이 있다. 이 상품의 화학적 조성은 영업 비밀이지만, 추측해보건대 탄소로 분해되는 어떤 물질(아마기름 같은)과 불에 잘 타는 어떤 물질(나프탈렌처럼)이 아주 강한 산화제(흔히 질산포타슘)에 반응하면서 빠른 속도로 연소하는 게 아닐까 싶다.(보통 한 번에 하나씩 터트리지만 수백 개를 한꺼번에 터트리면 정말 멋있다.)

어린 시절 나를
사로잡았던 반응들

오래전 사람들이 희귀하다는 이유로 화학 물질에 매료되었던 것과 마찬가지로 나 역시 화학 물질들을 매우 좋아했다. 찰흙 덩어리나 도롱뇽 눈알과 달리 진짜 화학 물질들은 서로 섞으면 정말로 '무슨 일'이 일어났다. 초기의 연금술사들은 수백 년 동안 정말 황당한 물질들을 찾아 헤매었는데, 나는 그들의 경험 덕분에 인터넷이 있기 전까지는 백과사전에서, 그 이후는 대학에서 많은 것을 배웠다.

화약의 성분 목록(백분율까지 표시된!)을 발견한 날은 정말 짜릿했다. 여느 날과 다름없는 어느 날, 책꽂이 위에 있던 백과사전 중 'G'권을 꺼내어, 책장을 넘기며, 점점 더 그 단어에 가까이 다가가다가…… 마침내 결국 그 단어를 발견한 순간을 나는 지금도 마치 어제 일처럼 생생히 기억한다. 질산포타슘 75퍼센트, 숯 15퍼센트, 황 10퍼센트.

이 비율은 꽤 유동적이다. 역사적으로 화약의 조성은 10퍼센트 내외 또는 그 이상으로 계속해서 변해왔다. 또한 비율에 따라 연소 속도가 달라 다양한 분야에 적용할 수 있었다.(예를 들어 로켓 엔진의 화약은 적어도 몇 초 이상 연소해야 하지만, 총에 쓰는 화약은 1초도 안 되는 아주 짧은 순간에 연소해야 한다. 화약의 연소 속도는 201쪽에서 더 자세히 다룰 것이다.)

아주 오래전에 중국인들이 화약을 처음 발견했을 때 그들은 화약이 어떻게 해서 터지는 건지 이해하지 못했다. 이 점을 생각하면 화약의 조성이 딱 정해져 있지 않은 것은 어쩌면 당연해 보인다. 사실 화합물이 정확히 어떤 조성이어야만 새롭고 재미있는 그 반응이 일어나는 것은 아니기 때문이다. 사실 화약을 만들 때 꼭 필요한 건 질산포타슘이다. 여기에다 뭐든 타는 물건(그냥 종이라도 상관없다.)을 더하면 더욱 잘 타게 된다. 만약 화약의 세계에 관심을 두고 있다면, 앞으로의 연구에서 가치 있는 핵심 물질 중 하나가 바로 이 질산포타슘이라는 데 주목해야 한다. 불이 붙었을 때 숯이나 황을 첨가하거나(그렇지!) 또는 두 가지를 동시에 첨가할 수도 있는데 이런 아이디어가 대단한 것은 아니다. 중요한 건 최적의 비율을 찾기 위해 체계적으로 실험을 해야 한다는 것이다.

◁ 털어놓을 게 있다. 사실 이 사진 속 종이는 질산포타슘이 아니라 그와 화학적으로 유사한 질산스트론튬에 적셔져 있다. 정말이지 다른 이유가 있어서가 아니라 질산포타슘을 썼을 때보다 사진이 더 매력적으로 나오기 때문이다. 이 두 물질이 보여주는 현상은 기본적으로 같다.

▼ $C_{24}H_{40}O_{19}$
다당류

▼ $20KNO_3$
질산포타슘

▼ $20H_2O$
물

▼ $10K_2CO_3$
탄산포타슘

▼ $10N_2$
질소

▼ $14CO_2$
이산화탄소

▲ 화약을 제조하는 과정에서 가장 어려운 부분은 혼합과 분쇄다. 실제로 전통적인 방법으로 화약을 만들려면 몇 시간 동안이나 분쇄를 해야 한다. 그래서 보통은 전동 볼 분쇄기로 분쇄를 한다.(202쪽을 보라.) 또한 조금만 잘못하면 혼합하는 동안 가루가 폭발하기도 한다. 운 좋게도 나는 조잡한 막자사발을 사용했고 또 그 가루를 오랫동안 갈 끈기도 없었다.(그런데 다행히도 덜 분쇄했기 때문에 폭발할 위험도 적었다!)

▶ 나처럼 손으로 대충 화약을 만들면 폭발이 아니라 그냥 '활발한 연소' 정도밖에는 안 된다. 번쩍거리는 장난감 폭죽으로는 훌륭하지만, 대포에 쓰기에는 어림도 없는 수준이다. 사람들이 처음 이 혼합물의 조성을 발견했을 때의 반응 결과도 아마 이와 비슷했을 것이다. 폭발은 아니었지만, 또 분명히 어디에 쓸데도 없었지만, 확실히 흥미는 느꼈을 것이다. 그래서 더 연구해보고 싶은 마음이 들었을 것이다. 그렇게 화약의 성능을 점점 더 높여가는 과정에서 대포와 로켓에도 쓸 수 있을 만큼 발전했을 것이다.

앞으로 4장에서는 시판용 불꽃놀이 폭죽에 들어가는 화약이 어떻게 작동하는지 살펴보고, 6장에서는 화약의 연소 속도에 대해 배울 것이다.

▶ 여기 이상한 그림이 있는 칸에 들어가야 할 사진은 어렸을 때 내가 만든 플래시 파우더 로켓이다. 지금 사진이 없는 건 그 후로 또 만들지 않아서다. 너무 위험했으니까. 그때 내가 한 일은 결코 다시 하지 않을 것이다. 특수효과용 플래시 파우더(알루미늄 가루와 과염소산포타슘의 혼합물)를 두꺼운 하드보드지로 만든 대롱에 단단히 채워 넣어 로켓을 만들었다. 그렇게 만들 생각을 어디서 배웠는지는 모르겠지만, 어쨌든 그 로켓은 진짜로 날아갔다. 가느다란 튜브에 플래시 파우더를 꽉꽉 채웠는데, 이름처럼 '플래시'가 터지지는 않고 대신 빨리 연소했기 때문에 공중에 6~9미터나 로켓이 솟구쳐 올랐다. 나는 나중에 멍청하게도 여기에 폭죽을 추가하기까지 했다. 그렇다! 그건 정말 멍청한 일이었고, 더구나 그건 그때도 알고 있었다. 그러나 애들

이란 원래 그렇지 않은가? 내가 로켓에 화약을 쑤셔 넣는 동안 다행히 내 얼굴을 향해 폭발이 일어나진 않았지만, 사실 그런 사고는 충분히 벌어지고도 남을 일이었다. 내가 지금까지도 화학 물질들을 조심스레 다루는 이유는 그때 거실 탁자에 앉아서 플래시 파우더가 담긴 병과 대롱, 못을 들고 창문 밖을 바라보며 "도대체 난 위험한 걸 뻔히 알면서도 왜 이렇게 열심히 화약을 못으로 대롱에 끼워 넣고 있는 거지? 이러다간 마찰열이 생겨 플래시 파우더가 터질지도 모르는데"라고 생각을 했던 기억이 지금도 나를 괴롭히기 때문이다. 잊지 마라. 어린이들은 가끔 정말 바보 같다. 그때의 나처럼. 이 책을 보고 있는 당신이 지금 어린아이라면 이 말을 잊지 마라. 현명하지 못하면 폭발로 자기 자신을 날려버릴 수도 있다.

나는 이 물질을 정말 좋아한다! 투명한 액체인데, 어떤 특별한 액체를 몇 방울만 집어넣고 한 시간만 지나면 고체로 변한다. 고체라는 점만 빼면 원래처럼 똑같은 투명이다. 마술이다. 그 안에서 뭔가 굉장히 재미있는 일이 일어났다. 이 액체는 공예품점에서 흔히 살 수 있는 주조용 폴리에스터 수지다. 여기서 소량 첨가한 특별한 액체는 보통 촉매라고 부르지만, 이것은 잘못된 용어다. 이 액체는 사실 자유라디칼 개시제인데, 물질 전체를 변화시키는 연쇄 반응을 시작하는 역할을 한다. 엄청나게 많은 작은 분자가 서로서로 연결되면서 아주 큰 분자 몇 개가 된다. 이 커다란 분자는 모든 부분이 서로 가교결합으로 그물같이 얽혀 있으며 그 결과 딱딱하고 튼튼하다.

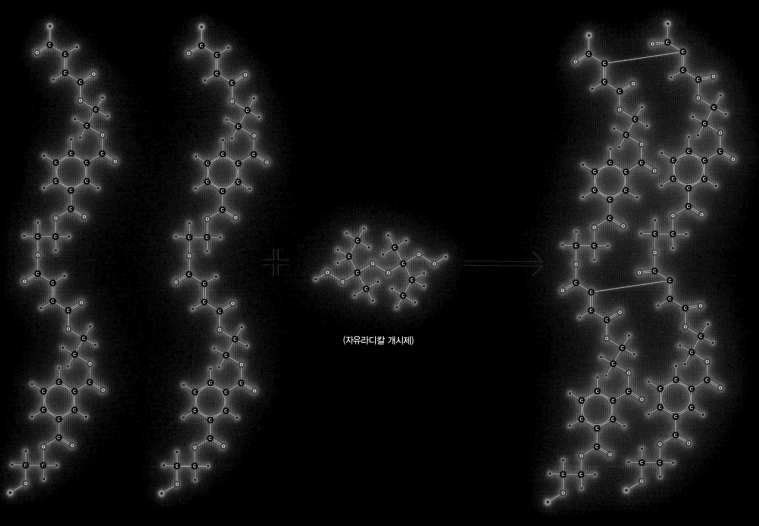

(자유라디칼 개시제)

우리가 일상에서 경험하는 모든 것에는 반드시 적용되는 기본적인 원리들이 있다. 그중 하나가 어떤 물질을 그냥 바라보기만 했는데 그 물질이 변하는 일은 일어나지 않는다는 것이다. 하지만 어둠 속에서 강한 조명을 켜고 바라보면 갑자기 고체로 변하는 액체가 있다. 바로 광경화 에폭시 접착제다.(에폭시 화학에 대해서는 163쪽에서 자세히 다룬다.) 파란색 빛이나 자외선 빛(UV light)을 비추기만 하면 몇 초 안에 바위처럼 아주 단단해진다.(다행히도 이 경화 반응은 일상의 실내조명에서는 잘 일어나지 않는다. 이 실험 키트에는 접착제 튜브와 경화용 파란색·자외선 LED 플래시 라이트가 들어 있다.)

▶ 광경화 에폭시 접착제는 이미 수십 년 전부터 있었다. 그러나 최근들어 마트나 생활용품점에서 소형 포장으로 살수 있게 되었다. 기다렸던 가치가 있다. (당연히 값은 비싸다.)

▶ 기초 원소를 가지고 소금 만들기는 아주아주 오래전부터 내가 꼭 하고 싶었던 일이다. 그리고 마침내 기회가 생겼다. 나는 원소 화학을 실제로 보여주는 이런 원초적인 실험이 좋다. 소듐 금속(물과 접촉하면 폭발)에 염소 기체(빠르고 고통스럽게 사람을 죽이는 순수한 염소)를 불어넣으면 불길이 일면서 우리가 식탁에서 먹는 소금(염화소듐, NaCl)이 연기 형태로 만들어진다.

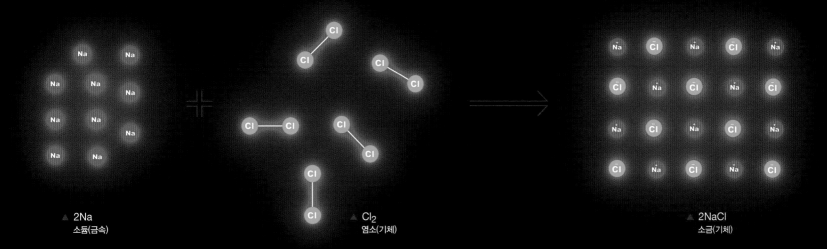

▲ 2Na
소듐(금속)

Cl₂
염소(기체)

▲ 2NaCl
소금(기체)

▲ 이 책에서 나는 때때로 필요한 수보다 많은 원자와 분자를 그려서 화학 반응을 보여준다. 그러나 그 아래 쓴 화학식은 대개 그 비율을 최솟값으로 표시한다. 위의 소금을 예로 들어보자. 소듐 원자 2개가 염소 분자 1개와 반응한다. 그런데 그림에서는 소듐 원자 10개가 염소 분자 5개(염소 원자 10개)와 반응하는 것으로 나타냈다. 여기서 중요한 건 이들의 수가 아니라 2대 1이라는 비율이다. 위에서 원자와 분자를 필요보다 많이 그린 이유는 생성물인 소금을 그럴듯한 크기로 보여주기 위해서다. 실제 반응에서는 당연히 몇 조의 몇 조 배에 이르는 원자와 분자가 반응한다. 물론 그 비율은 언제나 같다.

▲ 내가 맨 처음으로 한 실험은 파스타 접시에 소금을 치는 것이었다.

오른쪽 맨 위의 사진은 1700년대에 만들어진 레토르트(물질을 증류 또는 건류하기 위해 유리나 금속으로 만든 장치_옮긴이)로 그보다 더 예전에 쓰던 증류기를 발전시킨 것이다. 이 레토르트는 연금술사들이 연구를 하기 위해 고안한 장치 중 하나다. 헤니히 브란트는 이것으로 인을 발견했다.(15쪽 참조)

'화학 실험실'이라는 말을 들었을 때 사람들은 대부분 레토르트에서 유래한 여기 이 현대 기구들을 떠올린다. 중세의 연금술사들에게 이 기구들을 보여준다면 유리 공예술을 보고 다들 놀랄 테지만, 그 다양한 부분의 쓰임새가 신비로울 정도로 달라진 건 아니다. 그들도 물질을 가열하는 플라스크, 응축관, 생성물을 받는 포집 용기 등을 알고 있었다. 그들은 아마 대개 세련된 디자인과 믿기 힘들 정도로 정밀한 제조 기술에 놀랄 것이다. 그리고 옛날 그들이 발명한 초기 증류기나 레토르트가 이 굉장한 창조물로 발전했다는 사실에 자랑스러워 할 것이다.(레토르트는 지금은 거의 사용하지 않는다. 현대의 유리로 만든 것도 마찬가지다.)

화학을 배우는 학생들이 전통 화학을 접할 때 처음 보는 게 이런 종류의 기구들이다. 화학에 '황금시대'가 존재한다면 분명히 1800년대 후반에서 1900년대 중반일 것이다. 이때 합성 유기 화학에서 엄청난 수의 발견과 기술 발전이 일어났다. 오늘날에는 기초 원소만으로, 원하는 대로 원자들을 배열해 분자를 만드는 것이 화학적으로 어느 정도 가능해졌다. 이는 화학자들이 분자를 약간 변화시키거나, 아예 다른 분자로 바꿀 수 있는 수천 가지에 달하는 반응을 여러 세대 동안 연구한 덕분이다.

▶ 유리로 만든 레토르트

▲ 유리로 만든 T자 연결관   ▲ 유리로 만든 필터 깔때기

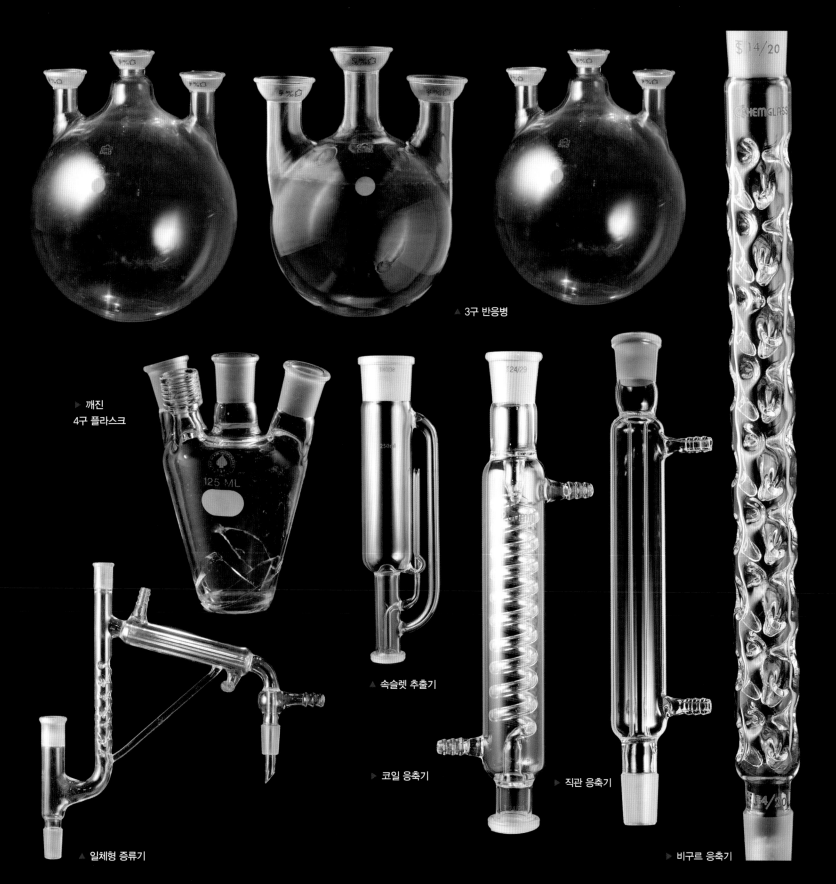

▲ 3구 반응병

▶ 깨진
4구 플라스크

▲ 속슬렛 추출기

▶ 코일 응축기

▶ 직관 응축기

▲ 일체형 증류기

▶ 비구르 응축기

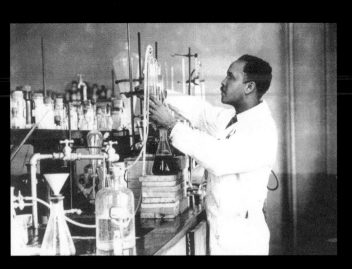

미국 드포 대학교의 줄리언 과학센터는 피조스티그□
민 합성을 그들 대학교의 위대한 업적 중 하나로 손꼽□
는다. 합성 유기 화학은 과거에도 그랬고 지금도 진정□
한 사업이다. 즉 당신이 만약 상업적으로 또는 의학적□
으로 중요한 분자를 값싸게 합성할 수 있는 방법을 알□
아낸다면 세상을 바꿀 수 있다. 피조스티그민을 비롯□
해 중요한 분자들을 발견한 덕분에 수백만 명의 사람□
이 목숨을 구할 수 있었고, 그들의 삶의 질도 나아질□
수 있었다.

위 사진 속 인물은 퍼시 줄리언이다. 32쪽과 33쪽에서 그가 만든 분자
피조스티그민을 볼 수 있다.(1935년에 기초 원소로부터 여러 단계에 걸쳐
만드는 데 성공했다.) 피조스티그민의 '전합성'(기초 원소로 시작해 여러 단
계를 거쳐 최종물의 합성이 이루어지는 전체 과정_옮긴이)은 대단히 의미 있
고 어려운 작업이어서 이 성공으로 그는 유명해졌고, 산업적으로도 오
랫동안 큰 성공을 거두었다.(그의 이름을 딴 대학 건물이 있는 것으로 보아
경제적으로도 큰 성공을 거두었다는 것을 알 수 있다. 일반적으로 이런 건물은
기부자의 이름을 따서 명명하기 때문이다.)

연금술사들이 인을 발견한 단계를 넘어 줄리언이 체계적인 전합성
으로 복잡한 분자를 만들어내기에 이른 것은, 라이트 형제가 운영하던
자전거 수리점에서 발전해 인류가 달에 착륙한 것만큼이나 위대한 도
약이다.

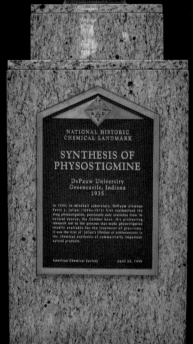

2003년 내 친구 맥스 휏비와 나는 드포 대학교의□
줄리언 과학센터에 대형 주기율표를 설치했다. 이는□
곧 인디애나주 그린캐슬에 있는 작은 마을의 관광명소□
가 되었다. 어떤 면에서는 맥스와 나도 줄리언의 발견□
으로 혜택을 입은 셈이다.

그린캐슬의 또 다른 관광명소는 마을 광장에 전시된 독일의 V-1 '버즈 폭탄'이다. 나치의 테러 무기가 도대체□
어쩌다가 여기 이 작은 마을의 법원 앞에 자랑스러운 자태로 전시된 건지 모르겠다.(이 무기는 제2차 세계대전 당시□
영국 런던을 무차별 폭격하기 위해 설계되었다.) 아마 수많은 일이 얽혀 있겠지!

드포 대학교의 주기율표에는 원소마다 그 구조와□
쓰임새들이 작은 모형으로 만들어져 있다.

O 8

oxygen

Al 13

aluminum

Cu 29

copper

Nb 41

niobium

피조스티그민의 전합성

'전합성'이란 이미 밝혀진 간단한 물질로부터 여러 단계를 거쳐 복잡한 특정 분자를 합성하는 과정 전체를 뜻한다. 즉 퍼시 줄리언이 전합성으로 피조스티그민을 만들었다는 것은 그 모든 과정을 밝혀냈다는 의미다.(피조스티그민의 경우 정유 과정에서 대량으로 얻을 수 있는 매우 단순한 분자인 페놀로부터 시작했다. 줄리언은 앞서 다른 연구자들이 네 가지 반응을 거쳐 합성한 페나세틴에서부터 시작해 피조스티그민을 합성했다.)

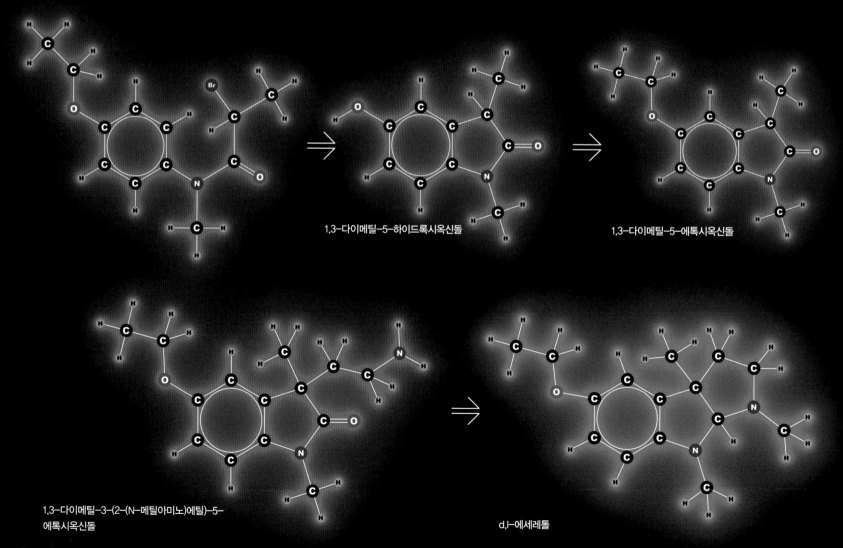

페놀

4-아미노페놀

N-메틸-N-(2-브로모프로파노일) 페네티딘

1,3-다이메틸-5-하이드록시옥신돌

1,3-다이메틸-5-에톡시옥신돌

1,3-다이메틸-3-(2-(N-메틸아미노)에틸)-5-에톡시옥신돌

d,l-에세레톨

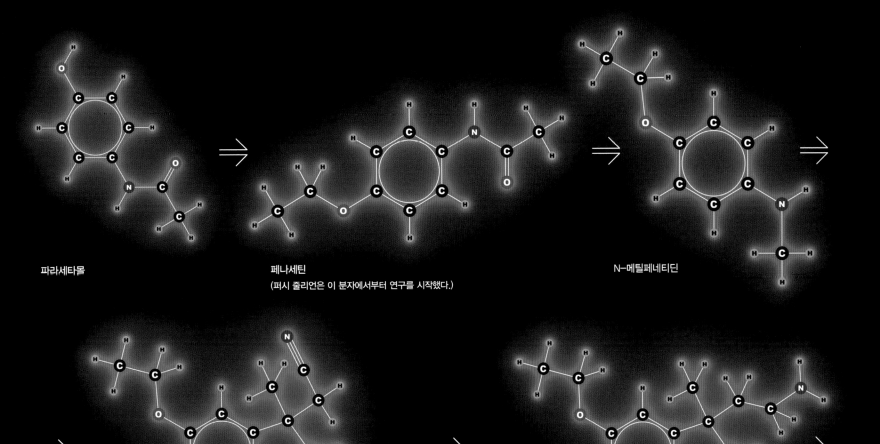

파라세타몰

페나세틴
(퍼시 줄리언은 이 분자에서부터 연구를 시작했다.)

N-메틸페네티딘

1,3-다이메틸-3-사이아노메틸-5-에톡시옥신돌

1,3-다이메틸-3-(2-아미노메틸)-
5-에톡시옥신돌

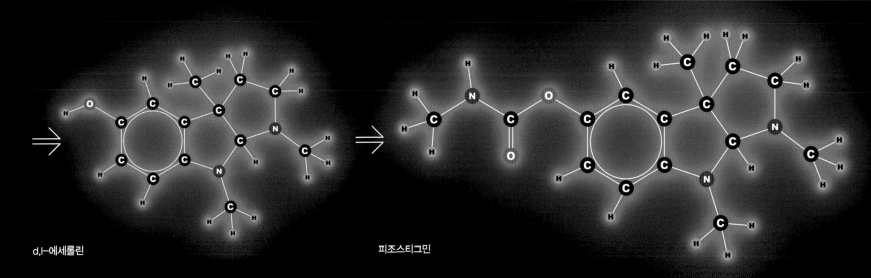

d,l-에세롤린

피조스티그민

고급 유기 화학 실험 수업에서 있었던 일이다.(이 수업의 구경꾼들 중에서 미래의 화학자가 추려진다.) 한 나이 많은 교수가 강박관념이 되어버린 '안전 수칙'과 '독성에 노출되지 않는 방법'을 이야기하기에 앞서 재미있는 옛날이야기를 들려주었다.

그 교수의 이야기를 듣고 나는 그가 정말 미쳤다고 생각했다. 그는 학생들 모두에게 어떤 실험을 시켰다고 했다. 어떤 화학 물질을 많이 먹게 하고 그날 밤에 싼 오줌을 모아 오게 한 것이다. 다음 날 학생들은 수업 시간에 그 오줌, 즉 자신이 먹은 물질들이 자신의 몸속에서 어떤 반응을 일으킨 뒤 나온 생성물을 증류하고 추출했다.

몇 년이 채 안 되어 나는 그 일의 진상을 알게 되었다. 그 교수는 미친게 아니었다. 히푸르산의 생합성(생명체 안에서 일어나는 화학 합성)을 학생들을 통해 몇 년 동안 실제로 해서 보여준 것이다.(학생들을 통해서가 아니라 학생들의 몸 안에서라고 해야 하나?) 나도 그 실험을 직접 진행해볼 생각을 했었으나 그 과정이 너무 복잡하고 재료들이 너무 끔찍해서 그냥 1935년에 출판된 아래의 책에서 한 단락을 인용하는 것으로 만족하기로 했다. 이 책은 그 과정을 아주 진지하게 설명하고 있다.

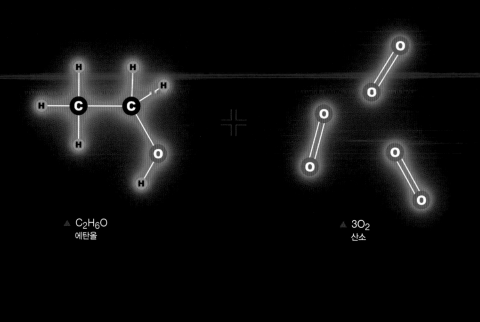

▲ C2H6O
에탄올

▲ 3O2
산소

▶ 《유기 화학 실험》,
루이스 F. 피셔, 1935

increase in the hippuric acid benzaldehyde (C₆H₅CHO), toluene (C₆H₅CH₃), cinnamic acid benzaldehyde (C₆H₅CHO), toluene (C₆H₅CH₃), cinnamic acid (C₆H₅CH = CHCOOH), and other similar compounds.

The ingestion of small amounts of sodium benzoate appears to have no harmful effects, but the amount which can be tolerated is of course not indefinite. Experiments with doses as large as 50 g. per day have shown that if the benzoic acid is increased beyond a certain point it is not all conjugated but is excreted as such in the urine (sometimes causing diarrhea). It has been concluded that the body has available for conjugation a maximum of 13 g. of glycine per day (corresponding to 30 g. of sodium benzoate).

Human urine contains a considerable quantity of urea (see Experiment 23), together with various acids (hippuric, uric, phosphoric, sulfuric, and other acids) present largely in combination with basic substances (ammonia, creatinin, purine bases, sodium and potassium salts). The hippuric acid is probably present in the form of a soluble salt, and the simplest method of isolating it is to acidify the urine and to add an inorganic salt to further decrease the solubility of the organic acid. Extraction processes are more efficient but also more tedious.

Procedure.¹ — Ingest a solution of 5 g. of pure sodium benzoate in 200-300 cc. of water (or increase the hippuric acid output through special, measured diet), and collect the urine voided over the following twelve-hour period. If it is to be kept for

¹ Plimmer, "Practical Organic and Bio-Chemistry," p. 172 (1926); Johnson, "Laboratory Experiments in Organic Chemistry," p. 321 (1933); Adams and an alternate procedure, see Cohen, "Practical Organic Chemistry," p. 344 (1930).

내가 왜 유기 합성과 복잡한 실험실 안의 유리 기구들에 대해 자꾸만 이야기를 하는지 아는가? 그건 유기 화학 실험 수업에서 내가 유기 화학자가 되고 싶지 않다는 것을 깨달았기 때문이다. 오줌이 문제가 아니었다. 화학 물질 그 자체보다는 화학 물질의 이름, 즉 아름답고 수리적인 구조를 가진 그 이름들에 더욱 끌린다는 것을 깨달았기 때문이다. 오해하지 말길. 나는 화학 물질들을 사랑한다! 그러나 유기 화학 실험실에서 일하는 진지한 화학자들은 화학 물질들을 가지고 놀다가 자신마저 날려버릴 위험이 있다. 더구나 나는 아주 세밀하게 측정하고 칭량을 해야 하는 유기 화학 수업에서 좋은 점수를 받지도 못했다.

나는 인생에서 다른 길로 갔다. 그러나 그랬기 때문에 합성 화학의 기술과 과학을 지금과 같이 높은 수준으로 끌어올린 사람들의 능력과 헌신에 더욱 경의를 갖게 되었다.

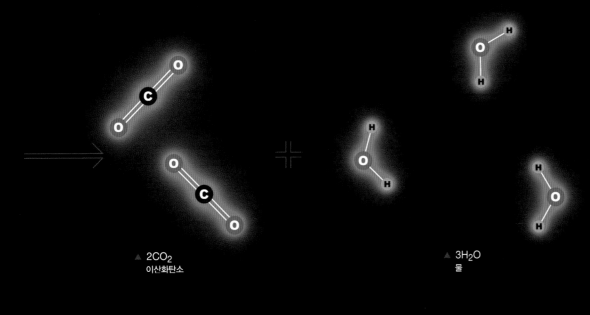

$2CO_2$
이산화탄소

$3H_2O$
물

▼ 이번 단락의 제목은 〈어린 시절 나를 사로잡았던 반응들〉이다. 그래서 어렸을 때 기억을 더듬어봤는데, 여기 이 화학 반응은 전혀 기억이 나질 않는다. 어렸을 때 실험해본 적이 없기 때문이다. 그러나 지금 내가 만일 190살이라면 해봤을 것이다. 스냅드래곤이라 부르는 이 반응은 1800년대에 영국에서 인기 있는 게임이었으니까.(지금도 다시 인기를 누릴 만하다!)

우선 건포도나 자두 등 과일 말린 것을 따뜻한 브랜디에 넣고 불을 붙인다. 게임의 규칙은 그 과일 조각을 집어서 입이 데기 전에 재빨리 먹는 것이다. 과일 조각이 입에 들어가면 산소가 차단되어 곧장 불이 꺼진다. 머뭇거리면 지는 것이다.

브랜디에 불을 붙이면 알코올에서 깨끗하고 파란 불꽃이 인다. 그래서 어둠 속에서 게임을 하는 게 더 좋다. 물론 불이 옮겨붙지 않는 탁자에서 해야 한다. 만약 브랜디가 쏟아지면 순식간에 양손에 큰불이 붙고 말 것이다.

원자, 원소, 분자, 그리고 반응

우리가 사는 이 세상은 구리, 코발트, 칼슘 등 원소로 이루어져 있다. 그리고 이 모든 원소는 각각 그에 따른 원자로 이루어져 있다. 철은 철 원자로 되어 있고, 탄소는 탄소 원자로 되어 있고…… 계속해서 모두가 그런 식으로 되어 있다.

이들 원자는 대부분 고대부터 지금까지 변함이 없으며, 그러므로 대부분 영원하다고 할 수 있다. 원자는 무거운 원자핵이 수십 개의 전자로 이루어진 부드러운 껍질에 둘러싸인 구조다. 원자핵은 거시적인 세계에서 고요하고, 단지 속삭이듯 약하게 끌어당기는 자력을 그 주변에 나타낼 뿐이다.

그러나 겉으로는 평온해 보이는 원자의 내부에는 엄청난 소용돌이가 일어나고 있다. 바깥쪽에 있는 전자들이 끊임없이 움직이면서 우리 일상 세계보다 헤아릴 수 없을 만큼 빠르게 왔다 갔다, 모였다 흩어졌다, 자리를 바꾸고 있다. 바로 이것이 반응의 세계다.

원소, 그리고 원소가 결합해 만들어진 분자는 물리적인 세계를 나타내는 명사다. 당신과 나, 그리고 세상 모든 것이 원소와 분자로 이루어져 있다. 반면에 화학 반응은 이 세계의 움직임을 나타내는 동사다. 나무가 자라고, 불이 나고, 생명이 태어나고…… 세상에서 벌어지는 재미있는 일들은 거의 모두가 화학 반응의 결과다.

지금 이 글을 받아쓰고 있는 컴퓨터는 거시적으로는 화학 반응을 일으키는 게 아니다. 컴퓨터는 그냥 전자 기계다. 하지만 지금 이 글을 읽고 있는 당신의 정신은(아마도 의심이 들겠지만) 화학 반응이 복잡하기 그지없는 춤을 추고 있는 것이다. 우리의 머릿속에 생각들이 떠오르는 것조차도 화학 반응에 의해 완전히 조절되고 형성되는 전기의 정교한 형태이자 파도이며 진동이다.

우리를 만드는 것도 화학 반응이다. 반응을 만드는 건 분자이고, 분자를 만드는 건 원자다.

그렇다면 원자는 정확히 무엇이며, 과연 어디에서 왔을까?

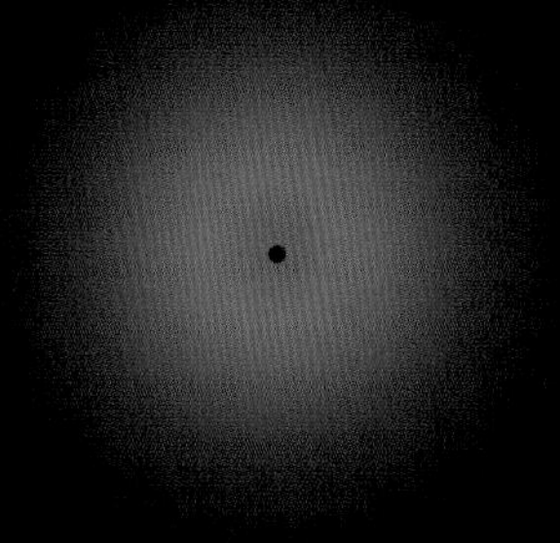

원자는 눈에 보이지 않는다. 기존의 의미로는 적어도 그렇다. 원자는 빛보다 작으니까. 그러나 지금은 정교한 기계로 각각의 원자를 구분해서 볼 수 있게 되었다. 그러나 원자를 이해하는 가장 좋은 방법은 어떻게 생겼고, 어떻게 모여 있는지 그림으로 나타내는 것이다.

모든 원자의 중심에는 (원자보다 작다는 뜻으로 '아원자 입자'라고 부르는) 양성자와 중성자를 품고 있는 핵이 있다. 그리고 이 아주 작은 핵 주위를 (또 다른 아원자 입자인) 전자가 구름처럼 둘러싸고 있다. 전자가 핵 주위를 마치 행성이 공전을 하는 것처럼 도는 그림을 본 적이 있을 것이다. 그러나 이건 잘못된 것이다. 원자 속의 전자는 실제로 어느 한 장소에 있다고 할 수 없다. 오히려 핵 주위의 공간을 채우는 일종의 확률의 파동 같은 것으로 존재한다고 할 수 있다. 그래서 마치 구름이 끼어 있는 것처럼 그릴 수밖에 없다.

앞으로 곧 배우게 될 테지만, 전자에 대해 가장 중요한 것은 어디에 있는가, 어떤 형태를 띠고 있는가 하는 것보다 그 위치에 따른 '에너지'다.

▲ 우주에 존재하는 원자의 90퍼센트는 수소다. 수소는 양성자가 하나 있고 그 주위를 전자 하나가 둘러싸고 있다. 대부분은 태초의 빅뱅 직후에 생성되었고 그 이후로 거의 변하지 않았다. 아주 드물게 차가운 우주 공간에서 만나 서로 전자를 교환한 경우 이외에는. 수소는 별의 일부가 되지도, 비가 되어 내리지도, DNA 분자를 이루지도 않았다. 우주에서 빅뱅 이후 반응에 참여한 수소는 거의 없다.

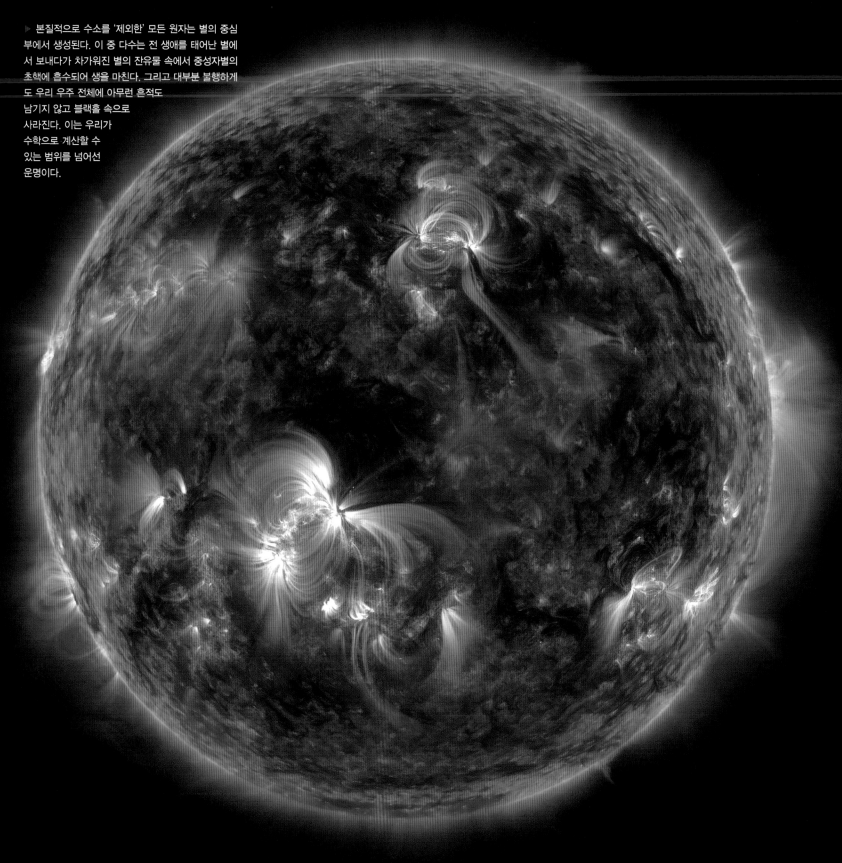

▶ 본질적으로 수소를 '제외한' 모든 원자는 별의 중심부에서 생성된다. 이 중 다수는 전 생애를 태어난 별에서 보내다가 차가워진 별의 잔유물 속에서 중성자별의 초핵에 흡수되어 생을 마친다. 그리고 대부분 불행하게도 우리 우주 전체에 아무런 흔적도 남기지 않고 블랙홀 속으로 사라진다. 이는 우리가 수학으로 계산할 수 있는 범위를 넘어선 운명이다.

▶ 몇몇 운 좋은 원자는 별 속에서 태어나 초신성(별의
일생 중 마지막 단계_옮긴이) 속에서 극적으로 생을 마치
기도 한다. 이때의 폭발이 얼마나 거대하고 강력한지는
말로 표현하기 힘들다. 초당 30만 킬로미터에 달하는
빛의 속도로 가도 5년 반은 가야 한쪽 끝에서 다른 한
쪽 끝으로 갈 수 있다. 그러나 이는 초신성 하나가 내
뿜는 연기에 지나지 않는다.(우리는 여기 이 초신성을 게
성운이라 부른다.)

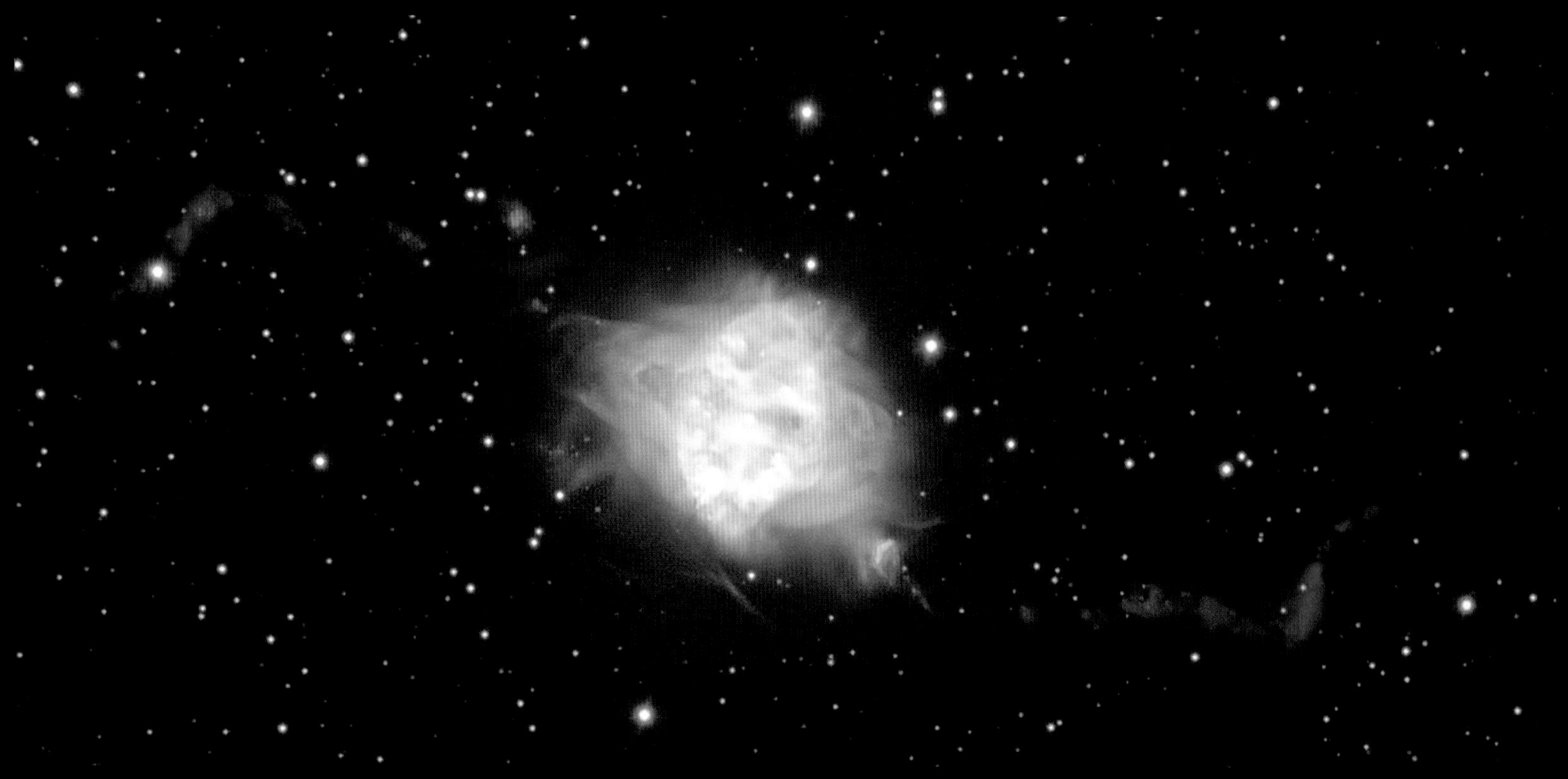

▲ 초신성 밖으로 나온 물질들은 다시 한번 재미있는 일을 하게 된다. 헬륨, 탄소, 산소, 소듐, 칼슘 등의 원자들이 결국 새로운 별들과 그 주위를 둘러싸는 행성들을 탄생시키는 것이다. 행성들이 천천히 응축원반(행성 주위에 가스와 먼지가 원반 모양으로 형성된 것_옮긴이)에서 합쳐지고, 생성된 별의 먼지가 모여서 뜨거운 핵과 딱딱한 지각, 넘실대는 바다, 푸른 하늘, 그 밖의 신기한 구성물들을 형성하게 된다. 당신의 손을 보라. 당신을 만들기 위해 별들이 죽었다. 결코 잊지 마라.

행성이 모항성(행성이 공전하는 중심에 있는 항성. 대표적인 예가 태양이다._옮긴이)으로부터 적당한 거리에 있고, 적당한 조건에 놓여 있을 때, 이 행성에서는 생명체가 진화할 수 있다. 또한 이 생명체가 영리하고 근면하다면 과거의 모든 것을 알아내게 될 것이며 마침내 물질 목록, 즉 원소의 주기율표도 만들어낼 것이다. 세부 사항이야 행성마다 조금씩 다를 수 있지만, 주기율표의 기본 형태와 원리는 같을 것이다. 같은 물리 법칙이 적용되기 때문이다.

주기율표에서 각각의 원소는 마치 레고 블록처럼 특정한 방식으로만 다른 '블록'과 결합할 수 있다. 주기율표에서 각 열은 비슷한 모양의 블록들을 모아놓은 것이다. 예를 들면 첫 번째 열 (1족)은 마지막 바로 전 열(17족)의 블록과만 결합할 수 있다. 가운데 열로 갈수록 결합 규칙은 복잡하고 세밀해진다. 이 책이 교과서가 아니기 때문에 여기서 그 규칙은 자세히 다루지 않겠다. 그저 그런 게 있다는 것 정도로만 알고 넘어가자. 원소의 원자들이 저마다 비슷비슷하게 행동하는 것처럼 보이겠지만, 더 공부해보면 원자들이 매우 다양하게 행동한다는 것을 알게 될 것이다.

원소에 대해 일반적인 것과 개별적인 것 모두를 더 알고 싶다면 내가 쓴 책《세상의 모든 원소 118》을 보기 바란다. 이 책에서 나는 '우주에 존재한다고 알려진 모든 원자'를 하나하나 두 쪽에 걸쳐 시각적으로 설명했다.(별로 알려진 게 없기 때문에 내가 그다지 좋아하지 않는 101번부터 118번까지의 원소를 제외하고는.)

지금 여기서는 원소에 대해 많은 지면을 할애하지 않고, 그 원자들이 '분자'를 만들 때 어떤 일이 일어나는지에 대한 이야기로 넘어가겠다.

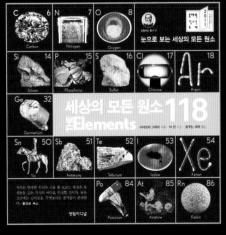

분자란 무엇인가?

둘 이상의 원자가 화학 결합으로 연결되어 분자를 만든다. 가장 작고, 단순한 분자는 H_2이며, 수소 원자 2개가 단일 결합으로 연결되어 있다. 수많은 기초적인 주요 분자가 단지 원자 몇 개 또는 몇 십 개로 이루어져 있다. 예를 들어 당 분자는 탄소 원자 12개와 수소 원자 22개, 산소 원자 11개 이렇게 모두 원자 45개로 이루어져 있으며 오른쪽 그림에서 보는 것처럼 특정한 방식으로 연결되어 있다.

▶ 원소들이 모여 분자가 되지만, 그렇게 만들어진 분자의 성질은 보통 그 순수한 원소들의 성질과 완전히 다르다.

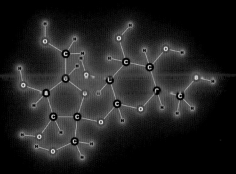

여기 보이는 사진 네 장은 모두 순수한 형태의 원소를 예로 든 것이다.

그리고 이 중에 세 가지는 아주 위험한 원소다.

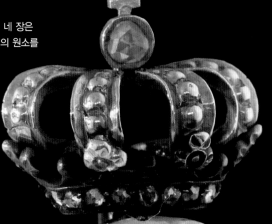

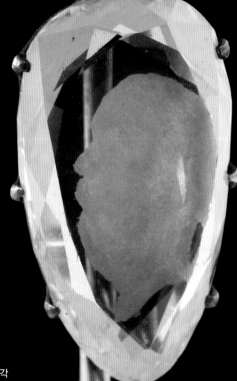

▶ 왕의 얼굴 형상이 조각된 이 다이아몬드는 순수한 탄소다.

▶ 수소는 가볍기 때문에 용기에 넣었을 때 위쪽부터 채워진다. 그리고 불을 붙이면 폭발한다.

▼ 소듐 한 조각을 물속에 떨어뜨리면 폭발한다. 아름답게.

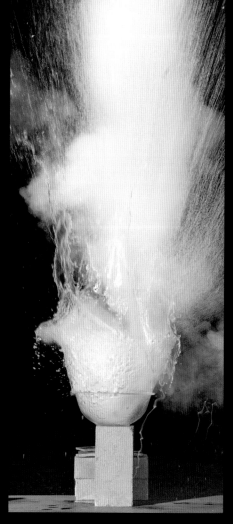

▼ 염소 가스를 냉각 코일로 응축하면 노란 액체가 된다.

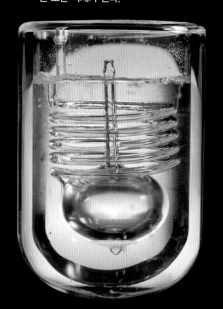

▼ 앞쪽에 나온 원소 네 가지를 조합하면 전혀 다른 성질을 가진 다양한 종류의 화합물을 만들 수 있다. 여기에 몇 가지 예를 보여주겠다.

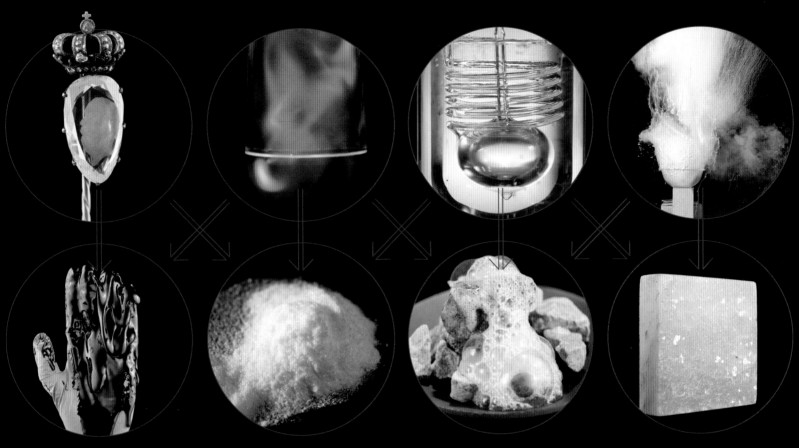

▲ 탄소와 수소를 결합하면 탄화수소라는 거대한 분자를 얻을 수 있다. 이 두 원소만 있으면 휘발유에서 플라스틱에 이르기까지 뭐든지 만들 수 있다.

▲ 탄소, 수소, 산소에다가 염소만 적절한 방법으로 결합하면 수크랄로스를 만들 수 있다. 수크랄로스는 내가 무척 좋아하는 인공감미료다. (사진 속 수크랄로스 분자는 설탕보다 600배나 달다.)

▲ 수소와 염소 원자를 결합해 염산을 만들 수 있다. 무언가를 화학적으로 분해해버리고 싶을 때 염산을 쓰면 좋다.

▲ 이 돌은 먹을 수 있는 돌이다. 소듐과 염소는 가장 위험한 원소들이지만 이 둘을 결합하면 식탁에서 흔히 볼 수 있는 소금이 된다. 사진 속 암염(광산에서 채굴하는 소금)은 색을 띠고 있는 것으로 알 수 있듯이 불순물이 많이 섞여 있다고 해서 시장에서 건강식품으로 팔린다. 하지만 기본적으로는 거의 염소와 소듐으로 이루어져 있다. 염화소듐(소금)이라고 하는 화합물의 형태로.

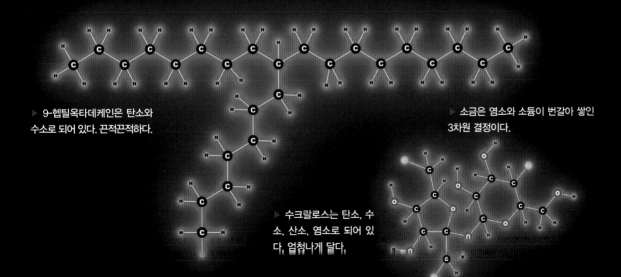

▶ 9-헵틸옥타데케인은 탄소와 수소로 되어 있다. 끈적끈적하다.

▶ 수크랄로스는 탄소, 수소, 산소, 염소로 되어 있다. 엄청나게 달다.

▶ 소금은 염소와 소듐이 번갈아 쌓인 3차원 결정이다.

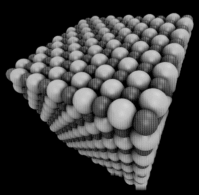

분자로 묶여 있게 하는
힘은 무엇인가?

앞에서 계속 보아온 그림에서 선은 실제로 무엇을 뜻할까? 이 선들은 화학 결합을 의미한다. 이러한 결합은 전하 사이의 인력에서 나온다. 따라서 결합을 이해하려면 전하를 이해해야 한다.

모든 것에 전기가 있다는 것을 알아채기는 어렵지 않다. 그냥 카펫 위를 걷는 것만으로도 전기가 흐르는 걸 알 수 있기 때문이다. 카펫 위를 가로질러 걸을 때나 풍선을 머리카락에 대고 문지르면 전자라고 부르는 전기를 띤 입자들이 우리 몸이나 풍선으로 옮겨가 그곳에 갇히게 된다. 이를 정전기라고 한다.

　'정전기'의 '정(靜, 고요할 정)'은 움직이지 않는다는 뜻이다. 우리 몸에 머물러 있는 전기는 정전기이고, 전깃줄 속에 흐르는 전기는 전류다. 간혹 문고리를 건드렸을 때 손끝에 충격이 오는 경우가 있는데, 이는 우리 몸에 갇혀 있던 전기가 나와 문고리로 흘러가며 잠깐 동안 전류가 흐르는 탓이다.

전하가 인력을 만들어내는 것 또한 우리는 어렵지 않게 볼 수 있다. 이를 정전기력이라 한다. 풍선을 문지르면 벽에 붙는데 이 현상도 정전기력이 생겨서 일어나는 일 중 하나다.(예를 들어 폴리에스터로 만든 옷이 '달라붙는다, 말려 올라간다'라는 것은 풀어서 말하면 '정전기 때문에 옷이 당신 몸에 붙을 수 있다'는 뜻이다.)

전하는 두 가지 종류 즉 양극과 음극이 있다. 같은 극끼리(둘 다 양극이거나 둘 다 음극이거나)는 서로 밀어낸다.(정전기 반발력 또는 척력). 반대의 극끼리는(하나는 양극이고 다른 하나는 음극일 때) 서로 끌어당긴다.(정전기 인력). 풍선이 벽에 붙는 것은 풍선의 표면이 음극을 띠고 있어서 양극을 띤 벽면에 끌리기 때문이다.

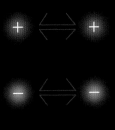

▷ 모든 원자의 중심에 있는 핵에는 하나 또는 그 이상의 양성자가 들어 있고 양전하를 띤다. 그리고 원자의 바깥쪽을 채우고 있는 전자는 음전하를 띤다. 전자는 핵에서 멀리 떨어지지 않는다. 전자의 음전하와 양성자의 양전하 사이에 인력이 작용하기 때문이다.
일반적인 '중성' 원자는 정확히 같은 수의 전자와 양성자를 가진다. 또한 각 전자는 각 양성자와 똑같은 값의 전하를 가진다. 따라서 이들 전하가 정확히 상쇄되어 원자 전체의 전하값은 0이 된다.

음전하

양전하

어떻게 이런 힘들이 모여서 화학 결합을 이룰까? 정말 기묘하다!

▼ 양전하 2개가 가까이 있다고 상상해보라. 그대로 내버려 두면 그 둘은 서로의 전하를 밀어내기 때문에 서로 멀어질 것이다.

▼ 그런데 두 양전하 사이에 음전하를 놓는다면 어떤 일이 일어날까? 왼쪽에 있는 양전하가 가운데에 있는 음전하에 끌릴 테고, 오른쪽의 양전하도 그럴 것이다. 이 두 인력은 양 끝에 있는 두 양전하 사이의 반발력보다 크다. 양전하와 양전하 사이의 거리보다 양전하와 음전하 사이의 거리가 더 가깝기 때문이다. 이러한 전하의 총합에 따라 전체적으로 서로 멀어지지 않고 붙어 있게 된다.

화학 결합도 이와 거의 같은 방식으로 이루어진다.

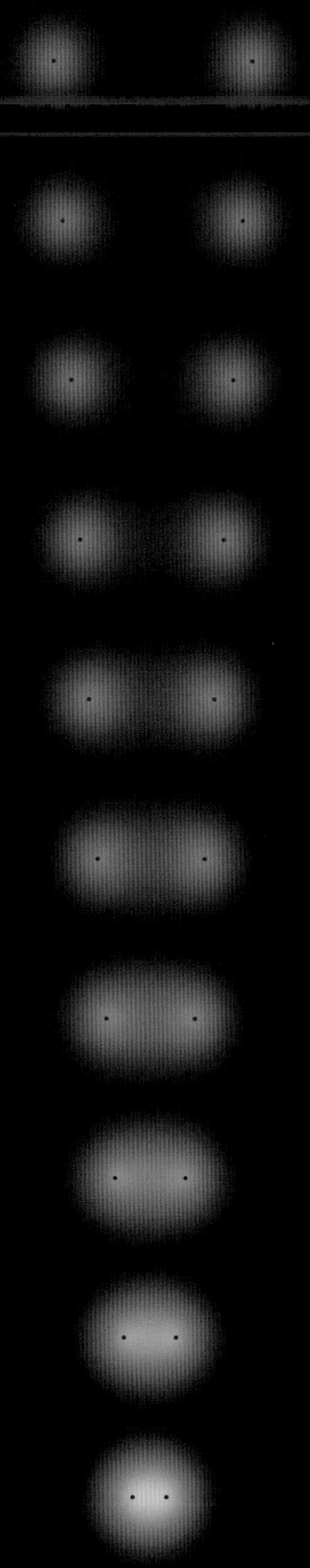

원자 2개를 아주 가까이 놓으면 각 원자가 어떤 원자인지, 또 각 원자가 어떤 원자와 결합해 있는지에 따라 이 둘은 서로 결합하거나 서로 밀어낸다.

◁▷ 두 원자가 조금 떨어져 있다고 상상해보라. 전체 전하가 0이라면 이 둘은 서로를 끌어당기지도 밀어내지도 않을 것이다. 그들 사이에는 아무런 힘도 없을 것이다.

◁▷ 두 원자의 거리가 좀 더 가까워지면 어떤 일이 일어날까? 다음 두 가지 중 하나가 일어날 것이다. 하나, 47쪽 마지막 그림처럼 두 원자의 전자들이 서로를 끌어당기며 두 원자 사이의 공간에서 모인다. 둘, 두 원자의 전자들이 가운데에 함께 모이는 대신 서로를 밀어내어 멀어진다.

◁ 왼쪽 그림은 수소 원자 2개가 더 가까워졌을 때 어떤 일이 일어나는지를 보여준다. 이때 전자들은 두 핵 사이에서 음전하(그림에서 보라색으로 표시)를 띠게 된다. 입자들이 이렇게 모여 있는 것을 H_2 즉, 수소 분자라고 한다. 수소 분자는 안정되어 있으며, 좋은 분자다.

▷ 오른쪽 그림은 헬륨 원자 2개가 가까워졌을 때 일어나는 일을 보여준다. 두 핵의 왼쪽과 오른쪽에 보라색 빛이 보이는가? 이것이 바로 원자들을 서로 밀어내는 음전하다, 헬륨 원자는 결합을 이루지 않고 서로 밀쳐낸다.

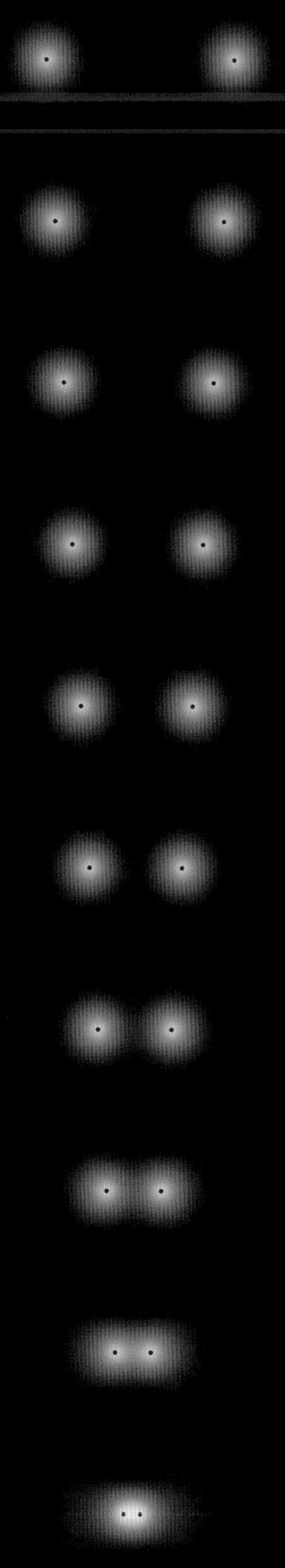

결합을 하는지 안 하는지를 아는 것은 화학을 공부할 때 배워야 하는 가장 중요한 부분이다. 여기서 내가 이야기하는 것보다 사실은 더 복잡하지만 너무 걱정하지는 마라. 일단 양자역학을 배우고 나면 이해할 수 있다. 양자역학은 결합을 이해하기 위한 모든 규칙의 기초다.

(내가 "복잡하다"고 말해서 실망했을 테지만, 사실이 그렇다. 결합은 복잡하다. 하지만 이렇게 생각해보라. 내가 이 책에서 가르쳐줄 수 있는 것보다 더 많은 것을 배울 기회라고 말이다. 양성자와 전자가 서로 어떻게 반응하는지에 대해 좀 더 배울 수 있다는 것은 놀랍고 굉장한 일이다. 알아야 할 것이 너무 많고, 그래서 그것을 모두 배우는 데 너무 많은 시간이 걸린다는 사실은 분명하다. 그러나 이 모든 것을 책 한 권에서 설명한다면 얼마나 지루한 일인가!)

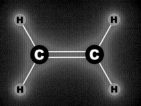

◀ 여기 예로 든 에틸렌 분자의 그림을 보면 이 책에서 분자들을 어떻게 그리는지 알 수 있다.

에틸렌 분자는 탄소 원자 2개와 수소 원자 4개로 이루어져 있다.(탄소는 C, 수소는 H로 표시). 여기서 흰색 선은 화학 결합에 참여하는 전자 한 쌍을 뜻하며, 원자 2개를 정전기력으로 끌어당기고 있는 것을 나타낸다. 그림을 보면, 각 수소 원자는 탄소 원자와 전자 2개로 결합되어 있다.(전자 한 쌍은 단일선) 그리고 탄소 원자 2개는 전자 4개로 서로 결합되어 있다.(전자 두 쌍은 이중선. 이를 이중 결합이라고 한다.) 아주 드물게 삼중 결합(전자 6개, 즉 전자 세 쌍)도 있고, 탄소 원자 6개가 고리 안에 원을 그린 재미있게 생긴 모양도 있다. 이때 이 고리는 전자 6개 모두가 탄소 원자 6개 모두에 동등하게 공유되어 있다는 것을 나타낸다. 이 책에서는 이런 자세한 내용까지는 다루지 않을 것이니 걱정하지 말자.

또한 이 책에서는 분자를 이루는 전자들의 음전하를 보랏빛으로 표현했다. 앞서 48쪽에서 수소 원자와 헬륨 원자가 가까워지는 과정을 단계적으로 보여주었는데, 이때 원자 주위에 빛이 퍼져 있는 것처럼 그린 것은 수학적으로 정확한 표현이다. 이 빛은 원자 주위의 '전자 밀도'를 정밀하게 계산해서 나타낸 것이기 때문이다.

그러나 이 책에 실린 다른 분자들의 경우 그렇게 그린 빛은 순전히 비유다.(내가 쓴 다른 책에서도 마찬가지다.) 멋지게 보이기 위해 단순화한 공식으로 계산한 것이다.(분자가 전혀 평면적이지 않을 때 실제 상태를 나타내기란 무척 어렵다.) 검정색 탄소 원자를 검정색 바탕에서 돋보이게 하기 위해 보랏빛을 쓴 이유는 내가 좋아하는 색이기도 하고 분자 주위에, 특히 원자 중심 근처에, 그리고 또 서로 결합해 있는 두 원자 사이에 퍼져 있는 뿌연 전자구름(원자를 이루는 전자가 구름처럼 분포해 있는 것_옮긴이)을 자연스레 떠오르게 하기 때문이다.

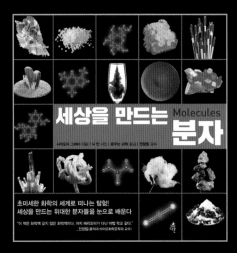

세상을 만드는 **분자** Molecules

시어도어 그레이 지음 | 닉 만 사진 | 꿈꾸는 과학 옮김 | 천진우 감수

초미세한 화학의 세계로 떠나는 탐험!
세상을 만드는 위대한 분자들을 눈으로 배운다

"이 책은 화학책 같지 않은 화학책이다. 마치 해리포터가 다닌 마법 학교 같다."
_천진우(연세대 바이오화학공학과 교수)

▲ 원자들이 어떻게 모여 분자가 되는지 더 자세히 알고 싶다면 내가 쓴 《세상을 만드는 분자》를 보라. 이 책에서 나는 수백 가지 분자를 예로 들어 그 분자들이 어떻게 생겼으며, 원자들이 어떻게 결합해 분자를 만드는지 그림으로 설명했다.

지금 여기에서는 분자에 관해 오래 설명하지 않고, 이 분자들이 어떻게 '반응'을 하는지에 대해 바로 다룰 것이다.

화학 반응이란 무엇인가?

화학 반응은 화학 결합이 생성되거나 파괴될 때 일어난다. 화학 결합은 전자에 의해 생긴다. 다시 말해 전자가 다른 원자들의 집합 사이에서 새로운 결합을 형성하기 위해 움직일 때 화학 반응이 일어난다.

한마디로 말해서 반응은 전자의 이동이다.

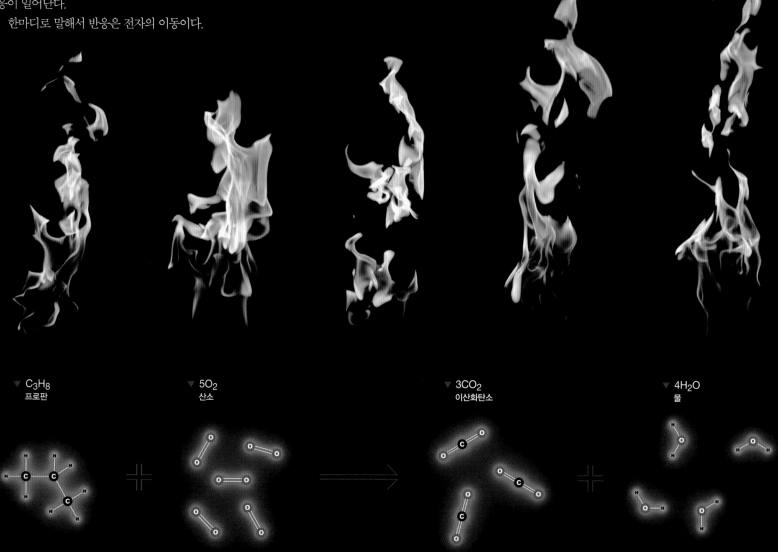

▽ C_3H_8
프로판

▽ $5O_2$
산소

▽ $3CO_2$
이산화탄소

▽ $4H_2O$
물

반응식은 왼쪽에서 오른쪽으로 읽는다. 왼쪽에 있는 '반응물'로 시작해서, 오른쪽에 있는 반응의 결과인 '생성물'로 끝난다. 중간에 화살표가 있다. 이는 반응물이 생성물로 변하는 과정을 나타낸다. 화살표는 반응 그 자체를 뜻한다. [일반적으로 화학 반응식은 텍스트 형식으로 표시한다. 예를 들어 프로판(프로페인)의 화학식은 C_3H_8인데, 탄소 원자 3개와 수소 원자 8개로 이루어져 있다는 것을 의미한다. 따라서 위의 반응식을 텍스트 형식으로 표시하면 $C_3H_8 + 5O_2 \rightarrow 3CO_2 + 4H_2O$가 된다. 그러나 이 책에서 나는 되도록 모든 분자를 그림으로 그려 반응식을 적을 것이다. 왜냐하면 그렇게 해야 더 실제적이고 보기에도 좋으며, 출판사도 늘어난 지면에 대해 기꺼이 비용을 지불할 것이기 때문이다.]

▲ 이 반응식은 프로판(화학식은 C_3H_8. 캠핑용 난로나 시골에서 많이 쓴다.)이 공기 중에서 탈 때 어떤 일이 일어나는지를 보여준다. 프로판은 산소(O_2)와 반응해 이산화탄소(CO_2)와 물(H_2O)을 생성한다.

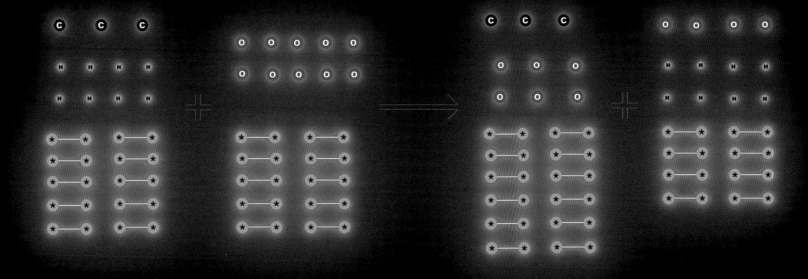

반응 화살표의 왼쪽과 오른쪽에 있는 각 원소의 수를 세어보면 모든 원소가 양쪽에 정확히 같은 수로 있다는 것을 알 것이다. 양쪽 다 탄소는 3개, 산소는 10개, 수소는 8개다. 모든 화학 반응에서 이 규칙에는 절대 예외가 없다. 원자는 물질이며, 물질은 생성되거나 소멸되지 않는다.(그렇게 되기 위해서는 핵반응이 필요하다. 핵반응을 언급하는 것은 벌집을 건드리는 것이나 마찬가지로, 이 주제만을 위해 새로 책 한 권을 써야 할 정도로 큰 문제다.)

원자들에 연결된 선의 수를 세어보아도 양쪽이 똑같다는 것을 알 수 있다. 양쪽에 모두 결합선이 20개씩 있다. 결합선 1개는 결합 전자 한 쌍을 나타내므로 반응이 일어나기 전과 후에 분자들이 모두 전자 40개를 가지고 있다는 것을 의미한다. 반응 전후의 결합선 수가 불변이라는 이 규칙은 원소 수의 불변 규칙만큼 절대적이진 않지만 보통은 지켜진다.

이 두 규칙(반응 전후에 원자와 결합선의 수는 불변이라는 규칙)은 반응이 일어날지 안 일어날지에 대해 많은 것을 알려준다. 그러나 그것만으로는 충분하지 않다.

▼ **잘못 표현된 프로판 연소의 결과**

▼ C3H8   ▼ 5O2   ▼ C3O4   ▼ H4

▼ HO2   ▼ H3O2   ◀ H2O2

이 반응을 위의 그림처럼 그리면 우리가 방금 배운 두 규칙에 맞기는 하다. 그러나 화학자들이 보기에는 골치가 아플 것이다. 이 분자들은 '완전히 잘못'되었다. 많은 면에서 잘못되었다.

여기 이 원자들은 결합선 20개를 가지고 얼마든지 다른 형태로 배열해 그릴 수가 있다. 그럼 프로판이 연소될 때 어떤 배열은 자연스럽고, 어떤 배열은 화학자들이 웃을 만큼 말이 안 되는 이유는 뭘까? 이를 알기 위해서는 세상의 모든 변화를 일으키는 두 가지 힘, 즉 에너지와 엔트로피를 이해해야 한다.

에너지

에너지는 우주가 가려워서 긁는 것, 또는 어떤 흔들림이라고 할 수 있다. 어떤 것이 에너지를 가지고 있다는 말은 쉴 이 없다는 뜻이다. 에너지는 움직임 속에도 있고,(운동 에너지) 태엽을 감았을 때의 긴장과 잠재력 속에도 있으며, 산꼭대기에 놓여 있는 바위에도 있다.(위치 에너지)

에너지는 '보존'된다. 이 말은 즉, 에너지는 새로 생성되거나 소멸되지 않는다는 뜻이다. 단지 이동하거나 다른 유형으로 변환될 수만 있다는 의미다.(물질의 형태로 숨길 수는 있는데 그것은 핵반응 책에서 다룰 다른 주제다.) 우리는 이를 에너지 보존의 법칙이라고 한다.

사람들은 경제, 정치, 범죄 등의 분야에서 어떤 일이 벌어지는지 이해하고 싶다면 "돈을 따라가야 한다"고 말한다. 자연 세계를 이해하고 싶다면 에너지를 따라가야 한다. 에너지의 이동과 변환이 없으면 아무 일도 일어나지 않는다.

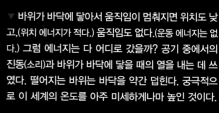

▼ 떨어지는 중인 바위는 위치 에너지가 적어지고,(그 위치가 낮아지기 때문에) 운동 에너지는 커진다.(빠르게 움직이기 때문에) 위치 에너지가 운동 에너지로 변환되는 중이다.

▼ 바위가 바닥에 닿아서 움직임이 멈춰지면 위치도 낮고,(위치 에너지가 적다.) 움직임도 없다.(운동 에너지는 없다.) 그럼 에너지는 다 어디로 갔을까? 공기 중에서의 진동(소리)과 바위가 바닥에 닿을 때의 열을 내는 데 쓰였다. 떨어지는 바위는 바닥을 약간 덥힌다. 궁극적으로 이 세계의 온도를 아주 미세하게나마 높인 것이다.

⬆ 높은 곳에 있는 바위는 위치 에너지가 높다.(높은 위치에 있으니까) 그러나 운동 에너지는 없다.(움직이지 않고 있으니까)

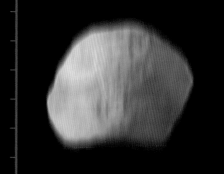

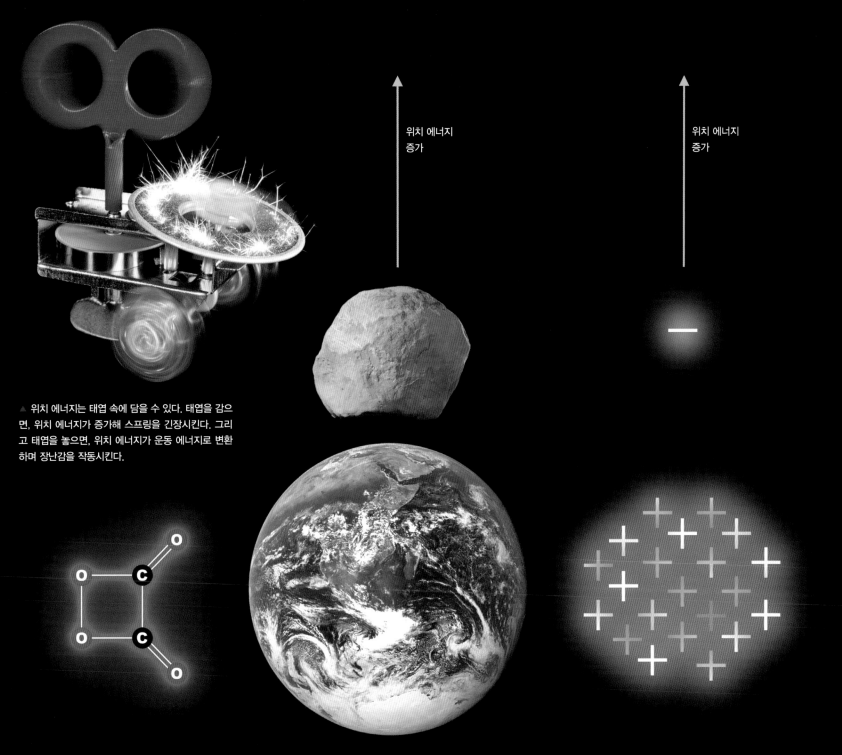

위치 에너지
증가

위치 에너지
증가

▲ 위치 에너지는 태엽 속에 담을 수 있다. 태엽을 감으면, 위치 에너지가 증가해 스프링을 긴장시킨다. 그리고 태엽을 놓으면, 위치 에너지가 운동 에너지로 변환하며 장난감을 작동시킨다.

▲ 앞에서 배웠던 과산화산에스터라는 분자를 다시 보자. 이 분자는 감긴 태엽처럼 잠재적인 형태로 위치 에너지를 가지고 있다. 모든 화학 결합은 약간 스프링 같다. 화학 결합은 진동을 한다. 그래서 그 결합을 길게 늘이거나 수축시키거나 굽히거나 해서 위치 에너지를 모아놓고 있다가 연결되어 있는 원자들을 움직이는 데 그 힘을 쓸 수도 있다.

▲ 화학 결합은 외부의 힘에 의해 화학적 위치 에너지를 가질 수 있지만, 화학 결합에 내재된 전자들의 위치 에너지 힘만으로도 화학적 위치 에너지를 가질 수 있다. 지구 중심의 핵이 지상의 바위를 끌어당기듯, 원자의 핵도 전자를 끌어당긴다. 바위를 높은 곳으로 올리면 지구의 핵으로부터 멀어져 위치 에너지가 증가한다. 마찬가지로 전자를 원자핵으로부터 멀리 떨어트리면 위치 에너지가 증가한다. 바위를 지구의 핵과 가깝게 땅으로 떨어뜨리면 위치 에너지가 방출된다. 전자 역시 원자의 핵에 가까워지면 위치 에너지를 방출한다.

바위를 깊은 우물 속에(바닥에) 던져 넣으면 위치 에너지가 낮아진다. 그리고 바위를 우물 밖으로 끌어올리려면 일을 해야 한다. 우물 밖의 높이로 바위를 올리기 위해서는 그만큼의 위치 에너지가 필요하기 때문이다. 같은 바위가 더 얕은 우물 속에 들어 있다면 더 깊은 우물 속에 있을 때보다 상대적으로 위치 에너지가 더 크다. 그래서 우물 밖으로 올리는 데 더 적은 일을 해도 된다.

전자에도 똑같은 원칙이 적용된다. 핵에 매우 가까이 있는 전자는 깊은 '위치 에너지 우물'에 빠졌다고 할 수 있다. 그럼 핵에서 멀리 떼어내기 위해 많은 일을 해야 한다. 반면 핵에서 멀리 있는 전자를 떼어내기는 더 쉽다. 더 높은 위치 에너지 값에서 시작하기 때문이다.

이것이 바로 화학 결합이 다른 어떤 결합보다도 더 강한 이유다.

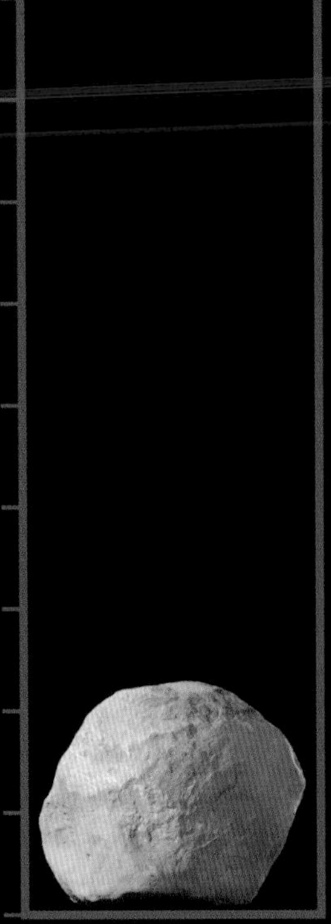

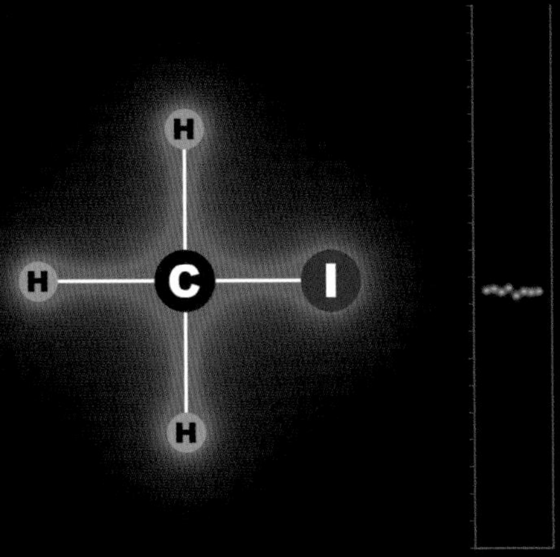

▲ 어떤 전자들이 원자핵으로부터의 평균 거리가 다르다면 그 전자들은 화학 결합도 다르게 한다. 예를 들어 아이오딘화메틸의 탄소와 아이오딘의 결합에서 결합 전자 한 쌍은 결합한 두 원자로부터 비교적 멀리 떨어져 있다. 이때의 결합 전자들은 얕은 위치 에너지장에 놓여 있고, 끌어올리기가 어렵지 않다. 즉, C-I(탄소-아이오딘) 결합은 약하다.

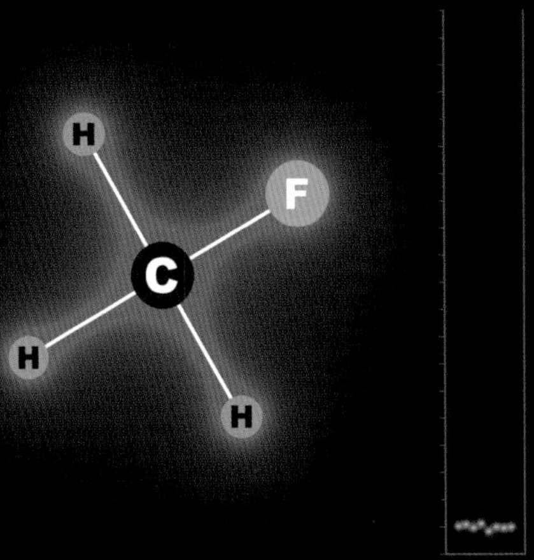

▲ 반면에 플루오린화메틸의 탄소와 플루오린 원자를 결합하는 전자들은 그 두 원자와 매우 가깝게 있다. 깊은 우물 속에 있기 때문에 이 전자들은 위치 에너지가 매우 낮다. C-F(탄소-플루오린) 결합은 C-I 결합보다 위치 에너지가 낮으므로 더 강한 결합이다. 플루오린화메틸에서 플루오린을 떼어내기란 아이오딘화메틸에서 아이오딘을 떼어내는 것보다 거의 두 배의 힘이 든다.

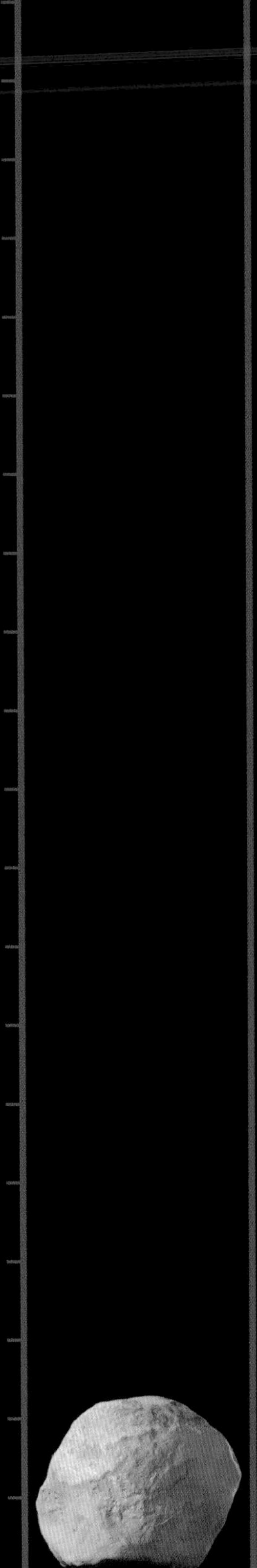

화학 반응이 일어나면 결합이 부분적으로 깨어지고 새로운 결합이 생긴다. 이러한 결합들의 위치 에너지는 깊이가 '다를' 수 있다. 그리고 이는 우리가 직접 느낄 수 있는 열과 힘으로 나타난다. 화재, 폭발 등 강력한 화학 반응을 일으키는 에너지원으로 작용하는 것이다. 마치 바위가 높은 곳에서 낮은 데로 떨어지듯이, 전자들이 높은 위치 에너지를 가진 결합에서 낮은 위치 에너지를 가진 결합으로 '떨어지면' 그 위치 에너지의 차이만큼 에너지가 방출된다.(얕은 우물에서 깊은 우물로 떨어지듯이.)

화학 반응으로 열을 발생하는 간단하고도 유용한 재료인 메탄(천연가스)의 연소 과정을 보자.

▶ 메탄과 산소의 반응을 일으키는 전자들은 중간 깊이의 위치 에너지 우물에 들어 있다. 기회만 있으면 더 아래로 떨어지려고 한다.

◀ 물 분자 2개와 이산화탄소 분자 1개의 반응에 참여하는 전자들은 아주 깊은 위치 에너지 우물로 내려간다. 이 전자들은 원자핵과 훨씬 더 가까이 있어서 위치 에너지는 더욱 적다.
반응이 일어나면 전자들은 더 낮은 에너지 상태로 여행하는 '내리막길'을 가며 엄청난 위치 에너지를 방출한다.

◀ 이 에너지는 어디로 갔을까? 글쎄, 우선 사람들이 열이 필요할 때 왜 천연가스를 태우는지 생각해보라. 위치 에너지는 화염 속에서 아주 빠르게 움직이는 반응을 통해 새로운 분자의 형태로서 운동에너지로 변환한다. 빨리 움직이는 분자는 뜨겁다.

다양한 종류의 결합과 그 에너지 상태를 이해해야만 앞에서 내가 "이 분자들은 완전히 잘못되었다"고 말한 이유를 알 수 있다. 잘못되었다는 그 분자들의 결합이 가진 위치 에너지는 '아주 엄청나게' 높다. 마치 날뛰는 개들로 가득찬 방에 간신히 쌓아놓은 돌들과 같다. 곧 다 무너지고 만다. 그리고 곧바로 바닥에 있는 안전하고도 깊은 구멍으로 빠진다. 이 구멍이란 이산화탄소와 물 분자라는 매우 낮은 위치 에너지를 가진 안정된 결합을 말한다.

◀ 어쨌든 여기 보이는 이상한 분자들을 모으면, 눈부신 섬광이 터지고 폭발음이 나며 뜨거운 이산화탄소(CO_2)와 수증기(H_2O)로 가득 차게 될 것이다. 거기다 탄소, 수소, 산소의 비율까지 잘 맞춰지면 그 두 분자는 당신을 날려버릴 것이다.

에너지의 경로

자동차에 휘발유를 넣고 도로 위를 달릴 때의 상황을 예로 들어 '에너지의 경로'를 추적해보자.

휘발유는 앞에서 말한 메탄이나 프로판과 비슷하다. 그 역시 탄화수소(오직 탄소와 수소만으로 이루어진 화합물)다. 다만 상온에서 액체 상태를 유지하는 좀 더 큰 분자들로 이루어져 있다는 점이 다르다. 즉 메탄은 CH_4, 프로판은 C_3H_8인데 반해 휘발유는 펜탄(C_5H_{12}), 헥산(C_6H_{14}), 헵탄($C-H_{16}$), 옥탄(C_8H_{18})을 비롯한 다양한 화합물의 혼합물이다. 이때 탄소 원자의 수가 늘수록 분자는 커지고 끓는점도 높아진다.

메탄 같은 작은 탄화수소보다 펜탄, 헥산 같은 더 큰 탄화수소의 전자는 위치 에너지가 더 높다. 또한 공기 중의 산소와 결합해 이산화탄소(CO_2)와 물의 상태로 변환되어 에너지를 방출한다. 그렇다면 이 전자들은 어떻게 처음부터 위치 에너지가 그렇게 높은 걸까? 이를 이해하기 위해서는 되돌아가 짚어봐야 할 게 있다.

▶ 지구에 도달하는 햇빛의 일부는 엽록소라는 분자에 닿는 행운을 누린다. 엽록소 분자 덩어리는 단백질 바닥에 붙어서 배열되어 있다. 원시 박테리아는 고리를 가지고 있고, 고등 식물은 그보다 더 구조가 복잡하다. 햇빛이 엽록소 분자들에 닿으면 그 안에 들어 있던 에너지가 복잡한 전자적·화학적 메커니즘(그러나 비교적 잘 밝혀져 있다.)을 따라 ATP라고 부르는 분자로 옮겨가서 높은 에너지를 가진 화학 결합을 이룬다.

엽록소는 어떤 면에서 이 책의 맨 앞에서 본 야광봉과 반대다. 야광봉은 화학 에너지를 빛으로 바꾸지만, 엽록소는 빛을 화학 에너지로 바꾼다.

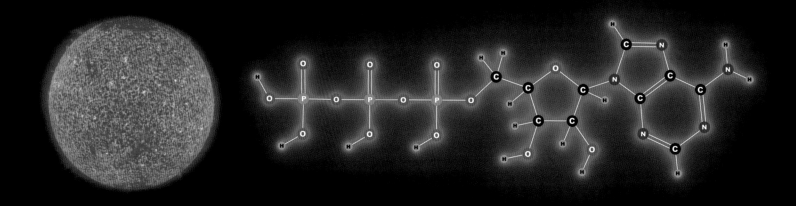

지구상의 모든 화학 위치 에너지는 궁극적으로 한곳에서 왔다. 바로 태양이다. 태양의 깊은 곳에서는 핵반응이 일어나 수소가 헬륨으로 바뀐다. 중수소(질량수가 2인 수소. 일반 수소는 질량수가 1이며 경수소라고도 한다._옮긴이) 또는 삼중수소(질량수가 3인 수소_옮긴이) 원자들이 고온 플라스마 상태에서 융합해 헬륨이 되면서 엄청난 에너지가 발생하는 것이다.

이 에너지의 아주 작은 일부는 우리가 사는 지구에 햇빛의 형태로 도달한다.(물론 다른 행성들에도 부딪힌다. 그리고 나머지는 우주 공간으로 흩어져 나가면서 다른 세계의 누군가에게 닿는다. 그 누군가는 태양을 멀리 있는 별의 하나로 볼 것이다.)

▲ ATP, 즉 아데노신 트리포스페이트는 모든 생명체에 있으며, 화학 에너지를 운반하는 화합물로 널리 존재한다.

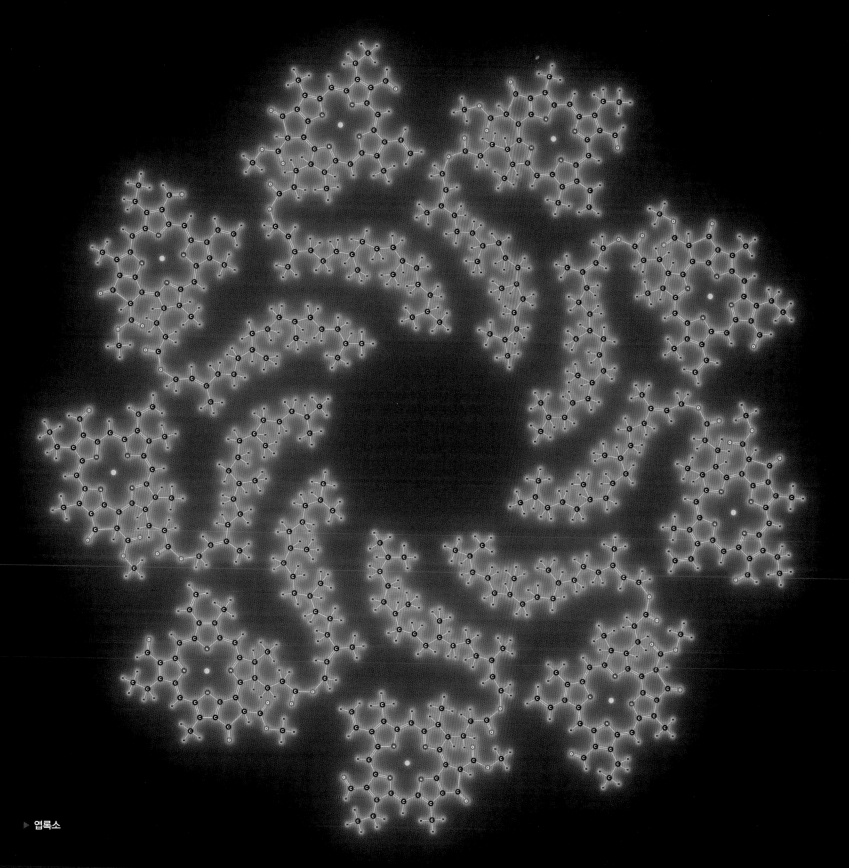

▶ 엽록소

엽록소 고리가
들어 있는 단백질

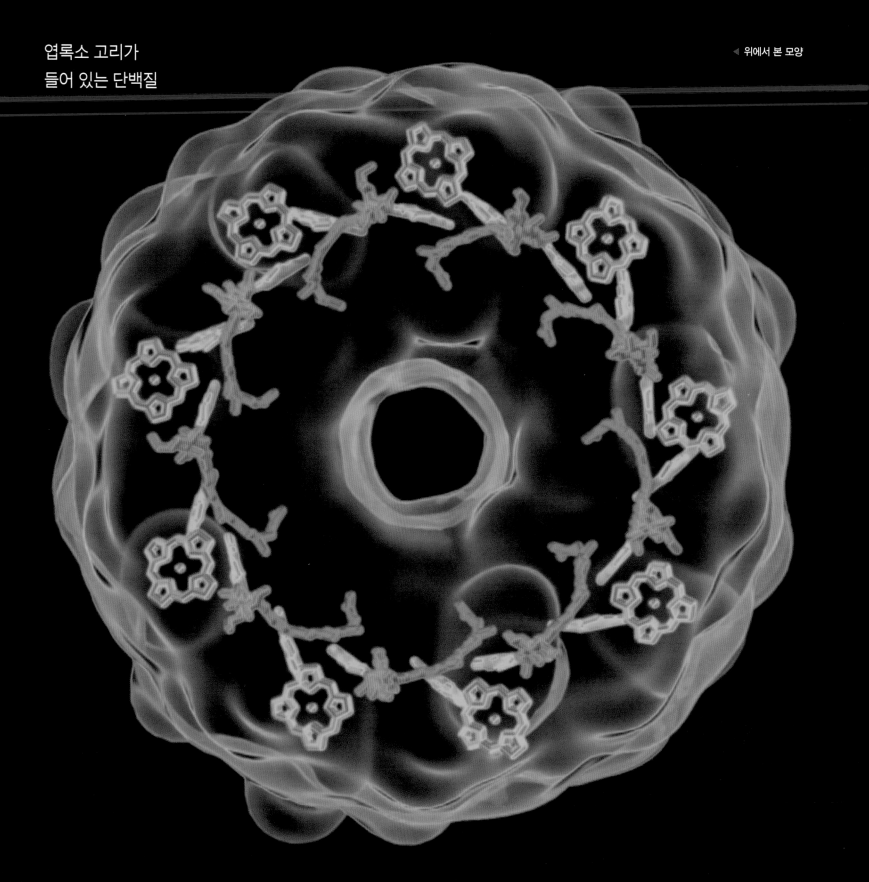

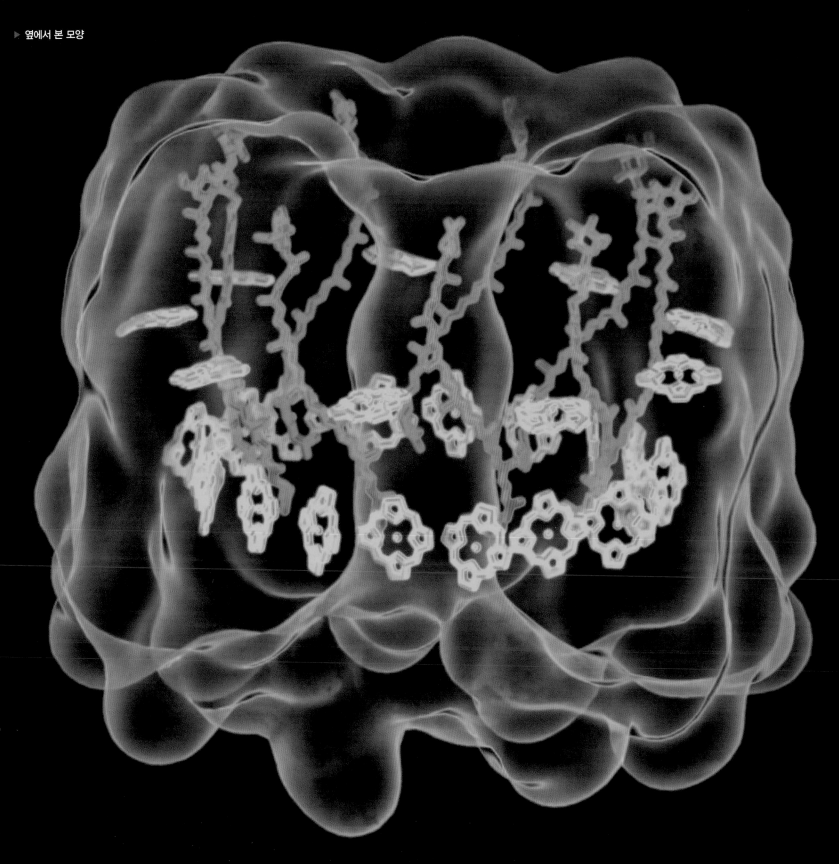

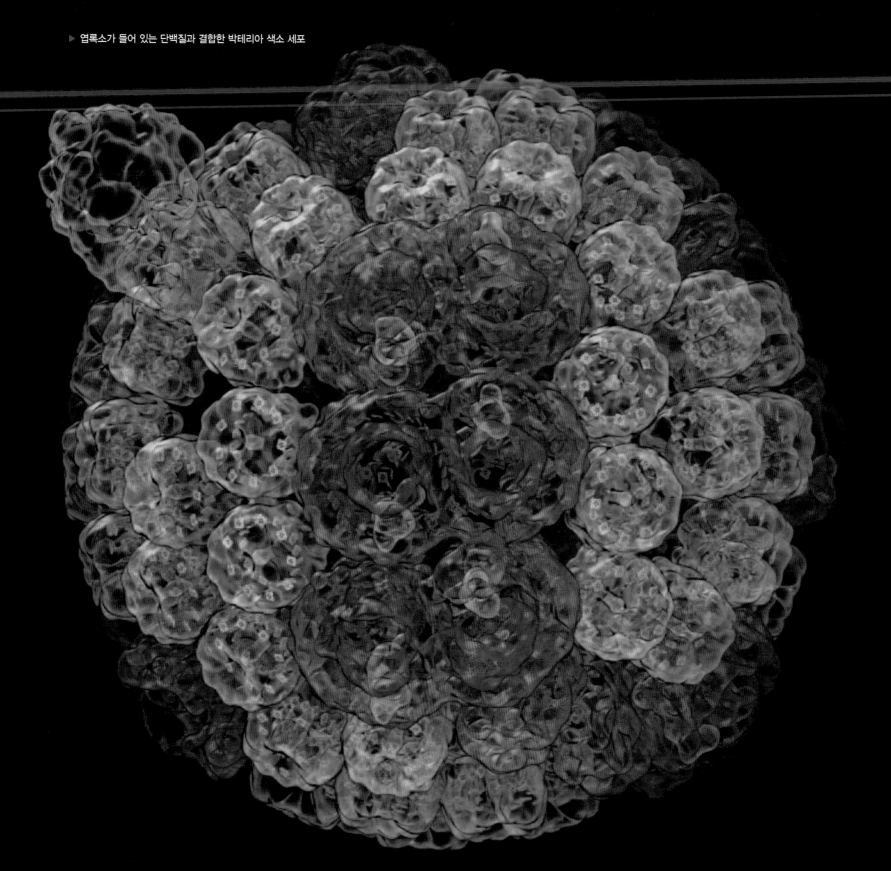

▶ 전형적인 식물의 예

식물의 무게 대부분은 탄수화물(더 자세한 것은 113쪽을 보라.)이라고 부르는, 높은 위치 에너지를 가진 탄소, 산소, 수소 원자로 된 분자가 차지한다. 셀룰로스,(식물의 줄기, 가지, 잎을 이루는 성분이다.) 당,(식물의 수액이나 과일에서 찾을 수 있다.) 녹말(식물의 씨에 많다.) 등이 이에 속한다. 이 분자들의 탄소는 공기 중의 이산화탄소(CO_2)에서 온 것이고, 수소와 산소는 공기 중에 비로 내리는 물(H_2O)에서 온 것이다.(그래서 식물이 땅으로부터 약간의 미네랄을 섭취하며 공기 중에서 자란다고 하는 것이다.)

방금 배운 것처럼 이산화탄소와 물은 아주 낮은 위치 에너지를 가진 분자들이다. 이 분자들을 탄화수소로 변환하는 것은 바위를 깊은 우물 속에서 끌어올리는 일과 같다. 이 일에는 에너지가 필요하다. 그리고 이 에너지는 엽록소가 빛 에너지를 포착해 변환함으로써 얻는다. 이 과정을 바로 광합성(광=빛, 합성=무언가를 결합해 더 큰 물질을 만드는 일)이라고 한다.

따라서 식물의 탄화수소에 있는 화학 위치 에너지는 생명을 주는 햇빛에서 왔고, 궁극적으로는 태양의 핵반응에 따른 질량 감소로부터 생겼다고 할 수 있다.

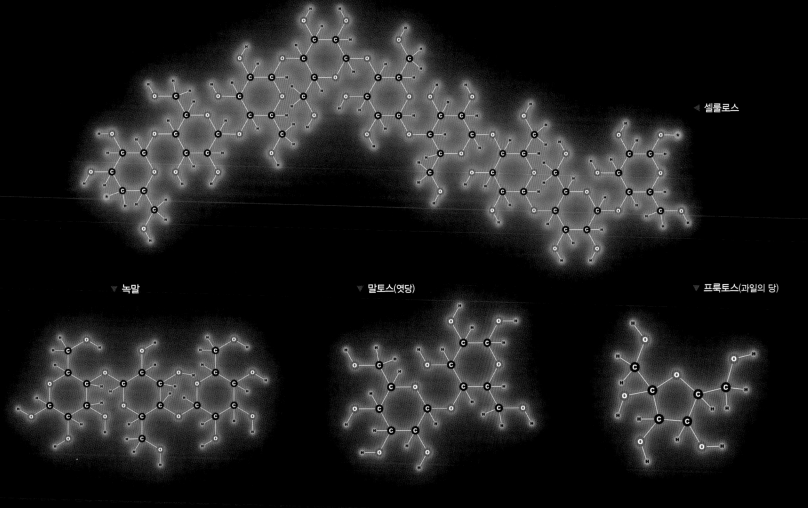

◀ 셀룰로스

▼ 녹말

▼ 말토스(엿당)

▼ 프룩토스(과일의 당)

식물이 죽으면 아주 오랫동안 땅속에 묻힌다. 그렇게 수십 년이 지나면 초탄(피트모스)이 된다. 다시 수천 년이 지나면 검지만 나무의 형태가 분명히 남아 있는 매목(보그우드)이 된다. 이윽고 수백만 년의 시간이 더 지나면 열과 압력을 받아 석탄이 된다. 갈탄이나 아탄은 이 중에서 비교적 신선한 것이다.(수백만 년 된 것을 '신선'하다고 부를 수 있다면.) 역청탄과 무연탄은 식물의 탄수화물(탄소, 수소, 산소)이 더욱 압축되고 변화해서 탄화수소(탄소와 수소만 있는)가 된 것이다.

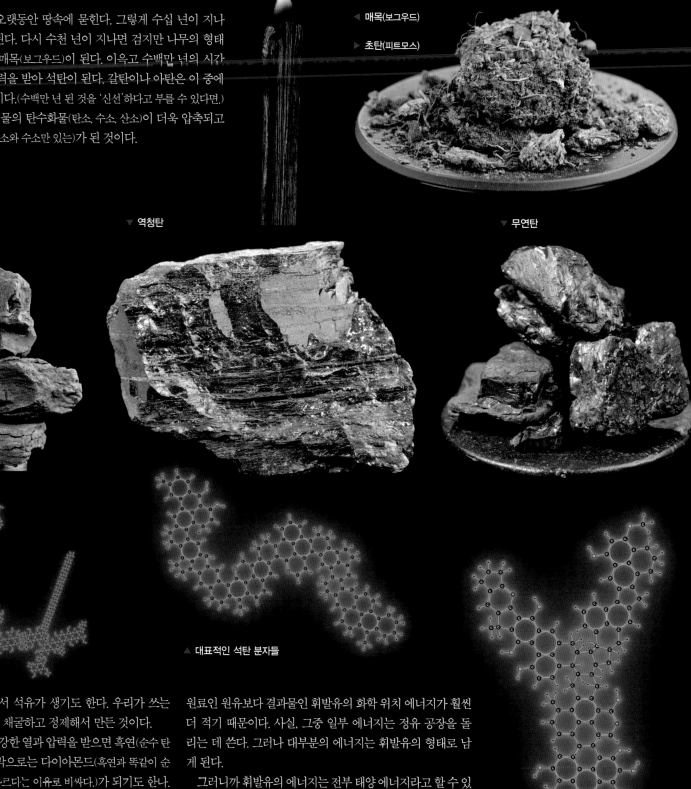

◀ 매목(보그우드)
▶ 초탄(피트모스)

▼ 갈탄　　　　　▼ 역청탄　　　　　▼ 무연탄

▲ 대표적인 석탄 분자들

석탄이 형성되는 과정에서 석유가 생기도 한다. 우리가 쓰는 휘발유는 바로 이 원유를 채굴하고 정제해서 만든 것이다.
　석탄이 땅속에서 더욱 강한 열과 압력을 받으면 흑연(순수 탄소)이 되기도 하고, 마지막으로는 다이아몬드(흑연과 똑같이 순수 탄소지만, 단지 구조가 다르다는 이유로 비싸다.)가 되기도 한다.
　3장(98쪽을 보라.)에서 원유를 휘발유로 만드는 정유 공장 사진을 볼 것이다. 정유 공정은 내리막 공정이라고 할 수 있다.

원료인 원유보다 결과물인 휘발유의 화학 위치 에너지가 훨씬 더 적기 때문이다. 사실, 그중 일부 에너지는 정유 공장을 돌리는 데 쓴다. 그러나 대부분의 에너지는 휘발유의 형태로 남게 된다.
　그러니까 휘발유의 에너지는 전부 태양 에너지라고 할 수 있다. 그것도 아주아주 오래된 태양 에너지 말이다.

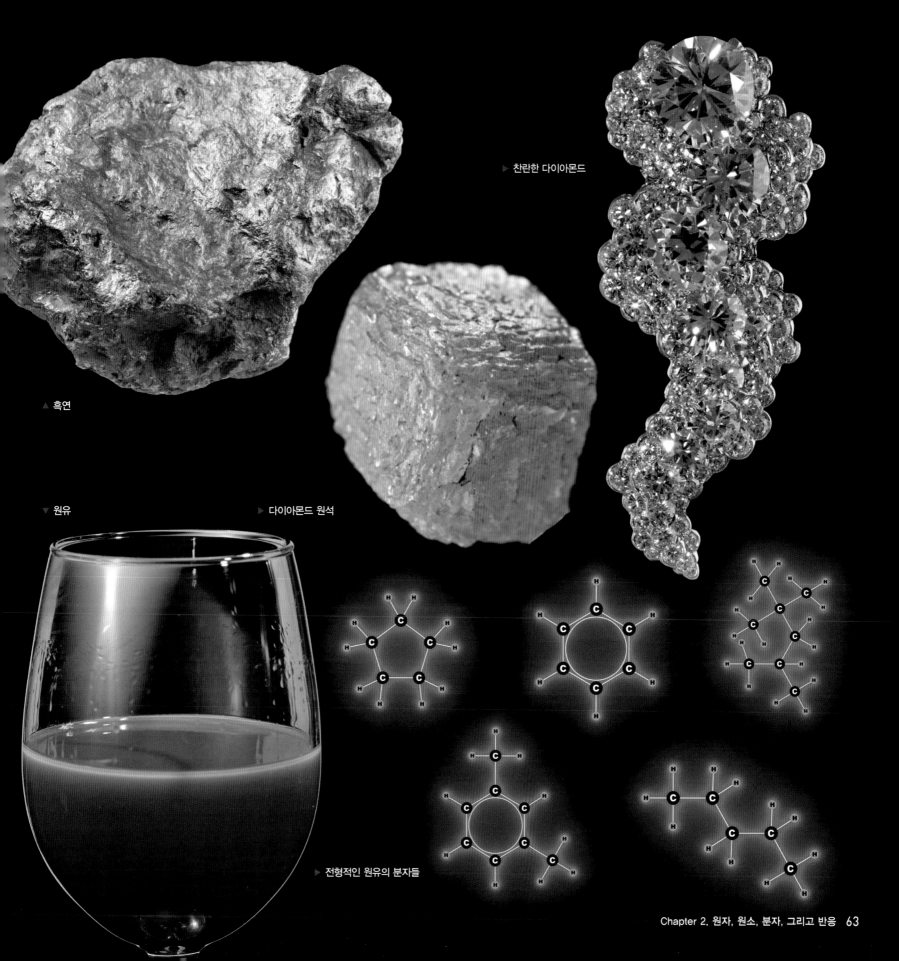

▶ 찬란한 다이아몬드

▲ 흑연

▼ 원유

▶ 다이아몬드 원석

▶ 전형적인 원유의 분자들

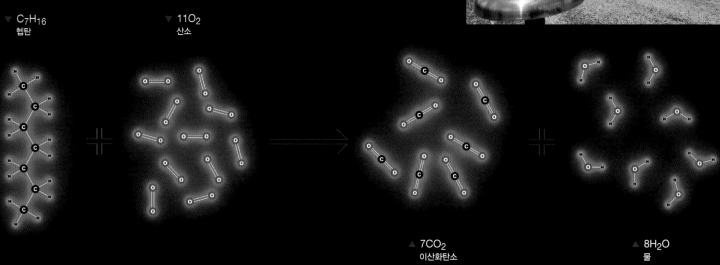

▼ C_7H_{16}
헵탄

▼ $11O_2$
산소

▲ $7CO_2$
이산화탄소

▲ $8H_2O$
물

이제 휘발유를 자동차에 넣은 뒤 휘발유가 다 떨어질 때까지 자동차를 몰 때 무슨 일이 벌어지질 생각해보자.

자동차가 달리는 중에는 휘발유가 산소와 반응해 휘발유에 저장되어 있던 빛(태양) 에너지를 방출한다. 다시 말하면 높은 위치 에너지를 가진 휘발유가 낮은 위치 에너지를 가진 분자들(이산화탄소와 물)로 바뀌면서, 그 차이만큼이 운동 에너지로 변환해 자동차를 움직인다.

자동차가 빨리 달리면, 운동 에너지도 그만큼 크다. 하지만 갑자기 자동차가 멈추면 휘발유의 위치 에너지도 없어지고 자동차를 움직이는 운동 에너지도 없어진다. 그 에너지들은 모두 어디 갔을까?

바위를 바닥에 떨어뜨릴 때와 마찬가지로, 모든 에너지는 결국 열에너지가 되어 도로와 자동차를 둘러싸고 있는 공기의 온도를 높인다.

열에너지의 일부는 배기관을 통해 뜨거운 배기가스로 배출된다. 또 일부는 엔진에서 방열기를 통해 열의 형태로 주변 공기로 배출된다. 자동차가 멈추면 브레이크가 뜨거워지는데, 자동차를 달리게 하던 운동 에너지가 열에너지로 바뀌고 또다시 주변의 공기로 흩어지게 된다.

휘발유가 연소된다는 것은, 그 옛날 젊은 지구를 덥히던 햇빛의 아주 적은 일부가 숨어 있다가 지금 와서 다시 지구를 덥히는 셈이다.

에너지 보존의 법칙은 여기서도 예외가 아니다. 자동차에서 나오는 열에너지를 모두 합하면, 휘발유에 저장되어 있던 화학 위치 에너지와 연소 과정에서 발생하는 이산화탄소(CO_2)와 물의 화학 위치 에너지의 차이와 정확히 같은 양이 된다.

거의 모든 일의 최종 결과물은 주위에 흩어지는 어느 만큼의 열이다. 유용한 일을 하는 모든 기계는 항상 열을 낸다. 돌고, 미끄러지고, 떨어지고, 날아다니고, 그 밖의 어떤 식으로든 움직이는 것은 그 동작이 멈추면 그게 무엇이든 항상 그 운동 에너지가 열에너지로 변환하여 손실된다. 살아 있는 생명도 마찬가지다. 심지어 냉혈동물일지라도, 생명체는 움직일 때마다 주위에 열을 방출한다.

왜 하필 열일까? 세상의 모든 운동이 열에너지로 끝나는 이유는 무엇인가? 열에 무언가 특별한 것이 있는 걸까? 이 질문의 답은 시간이 앞으로만 간다는 사실과 아주 깊은 연관이 있다.

시간의 화살

시간이 앞으로만 간다는 점은 명백하다. 모든 일은 그 과정의 단계들을 온전히 거꾸로 되돌릴 수 없다. 다음과 같은 예들을 보면 확실하다. 석탄은 식물로 되돌아가지 않는다. 또한 차를 후진한다고 해서 휘발유가 다시 생기지도 않는다. 영상은 거꾸로 되돌려 볼 수 있지만 이런 일들을 거꾸로 되돌리는 것은 불가능하다.

우리는 직관적으로 시간이 앞으로 흐른다는 것을 안다. 수많은 일이 어느 한쪽 방향으로만 자연스럽게 이루어진다.

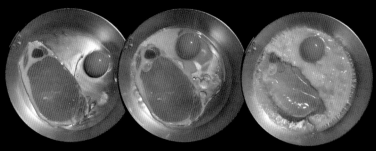

이미 연소한 휘발유를 연소하기 전으로 되돌릴 수 없듯이, 이미 부친 달걀프라이를 원래의 달걀로 되돌릴 수는 없다. 왜 그럴까? 모든 일이 자연스럽게 한 방향으로만 이루어지는 '시간의 화살'이라는 규칙과 원리는 무엇인가?

가장 쉽게 떠올릴 수 있는 답은, 화학 반응에서 화학 결합의 위치 에너지는 낮아지는 방향으로만 흐른다는 것이다. 바위를 떨어뜨리는 실험을 생각하면 쉽게 이해할 수 있다. 바위는 늘 아래로 떨어지고 저 혼자 위로 올라가지 못한다. 이는 우리 모두 알고 있는 확실한 사실이다. 공은 내리막길로 굴러갈 뿐 절대 오르막길로 저절로 굴러가지 않는다. 이 역시 분명하다. 그렇지 않은가? 모든 무거운 것은 늘 아래로 내려가려 한다. 다른 말로 하면, 바위는 스스로 낮은 위치 에너지를 향해 움직인다는 것이다. 만일 이런 바위를 더 높은 위치 에너지 상태로 이동시키고자 한다면, 우리는 일을 통해 바위를 들어 올려야만 한다.

원자 속의 전자도 이와 똑같다. 전자도 늘 낮은 위치 에너지 상태로 가려 한다. 이 말은 즉 어떤 화학 반응이 위치 에너지를 방출한다면, 이 화학 반응은 저절로 일어나는 것이며, 그렇지 않다면 그 반응은 저절로 일어나지 않는다는 뜻이다. 이 규칙은 많은 경우에서 유용하다. 바위와 마찬가지로 전자도 낮은 위치 에너지 결합으로 가려 하며, 그 과정에서 자연스럽게 에너지가 방출된다. 그러나 모든 반응이 그런 것은 아니다.

반대 방향으로 가는 반응도 많이 있다. 이를테면 전자가 스스로 높은 위치 에너지 상태로 올라가기도 한다. 마치 바위가 저 혼자 오르막을 올라가는 것과 같다.

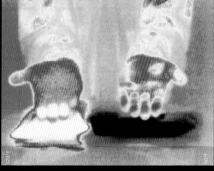

◀ 섭씨 8도짜리 냉각팩과 만질 수 없을 정도로 뜨거운 55도짜리 열팩을 열 화상 카메라로 찍은 사진.

▶ 반응 중에 전자가 낮은 에너지 상태로 가게 되면, 잉여 에너지가 운동 에너지로 방출되면서 열이 난다. 이 화학 열팩은 그 완벽한 예다. 황산마그네슘이 물에 녹으면서 위치 에너지가 방출되어 뜨거워진다. 이 반응에서 전자들은 낮은 위치 에너지 상태를 향해 '내리막길'을 간다.

◀ 이 냉각팩도 비슷하다. 다른 팩과 마찬가지로 외부의 주머니는 가루로 채워져 있고, 내부의 주머니에는 물이 들어 있다. 그러나 발목을 접질렸을 때 아무 팩이나 쓰면 안 된다. 팩을 활성화하면 하나는 뜨거워지고 다른 하나는 차가워지기 때문이다.

꼴에서 본 냉각액의 분자 운동 에너지(우리는 별로 감지하나.)는 그력서 밖으로 방출되는 한편, 새로이 일어나는 화학적 상호작용에 따라 위치 에너지로 저장된다. 염화암모늄이 물에 녹는 동안, 전자들은 더 높은 위치 에너지 빙매글 향해 오르막길 을 간다. 그러면서 이 혼합물은 결을 잃고 차가워진다.

물론 시간의 화살 방향에 따라 항상 '내리막길' 반응만 일어나는 것은 아니다. 여기에는 많은 예외가 존재하는 법이다.

에너지 보존의 법칙을 시간의 방향이 어느 쪽으로 흐르는 게 순방향인지 정의하는 원리에 적용할 수 있을까? 우리는 이 장의 앞부분에서 에너지는 새로 생성되지도, 소멸하지도 않는다고 배웠다.(누군가 아무것

노 없는 상태에서 에너지를 만들어내는 물건을 늘려고 는다면, 실내 사시 마다. 에너지 보존의 법칙은 조건에 따라 맞을 수도 안 맞을 수도 있는 게 아니며, 예외 없이 적용되는 불변의 법칙이다 그럼 기게는 시기다.)

에너지 보존의 법칙은 절대로 일어나지 않는 일이 무엇인지, 불가능한 일이 무엇인지 우리에게 알려준다. 그리고 일어날 수도 없고 일어나지도 않을 일을 가지고 사기를 치는 사람에게 속지 않게 해준다. 그러나 무슨 일이 일어나는지 그 과정을 아는 데는 전혀 도움이 되지 않는다. 어떤 특별한 상황에서는 무슨 일도 일어날 수 있지만, 어떠한 경우에도 에너지 보존의 법칙은 결국 지켜진다. 다만 그중에서 한 가지 일만, 즉 스스로 일어날 수 있는 일만 실제로 일어난다.

▼ $7CO_2$
이산화탄소

▼ $8H_2O$
물

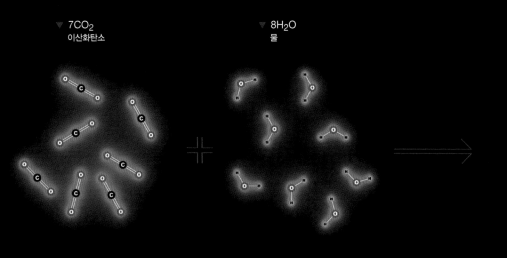

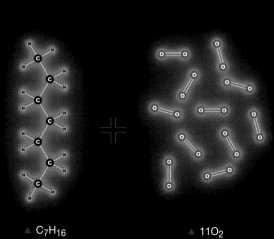

▲ C_7H_{16}
헵탄

▲ $11O_2$
산소

차를 타고 달리면서 길에 버려지는 열에너지를 조금이라도 빨아들여 각간이라도 휘발유로 되돌릴 수 있는, 그런 신비스러운 엔진이 있다면, 연료통에서 기름을 민들어내는 셈이다.

이는 어떤 면에서는 에너지 보존의 법칙에 어긋나지 않는 것으로 보인다. 즉 이런 열에너지를 빨아들이는 엔진을 단 차가 지나간 자리는

공기가 차가워졌을 것이고, 그렇게 얻은 열에너지로부터 휘발유의 에너지가 생성되었다고 설명할 수 있을 것이다.

물론 우리 모두는 이런 일이 가능하지 않다는 것을 안다. 그러나 이런 일이 불가능하다는 것을 에너지 보존의 법칙만 가지고는 설명할 수 없다 다른 개념이 필요하다.

엔트로피

낮은 에너지 상태로 내려가는 것과 에너지 보존의 법칙, 이 두 가지 개념만으로는 시간의 화살을 정의하지 못한다. 엔트로피라는 새로운 개념이 필요하다.

엔트로피는 아마도 사람들이 가장 많이 오해하는 과학 원리일 것이다. 교사, 과학자, 학생을 비롯해 거의 모든 사람이 엔트로피를 이해하려 수많은 시도를 했으나 실패해왔다.

다행스럽게도, 여기서 우리는 엔트로피에 관해 이해하기 그리 어렵지 않으면서도, 완벽하진 않지만 적어도 틀리지는 않은 설명을 듣게 될 것이다. 엔트로피란 간단히 말하면, 에너지가 어떻게 '퍼져 있는가' 하는 척도다. 에너지가 넓게 퍼져 있으면 엔트로피는 높다.

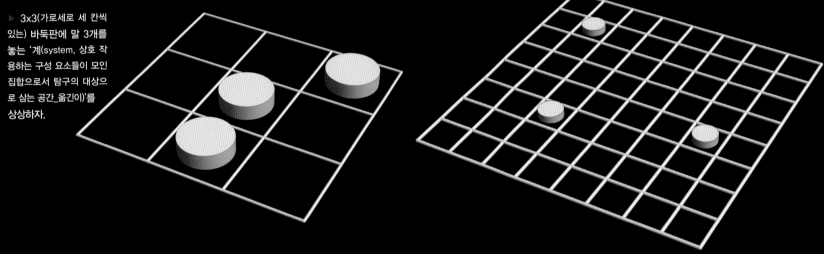

▶ 3x3(가로세로 세 칸씩 있는) 바둑판에 말 3개를 놓는 '계(system, 상호 작용하는 구성 요소들이 모인 집합으로서 탐구의 대상으로 삼는 공간_옮긴이)'를 상상하자.

◀ 배열할 수 있는 경우의 수는 여기 보이는 것처럼 모두 84개다. 바둑판이 물리 공간이라면, 84개에 달하는 배열 방식 84개는 상태 공간이라고 할 수 있다.

▲ 만일 물리 공간이 8x8로 늘어나면, 똑같이 말 3개를 놓았을 때 가능한 배열 방식은 41,664개가 된다.(그것을 여기에 다 그릴 수는 없다.)

▼ 바둑판을 크게 만들지 않는 대신에(즉 물리 공간을 똑같이 두고) 말을 그냥 눕혀놓아도 되고, 세워놓아도 된다고 하면, 똑같은 3x3 바둑판에서도 가능한 경우의 수는 84개에서 672개로 늘어난다. 물리 공간을 늘리지 않고, 둘 수 있는 말의 상태를 더 다양하게 해서 상태 공간만 늘려도 경우의 수가 훨씬 많아지는 것이다.

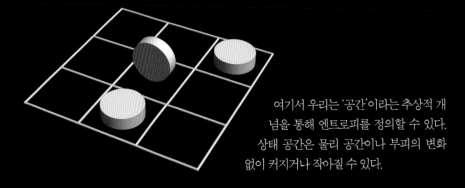

여기서 우리는 '공간'이라는 추상적 개념을 통해 엔트로피를 정의할 수 있다. 상태 공간은 물리 공간이나 부피의 변화 없이 커지거나 작아질 수 있다.

화학에서 엔트로피와 상태 공간은 어떻게 작용할까? 이번에는 바둑판에 말을 놓는 방법을 이야기하는 대신에, 원자와 분자가 모여 있는 곳에 에너지가 어떻게 분포될 수 있는지에 대해 이야기해보자. 특정한 결합을 잡아 늘이거나 특정한 방향으로 원자를 움직이면 에너지가 생길 것이다. 그리고 에너지를 저장할 수 있는 다양한 방법과 규모에 따라 에너지가 분포될 것이다.

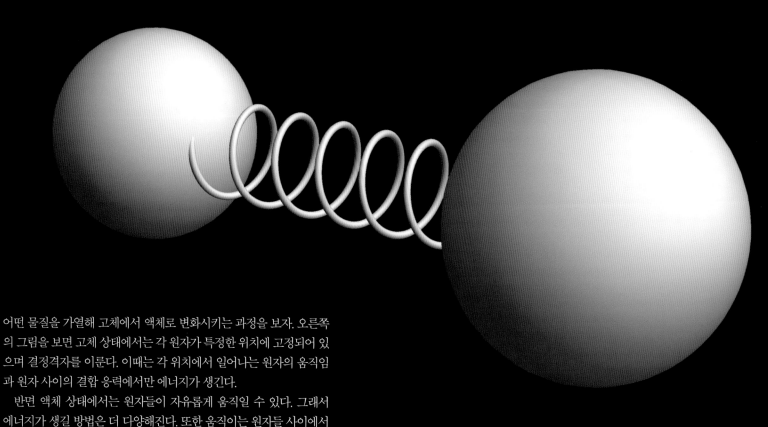

어떤 물질을 가열해 고체에서 액체로 변화시키는 과정을 보자. 오른쪽의 그림을 보면 고체 상태에서는 각 원자가 특정한 위치에 고정되어 있으며 결정격자를 이룬다. 이때는 각 위치에서 일어나는 원자의 움직임과 원자 사이의 결합 응력에서만 에너지가 생긴다.

반면 액체 상태에서는 원자들이 자유롭게 움직일 수 있다. 그래서 에너지가 생길 방법은 더 다양해진다. 또한 움직이는 원자들 사이에서는 에너지가 저장될 수 있는 방법도 훨씬 더 다양해진다. 원자들이 움직일 수 있게 되었다는 것은 바둑판에서 말을 더 다양한 방법으로 놓을 수 있게 되었다는 것과 비슷하다. 바로 이것이 같은 물리 공간 안에서 원자에게 더 많은 변화가 허용된다는 뜻을 나타내는 자유도라는 새로운 개념이다.

계의 엔트로피란 해당 계에서 에너지를 분배할 수 있는 모든 경우의 수(정확히는, 그 수의 자연 로그 값)를 말한다. 그래서 다른 모든 조건이 동일하다면, 액체 상태는 더 높은 엔트로피 상태가 된다. 이는 더욱 불규칙하기 때문이 아니고, 더 크기 때문도 아니다. 그 안에 에너지를 분배할 더 다양한 방법이 있기 때문이다. 엔트로피를 어느 정도 이해했다면, 이제 우리는 시간의 방향을 정하고 모든 것을 무의미하게 만드는 가장 중요한 사실을 공부할 때가 왔다. 바로 엔트로피는 '항상 증가한다'는 사실이다.

▲ 고체   ▲ 액체

에너지와 엔트로피의 법칙

고립계의 총 에너지는 항상 일정하다. 닫힌계의 총 엔트로피는 어떤 변화가 있을 때마다 항상 증가한다.

위의 두 법칙은 어떠한 일이 일어날 수 있는지, 그 일이 스스로 일어날 수 있는지를 함께 결정한다. 첫 번째 법칙은 보통 '에너지 보존의 법칙' 또는 '열역학 제1법칙'이라고 한다. 두 번째 법칙은 '열역학 제2법칙'이라고 한다. 이 두 법칙이 얼마나 중요한지는 아무리 강조해도 지나치지 않다. 이 두 법칙으로 다양한 일과 상황을 이해할 수 있고, 그것들이 어떻게 이루어지는 한눈에 알 수 있으며, 과거에 신비롭게만 느꼈던 수많은 세계를 이해하게 될 것이다.

두 번째 법칙, 즉 열역학 제2법칙은 '시간이 앞으로(순방향으로) 흐를 때 엔트로피는 항상 증가한다'는 것이다. 이 법칙은 시간의 화살을 정의하는 물리 법칙이다. 비디오가 역방향으로 재생되고 있을 때 그것을 즉시 알아챌 수 있는 것처럼 우리는 직관적으로 시간의 방향을 느낄 수 있다. 이러한 시간에 대한 우리의 직관 덕분에 엔트로피에 대해서도 직관적으로 이해할 수 있을 뿐 아니라, 엔트로피가 시간에 따라 계속 증가한다는 점을 깊게 확신할 수 있다.

첫 번째 법칙, 즉 에너지 보존의 법칙은 (현재로서는) 정확히 설명할 수 없다. 지금까지 측정한 모든 상황을 통해 우리는 이 법칙이 절대적으로 사실이라는 것을 확신하지만, 그 이유를 정확히는 알지 못한다. 그러나 엔트로피가 왜 항상 증가하는지는 '알고' 있다. 이 법칙은 수학적 증명에 근거하기 때문이다.

이 증명은 이해하기 어렵긴 하지만 수학적으로 완전하다. 이 법칙은 물리학의 다른 어떤 법칙보다도 더 확실한 사실이다. 측정이나 연구에 의존하지 않고 수학적 증명에만 의존하기 때문이다. 모든 물리학 법칙에는(에너지 보존의 법칙조차도) 특별한 세부 조건이 따르는 예외가 반드시 있을 거라고 생각할 수 있다. 그러나 수학적 증명의 확실성을 무시할 수는 없다.

(하지만 이 부분은 건너뛰어도 된다. 진짜 너무 어려우니까. 나도 그것을 제대로 이해하는 데는 30년이나 걸렸고, 최고의 선생님과 몇 시간 동안 이 문제에 대해 대화를 나누고 나서야 겨우 이 책을 쓸 수 있었다. 독자들이 읽고 하룻밤 만에 이해하기를 바라며 이 글을 썼지만, 진짜 그렇게 쉬운 설명이 되었는지는 확신할 수 없다. 그렇지만 나는 최선을 다했다. 그러니 나와 함께 이 어려운 주제를 이해하려는 시도를 한번 해보라.)

여기 보이는 상자 2개는 두 가지 다른 상태 공간의 상대적 크기를 나타낸다. 작은 것은 낮은 엔트로피 상태를, 큰 것은 높은 엔트로피 상태를 나타낸다. 이러한 상태로 표현한 것들을 물리적 부피라고 할 수도 있겠지만, 실제로는 앞에서 설명한 '상태 공간'처럼 얼마나 다양한 배치가 가능한지를 나타내는 추상적인 목록이라고 할 수 있을 것이다.

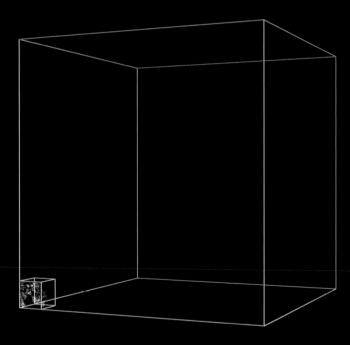

▲ 엔트로피가 낮은, 작은 상자를 하나 떠올려 보자.(예를 들면 연소하기 전의 휘발유) 계의 현재 상태(모든 원자의 정확한 속도와 모든 결합의 응력)는 상태 공간의 한 점으로 표시할 수 있다.(이것이 무엇을 의미하는지 아는 사람들에게는 이렇게 설명할 수 있을 것이다. 이런 상태 공간들은 아주아주 고차원적인 공간이다. 즉 이 계 안에 있는 모든 원자가 다양한 차원을 가질 수 있다는 말이다.) 현재 상태를 나타내는 점은 작은 상자 안에서 임의로 돌아다니며, 그 계가 있을 수 있는 모든 상태를 탐색한다.

이제 갑자기 작은 상자의 벽을 허물어 점이 더 큰 상자로 이동할 수 있도록 풀어놓았다고 상상해보자. 이것은 휘발유를 연소하는 것처럼 어떤 반응이 일어났다는 의미다. 이제 계의 현재 상태를 나타내는 점이 더 큰 상자 안에서 자유롭게 움직일 수 있게 되었다. 이는 시간이 순방향으로 움직인다는 것을 나타낸다. 다시 말해 계가 더 높은 엔트로피 상태가 된 것이다.

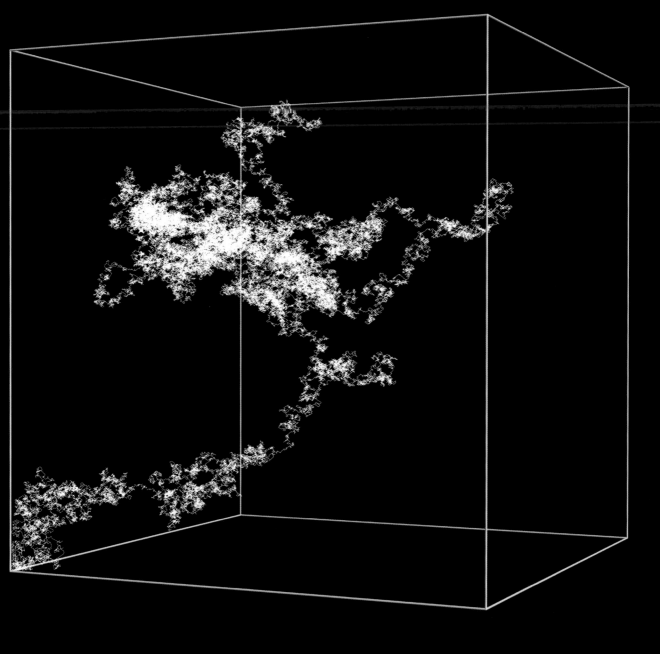

가 이전의 낮은 엔트로피 상태로 되돌아가려면 무엇이 필요할까? 계 체에 퍼져 있는 현재 상태가 '구석에 있는 점 같은 작은 상자에 스스로 다시 들어가야' 한다. 이건 정말 이상한 일이다. 앞에서 예로 든 상자에서 보았듯이, 큰 상자보다 1,000배는 더 작은 상자로 되돌아가야 한다는 말이다.

잊지 말자. 여기서 상자의 부피라고 하는 것이 물리적인 부피가 아니라 추상적인 상태 공간이라는 사실을. 실제 세계의 엔트로피 상황에서 우리는 이 상태 공간의 가상적 크기를 계산할 수 있다. 그리고 일반적으로는 크기의 치이가 너무 커서 작은 상자로 되돌아간다고 해도 터무니없이 오래 걸린다. 우주의 나이가 아무리 많다고 해도 실제 세계의 계가 낮은 엔트로피 상태로 되돌아가는 데 필요한 시간에는 턱없

이 모자라다.

계는 언제나 낮은 엔트로피에서 높은 엔트로피 상태로 간다. 그 이유는 역방향보다 순방향으로 갈 확률이 압도적으로 높기 때문이다. 계가 높은 엔트로피 상태로 갈 확률이 10억의, 10억의, 10억의, 10억의, 10억의, 10억의, 10억의, 10억의, 10억의, 10억의, 10억의, 10억 배보다 높기 때문에 그 엔트로피는 거의 늘 높은 상태에 있게 될 것이다.

엔트로피는 깊게 생각하고 몰두하기에 좋은 주제다. 잘 이해가 안 간다면 내일 이 부분을 천천히 다시 읽어보라.

지금까지 원소, 분자, 반응, 에너지와 엔트로피 법칙 등을 배웠다. 이제 세상 속으로 나갈 준비가 되었다. 어디에 써먹을지는 모르지만 무언가 재미있고, 아름답고, 짜릿하고, 중요한 것들을 발견하러 나가보자.

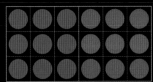 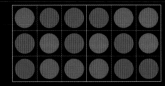

▲ 아마도 엔트로피는 거의 항상 '무질서도'라고 들었을 것이다. 파란 공이 한쪽에 모여 있는 것과 같이 질서 있게 정돈된 계가 낮은 엔트로피이며, 반면에 공들이 마구 뒤섞여 있는 무질서한 상태가 높은 엔트로피라고 말이다. 비과학적이고 대중적인 언어로 엔트로피를 무질서 또는 혼돈이라고 말한다. 그래, 좋다. 화학을 연구하지 않는 사람들이 그들 좋을 대로 그 단어를 쓸 수는 있다. 문제는 고등학교 교과서에서조차 이렇게 쓰고 있다는 사실이다. 이것은 분명히 잘못된 설명이다. 화학에서 말하는 엔트로피는 무질서와 관련이 없다. 엔트로피라는 개념으로 설명하는 계는 마구잡이로 움직이지만, 엔트로피 자체가 무질서의 척도는 아니다. 이 장에서 배웠듯이 엔트로피는 에너지의 배열이 아니라 확산을 측정한 것이다.

▲ 가끔 시인 같은 사람이 에너지는 결코 소멸되지 않는다는 사실을 자신이 어떻게 배웠는지에 대해 이야기하는 것을 들었을 것이다. 사람들은 사랑으로 창조한 에너지는 영원히 소멸하지 않는다는 뜻이니, 너무 아름답다고들 이야기한다. 영혼의 반려자가 허망한 사고로 죽었어도 그 사랑의 에너지는 영원히 함께할 것이라고 말이다.

하지만 사랑은 에너지 창조의 현상이 아니라 에너지 분배의 결과라고 할 수 있다. 사랑은 물질과 에너지로 이루어진 우리 뇌의 패턴과 조직 구조에서 만들어진다. 다른 말로 하면, 사랑은 에너지와 엔트로피의 자식이다.

사랑으로 일어나는 현상은 에너지처럼 보존 법칙을 따르지 않는다. 그것은 왔다가 간다. 사실 엔트로피 증가 법칙에 따르면 사랑도 조만간 '가버릴' 것이다. 형태를 가지고 있던 것도 칠판에 썼던 분필 그림이 빗물에 지워지듯이 사라질 것이다. 빗물로 씻기면 분필 가루까지 영원히 소멸되지는 않더라도 그 그림은 사라지는 것과 같다.

엔트로피가 증가하는 기본 법칙에 따라 모든 것을 지워버리는 비처럼 당신의 사랑과 당신을 사랑하는 모든 이의 사랑도 결국 씻겨 사라지는 것은 피할 수도 막을 수도 없을 것이다. 그러고 나서 태양은 지구를 삼키고 재로 태워버린 뒤, 백색왜성으로 쪼그라들어 어둠 속으로 사라질 것이다.

미안하다.

환상적인 반응들과 그 반응들을 볼 수 있는 곳

'화학'은 아마도 당신이 싫어했던(또는 앞으로 싫어할, 아니면 지금 싫어하는) 과목이겠지만, 진짜 화학 즉 우리 주위에서 일어나는 실제의 화학은 다르다. 학교 밖의 세상 속에서 화학은 언제나, 어디서나 찾을 수 있는 화려한 색깔, 냄새, 소리, 경험으로 아름답게 존재한다. 이 장에서는 흥미로운 반응들을 이야기하며 즐겁게 놀 것이다. 또한 흥미로운 반응들을 찾아 세계 곳곳으로 떠날 것이다.

화학 반응이 일어나는 것을 어떻게 알 수 있을까?

세상에서 어떤 변화가 일어나는 것은 거의 다 화학 반응 때문이다. 음식이 똥이 되는 것도? 그것도 화학 반응이다. 차가 도시를 가로지르는 것도? 그것도 화학 반응이다.(기계 작동도 들어가지만) 이 책에서 전부 다룰 수 없을 만큼 반응의 종류는 정말 많다.

전부 다루기란 애초에 불가능하기 때문에 나는 가장 재미있고 화학의 관점에서 가장 강렬하다고 생각하는 반응들을 뽑아 이야기할 것이다.

교실에서

화학을 가르치는 사람들이라면 누구나 교실에서 학생에게 흔히 보여주는 반응들이 있다. 적어도 옛날에는 그런 보여주는 실험을 많이 했다. 슬프게도 안전에 대한 우려 탓에, 인간 문명을 유지할 미래 세대의 과학자를 교육하는 데 필요한 예산이 감소한 탓에, 점점 이런 일들은 줄어들고 있다.

'과학 실험'이란 말을 자주 들어봤을 것이다. 하지만 이는 '실험'이라는 단어를 잘못 사용하는 것이다. 실험의 핵심은 결과가 어떻게 나올지 전혀 모른다는 데에 있다. 우리는 실험을 통해 새로운 지식을 얻는다.

반응은 실험과는 완전히 정반대이기 때문에(그 결과를 알고 있으므로) 사실은 '시연'이라고 하는 것이 더 적절하다. 만일 어떤 반응에서 어떤 결과가 나올지 확실치 않다면, 학생들이 가득한 교실에서 그 반응을 시연하면 안 되는 거다!

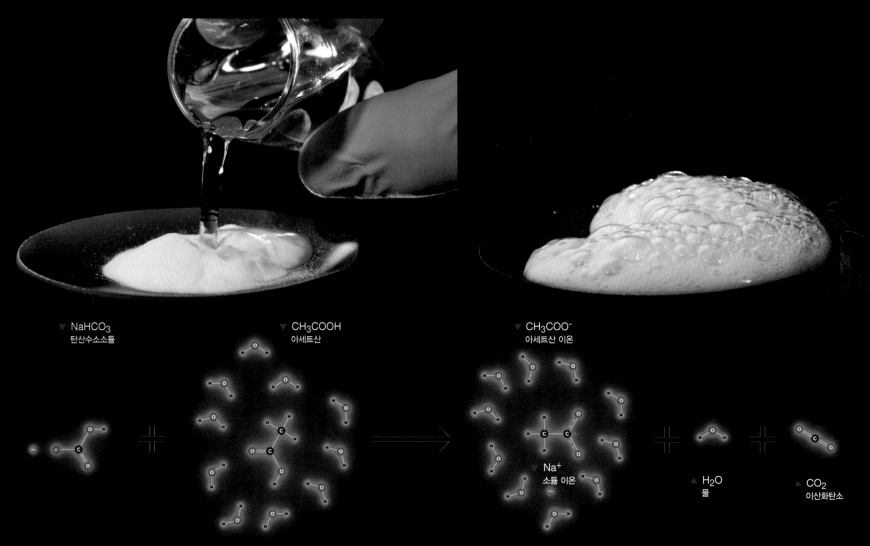

▼ NaHCO₃
탄산수소소듐

▼ CH₃COOH
아세트산

▼ CH₃COO⁻
아세트산 이온

Na⁺
소듐 이온

▲ H₂O
물

▲ CO₂
이산화탄소

▲ 이것은 '가정에서도 할 수 있는 환상적인 화학 반응'이다. 나는 10년간 《파퓰러 사이언스》 잡지에 과학 시연에 대해 글을 써왔는데 이 반응은 한 번도 언급한 적이 없다. 내게는 지루한 반응이기 때문이다. 자녀들이 학교에서 당연히 해봐야 한다고 부모들이 생각하는 그런 반응이다.

그러나 이 반응에도 어떤 매력은 있다. 재료는 부엌에서 모두 구할 수 있다. 여기에 사용하는 화합물인 탄산수소소듐(NaHCO₃)은 우리가 흔히 쓰는 베이킹소다다. 그리고 아세트산(CH₃COOH)도 식초의 주성분(물을 빼고)이다. 이들 분자를 하나씩 결합하면 물 분자(H₂O) 하나, 용해된 소듐 이온(Na⁺) 하나, 용해된 아세트산 이온(CH₃COO⁻) 하나, 이산화탄소 분자(CO₂) 하나, 이렇게 네 가지 물질이 생긴다. 이때 이산화탄소는 가스이기 때문에 거품으로 보인다. 와우!

'화산'을 만들기 위한 실습 키트에는 베이킹소다와 식초가 들어 있다. 나는 개인적으로 어렸을 때 이 키트를 보고 속았다고 느꼈다. 이게 화산이라고? 그건 좀 아닌 것 같다. 진짜 화산은 붉은색 뜨거운 용암을 분출해 모든 것을 태워버린다. 이 키트는 이런 일을 전혀 하지 못했다. 부엌 탁자조차도 그슬리지 못했다. 너무 실망했다. 세월이 흐른 후 그 거짓말의 내막을 알게 되었다. 이 반응은 실제로는 '흡열'이라고 하는 반응이고, 에너지를 흡수한다는 뜻이다.(앞서 2장에서 배운 냉각팩과 같은 흡열 반응인데 그만큼 격렬하진 않다.) 흡열 반응만으로는 뜨거운 용암을 만들지 못할 뿐 아니라, 오히려 화산 분출물을 표현하기 위해 나오는 거품이 원래보다 약간 더 차가워지기까지 했다. 맙소사!

그러니 이 실습 키트는 완전히 사기인 데다 상처에 모욕을 더하는 일이었다. 한 가지 방법을 알려주자면, 베이킹소다와 식초 대신에 산화철과 알루미늄 가루를 쓰면 붉은 용암을 만들 수 있고, 부엌 탁자에 구멍도 낼 수 있다. 그런데 이렇게 제품 광고 그대로 진짜 작동되는 물건을 만드는 법을 어린이에게 알려주는 건 좀 위험하지 않을까?

좋다. 인정하겠다. 어린 시절 나는 베이킹소다 화산에 무척 실
망했었지만 붉고 뜨거운 용암을 진짜로 만드는 화학 실험을
하기 위해 그 위험한 재료들을 다루기에는 너무 어렸던 게 사
실이다.

　(여기서 말하는 용암은 정확히는 붉고 뜨거운. 녹은 철이다. 그렇
지만 실제로 보면 생각보다 훨씬 좋다. 녹은 철을 분출해대는 실물 크
기의 화산을 상상해보라. 정말 멋지다.)

▼ 이 반응은 교실에서 할 수 있는 한계를 넘는다. 이 시연을 실제로 하는 교사가 있다면 존경을 표해야 한다.

▷ 녹은 철

실제와 같은 화산 만들기를 시연할 때는 테르밋(thermite)이라는 혼합물을 사용하는데, 테르밋 혼합물은 알루미늄(Al 원소) 가루와 산화철의 혼합물이다. 산화철은 두 가지 형태가 있는데, 둘 다 쓸 수 있다. 하나는 붉은 산화철 즉 녹이라고 하는 Fe_2O_3이고, 다른 하나는 자철광인 Fe_3O_4이다. 테르밋 혼합물에 불을 붙이면 철에 붙어 있던 산소 원자가 알루미늄으로 이동해 산화알루미늄(Al_2O_3)을 생성하고, 산소를 뺏긴 산화철은 순수한 철 금속(Fe 원소)으로 환원된다. 산화알루미늄의 산소-알루미늄 결합은 녹(Fe_2O_3) 또는 자철광(Fe_3O_4)의 산소-철 결합보다 훨씬 강하다. 앞서 2장에서 배웠듯이 그 말은 산소-알루미늄 결합의 전자가 더 깊은 위치 에너지 우물에 있다는 것을 의미하며, 또한 그 결합이 생성될 때 많은 에너지가 방출된다는 것을 뜻한다. 이때 나온 에너지 덕분에 그냥 금속 철이 아니라 용암같이 하얗고 뜨거운 철을 얻을 수 있다.

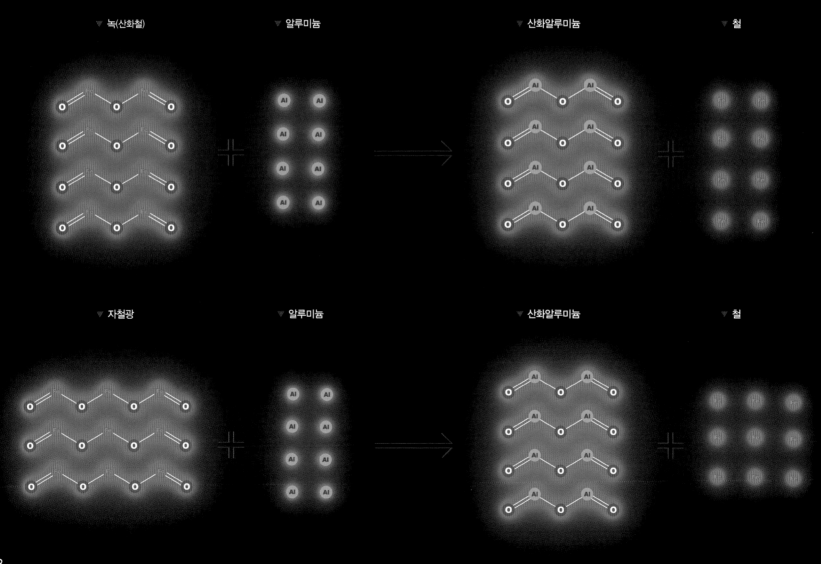

실제 화산처럼 보이게 하려면 뜨거운 녹은 철을 물통에 떨어뜨리면 된다. 그러면 녹은 철이 증기 폭발을 일으켜 공기 중으로 솟구치면서 폭발하는 화산과 성말 비슷해신다. 그러나 이 방법은 길데로 긴히고 싶기가 않다. 특히나 교실에서 시연하는 거라면 더더욱. 여기서 실명을 밝히지는 않겠지만, 존경받고 경험 또한 많은 어느 대학교수가 자신이 저지른 마지막 실수에 대해 들려준 적이 있다. 이 시연을 하다가 "화재 진압용 물 때문에 홍수가 난 교실 바닥에 엎드린 여학생들" 이야기를 했던 그의 말을 잊을 수 없다. 아! 나는 앞줄에 앉은 학생들을 거의 다 태워버릴 뻔한 사고를 내고도 어떻게 학교에서 잘리지 않았느냐고 농담을 했다.(그러나 그건 정말이지 매우 위험한 사고다. 그 당시 심각한 부상을 당한 학생이 없었다는 건 순전히 운이 좋았을 뿐이다. 테르밋은 조심히 다루지 않으면 다친다.)

▶ 그건 그렇고, 테르밋 시연을 할 때는 너무 싼 진흙 항아리는 사용하지 않는 게 좋다.

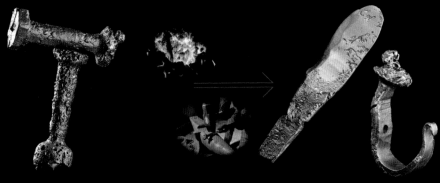

▲ 여기 보이는 금속 조각들은 테르밋 시연을 정교하게 하지 못해 그릇이 깨지면서 나온 것이다. 그래도 엄연히 진짜 금속들이다. 부딪히면 종처럼 소리를 내고, 주조해서 여러 가지를 만들 수도 있다. 이 투박한 칼과 옷걸이는 석탄, 불, 망치, 모루 등을 이용한 전통적인 대장간 방식으로 만든 주물을 그대로 두드린 것이다. 이 금속들을 전부 모래 속에서 찾을 수 있다는 게 정말 놀랍다. 나는 해변에서 샌들 모양 병따개로 이 금속들을 주워 모으곤 했다.(이 이야기는 100쪽에 또 나온다. 전문적으로 테르밋을 이용하는 모습은 104쪽에 나온다.)

▼ 테르밋 반응은 매우 느리다. 여기 이 사진들은 그릇이 깨져 속이 보이게 된 것으로, 반응이 그릇 꼭대기에서 바닥까지 내려가는 데에는 약 5초가 걸린다.(이 5초는 녹은 철을 바로 눈앞에서 바라보고 있기에는 꽤 긴 시간이다.) 반응이 바닥에 도달하면 그릇 바닥에 있는 구멍의 알루미늄 플러그를 통해 녹은 철이 흐른다.

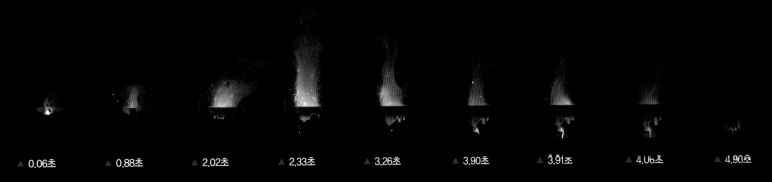

▲ 0.06초　　▲ 0.88초　　▲ 2.02초　　▲ 2.33초　　▲ 3.26초　　▲ 3.90초　　▲ 3.91초　　▲ 4.06초　　▲ 4.90초

여기 보이는 이 반응은 테르밋과 함께 고등학교 또는 대학교 1학년 수준의 화학 수업에서 시도할 수 있는 최고 수준의 시연이다. 시연의 내용은 수소 기체(H_2)로 비눗방울을 날려버리는 것이다. 수소 기체가 공기보다 가벼운 탓에 비눗방울이 공중에 높이 떠서 날아간다.

또한 수소는 불이 잘 붙고, 산소와 반응해 물을 생성한다. 긴 막대기 끝에 촛불을 묶으면 비눗방울을 따라갈 수 있고, 천장에 닿기 전에 비눗방울에 불을 붙일 수도 있다.

▶ 순수한 수소로 비눗방울을 만들어 불을 붙이면 쉭 소리를 내며 부드럽게 탄다. 수소 기체가 주변 공기와 섞이기 전에 연소하기 때문이다. 그 결과 만들어지는 해파리 모양의 불꽃은 매우 아름다우며 1초 정도 지속된다.

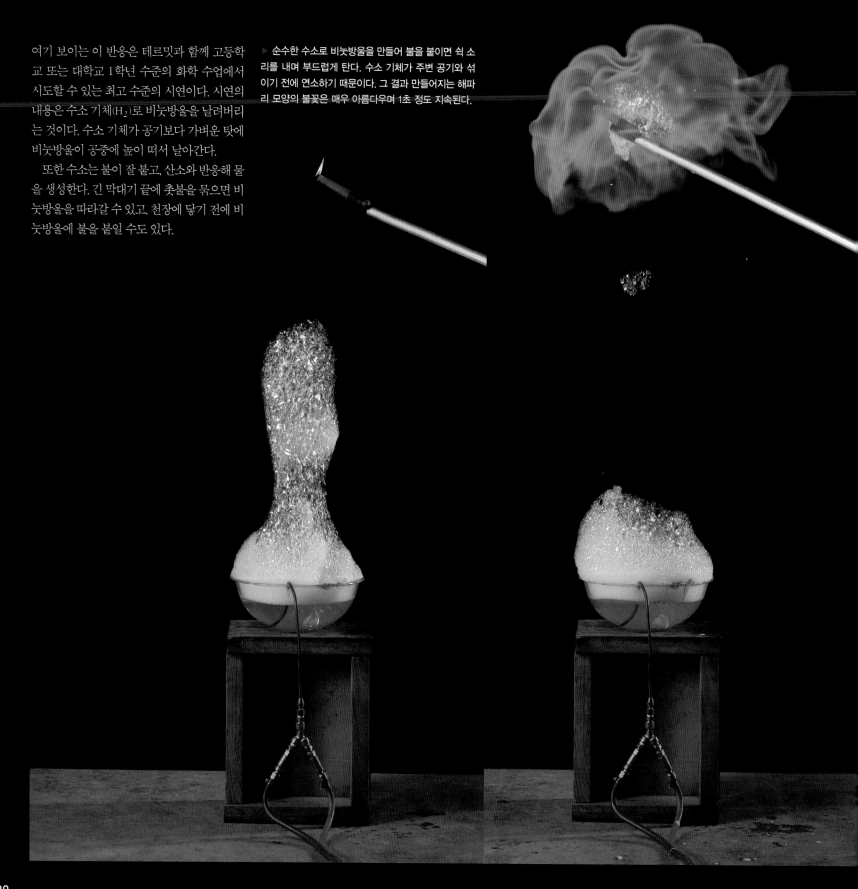

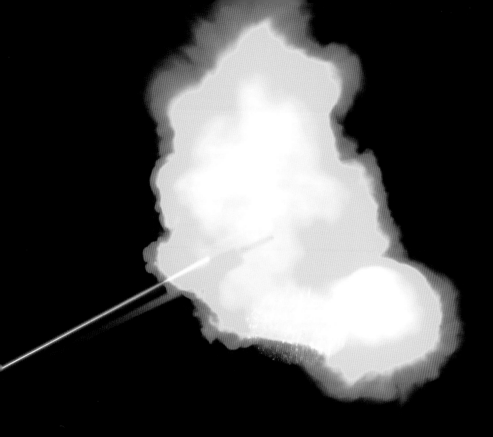

내가 어디에 사는지 좀 알려드리겠다. 이곳은 가장 가까운 이웃집이 우리 집에서 직선거리로 약 1킬로미터나 떨어져 있는 아주 시골이다. 이웃끼리 서로 잘 알며, 남의 집에 숟가락이 몇 개 있는지도 안다. 여기는 미국 일리노이주 농촌이다. 사람들은 총을 가지고 있고 가끔 쓰기도 한다. 아니 자주 그런다. 그런 시골이다. 아무도 신경을 안 쓴다. 그런데 총을 쏴도 안 오던 경찰이 수소 비눗방울 시연을 할 때는 왔다.

내가 처음으로 본 비눗방울 시연은 테르밋 시연을 하다 사고를 냈다던 바로 그 대학교수가 한 수소-산소 비눗방울 시연이었다. 그 당시 그 교수가 썼던 칠판은 분필로 쓰는 칠판이었다. 그가 시연을 시작하기 전에 칠판에 무척 많은 내용을 썼던 기억이 선명하다. 또한 그 교수가 "화학 교사들은 분필을 쓰며 폭발을 일으킬 만큼 충격을 주듯이 칠판을 두드려대기 때문에 하얀 분필 가루가 날려 '허파가 하얘지는 병'을 앓게 된다"는 농담을 했던 것도 기억이 난다.

▶ 수소와 산소의 혼합 기체로 비눗방울을 만들어 날리면 아주 색다른 결과가 나온다. 두 가지 기체를 미리 섞어놓으면 반응 속도를 늦출 방법이 없다. 또한 산소를 더 많이 첨가하면 반응이 더 빨라지고 강렬해진다. 정확히 반반(부피 비율로), 즉 '화학량론적' 비율에 이르게 되면 최고점이 되어 총소리 같은 폭음이 나고, 그 소리가 너무 커서 이웃들을 놀라 뛰쳐나오게 만든다.

▶ 이 사진 속 수소 기체 방울은 비극으로 끝났다. 그 유명한 힌덴부르크 비행선 참사다. 멋진 비행선에 채운 수소 기체에 불이 붙어 일어났다. 당시 많은 사람이 죽었는데, 떨어져 죽은 게 아니라 대부분 불타서 죽었다. 수소가 너무 가볍기 때문에 불길이 매우 빠르고 크게 번졌고, 불행히도 승객들을 덮치고 만 것이다.

그런 논의가 있었던 것은 아니지만, 힌덴부르크 비행선이 수소와 공기의 혼합물이 아니라 순수한 수소를 연료로 쓴 것은 그나마 다행이었다. 힌덴부르크 비행선은 우리가 하는 수소 비눗방울 시연마냥 '천천히 연소'했다. 만일 수소와 공기의 혼합물이 연료였다면, 그대로 엄청난 기체 폭탄이 되었을 것이고 아주 멀리 있는 집들까지 초토화시켰을 것이다.

기체 폭탄은 먼저 가연성 기체(수소 기체가 그 예다.)를 공기 중에 분산한 다음, 몇 초 후에 그 혼합 기체를 점화해서 작동하는 원리다. 수소 기체에 먼저 불이 붙으면 가볍게 타고 말지만, 혼합 기체가 된 후에 불이 붙으면 그 폭발이 너무 강해서 폭풍이 일어나 수백 미터 안의 지역을 깨끗이 쓸어버린다.

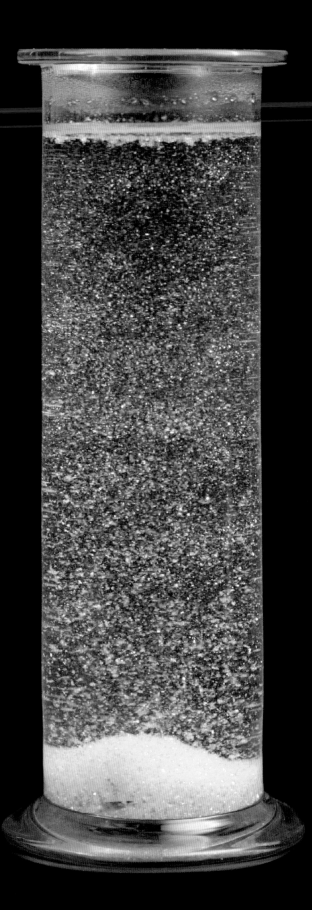

교실에서 보여주기 위한 화학 시연에 사용하는 반응의 종류는 아주 많다. 그중 하나는 "이 물질을 부으면 무슨 일이 일어납니다!"라는 부류의 시연들이다. 그 무슨 일은 항상 색깔 변화를 동반하며 딱딱해지거나 거품이 난다. 내게 묻는다면 하나같이 지루한 반응들이라고 하겠지만, 학생들은 대개 우선 색이 변하면 야단법석을 떨며 뭔가 알고 싶어 흥미를 보인다.

또 다른 부류의 반응은 아주 아름다운 황금 비 시연이다. 정확히는 아름다운 죽음의 비 시연이라고 해야 하는데, 그 이유는 그 '비'가 바로 아이오딘화납이고, 이 비가 한번 내리면 그곳에 있는 농장들은 독성으로 수십 년간 황폐해지기 때문이다.

황금 비는 아이오딘화포타슘(KI, 물에 아주 잘 녹는다.) 용액과 질산납[$Pb(NO_3)_2$, 역시 물에 잘 녹는다.]의 반응으로 생긴다. 아이오딘 원자는 납 원자와 급격히 반응해 아이오딘화납(PbI_2) 결정을 만드는데, 물에 잘 녹지 않기 때문에 황금색 결정들이 석출되어 비처럼 내린다.

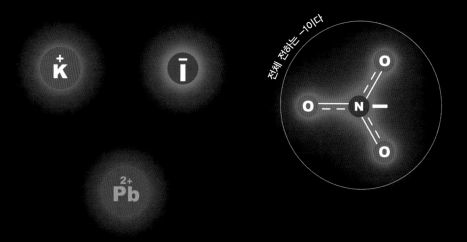

이 실험에서 반응이 일어나기 전의 출발 용액에는 포타슘, 납, 아이오딘이 '이온' 형태로 존재한다. 앞서 2장에서 배웠듯이, 원자는 일반적으로 그 핵 안에 들어 있는 (양전하를 띠는) 양성자와 똑같은 수의 (음전하를 띠는) 전자를 가지고 있다. 따라서 일반적인 원자의 전체 전하는 0이다. 즉, '중성'이다. 그러나 전자가 너무 많아지거나 너무 적어질 수도 있는데, 그렇게 되면 원자 전체는 음전하나 양전하를 띤다. 이 상태를 이온이라고 부른다. 예를 들어, 납과 포타슘 원자는 전자를 쉽게 잃어버리고 양전하를 띠어 Pb^{2+} 또는 K^+ 이온 상태가 된다. 반면에 아이오딘 원자는 전자를 많이 가지려는 경향이 있어서 음전하를 띠는 I^- 이온 상태가 된다.

다원자 분자의 일부분 또한 이온으로 존재할 수 있다. 위에 보이는 그림에서 질산 이온은 원자 4개(질소 원자 1개와 산소 원자 3개)가 서로 결합한 덩어리로, 덩어리 전체가 −1의 전하를 갖는다. 질산 이온의 결합은 단일 결합(공유 전자 한 쌍)도 아니고 이중 결합(공유 전자 두 쌍)도 아닌, 그 중간쯤 되는 셈이다. 여기서는 전자 모두가 산소 원자들 사이에 공평하게 공유된다. 따라서 단일 결합과 이중 결합의 중간 형태를 나타내기 위해 선 하나는 실선, 또 하나는 점선으로 표시해 '복잡성'을 나타낸다.

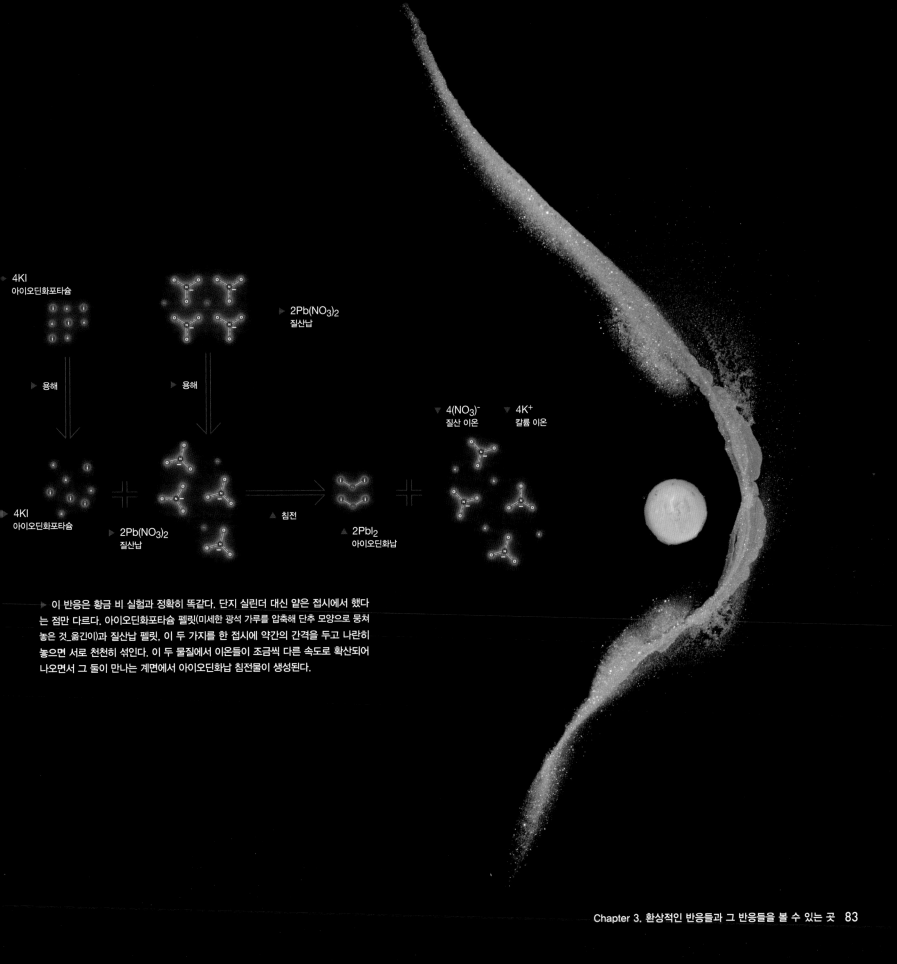

4KI
아이오딘화포타슘

2Pb(NO₃)₂
질산납

용해

용해

4(NO₃)⁻
질산 이온

4K⁺
칼륨 이온

4KI
아이오딘화포타슘

2Pb(NO₃)₂
질산납

침전

2PbI₂
아이오딘화납

▶ 이 반응은 황금 비 실험과 정확히 똑같다. 단지 실린더 대신 얕은 접시에서 했다는 점만 다르다. 아이오딘화포타슘 펠릿(미세한 광석 가루를 압축해 단추 모양으로 뭉쳐놓은 것_옮긴이)과 질산납 펠릿. 이 두 가지를 한 접시에 약간의 간격을 두고 나란히 놓으면 서로 천천히 섞인다. 이 두 물질에서 이온들이 조금씩 다른 속도로 확산되어 나오면서 그 둘이 만나는 계면에서 아이오딘화납 침전물이 생성된다.

▷ 여기 보이는 사진들과 동영상은 아마도 내가 촬영한 가장 아름다운 화학 시연 모습일 것이다. 연기와 불꽃이 일렁이는 사랑스러운 별자리를 만들기 위해서 플라스크 바닥에 브로민 액체를 얇게 깔고는 알루미늄 포일을 접은 조각을 조금씩 떨어뜨렸다. 몇 초가 지나면 반응이 점점 빨라지고, 재료들이 가열되면서 연소가 급격히 이루어진다.

브로민 원자는 알루미늄 원자에서 전자를 빼앗아 브로민화 알루미늄(Al_2Br_6)을 형성한다. 물론 브로민과 같이 주기율표의 오른쪽에서 두 번째 줄에 있는 다른 원소들도 모두 알루미늄과 같은 식으로 화합물을 만들지만, 특히 브로민은 실온

에서 액체인 유일한 할로젠 원소이기 때문에 시연할 때 다루기가 아주 편리하다.

그러나 브로민은 휘발성(쉽게 증발한다.)과 독성이 매우 강하다는 단점이 있다. 적은 양일 때는 냄새가 수영장에서 나는 약품 냄새와 비슷하다. 이건 놀랄 일이 아니다. 수영장에서 나는 냄새는 소독에 쓰는 염소에서 나는 냄새인데, 브로민은 주기율표에서 염소와 같은 할로젠 열에 있으며 심지어 염소 바로 아랫줄에 있을 만큼 가까운 원소이기 때문이다.(양이 많으면 브로민이나 염소나 냄새가 코를 찌른다.)

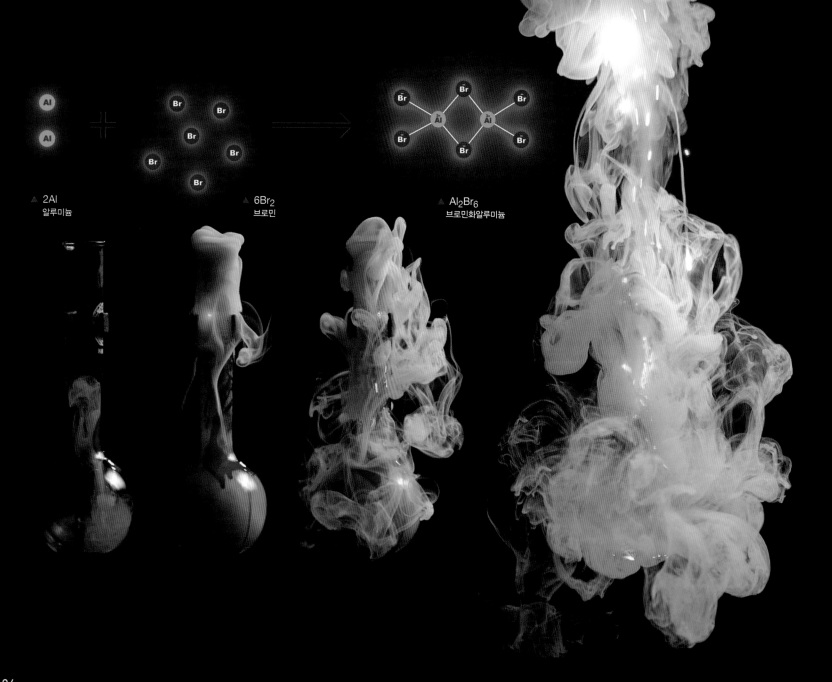

▲ 2Al
알루미늄

▲ 6Br$_2$
브로민

▲ Al$_2$Br$_6$
브로민화알루미늄

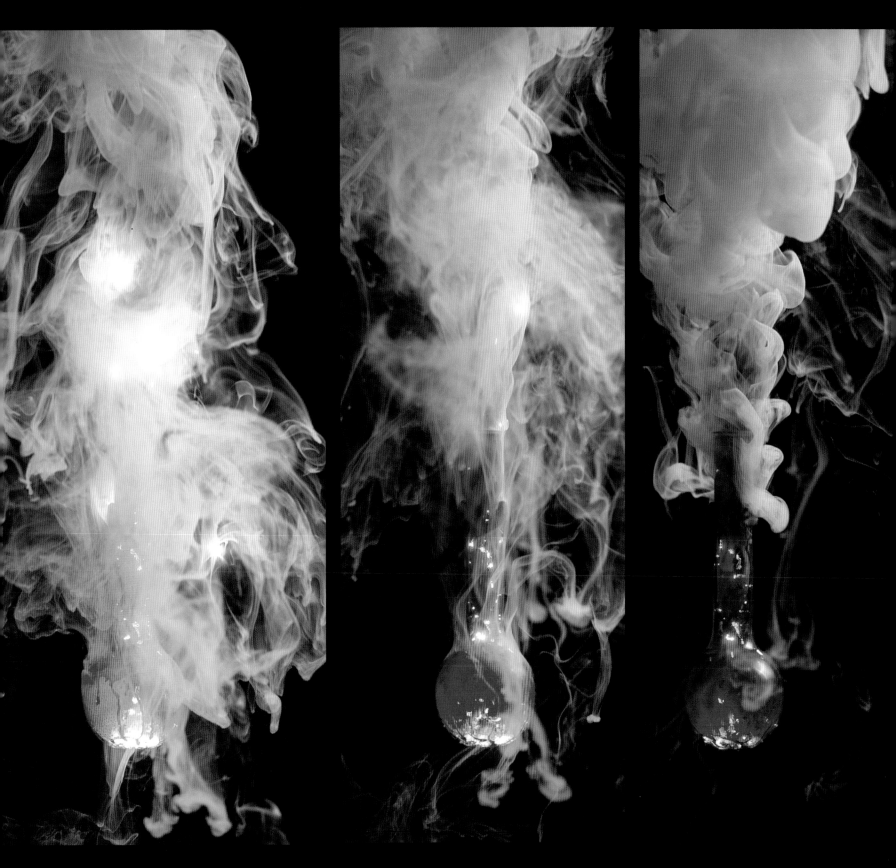

▷ 앞서 2장에서 배운 것처럼, 화학 반응은 전자가 한 분자에서 다른 분자로 이동하거나 한 화학 결합에서 다른 화학 결합으로 이동할 때 일어난다. 전자가 움직이는 것은 다르게 말하면 '전류'다. 따라서 화학 반응을 전기로 일으킨다는 것도 놀라운 일은 아니다.

여기 보이는 시연은 어떻게 전류를 이용해서 크로뮴 원자(용해된 Cr^{6+} 이온의 형태)를 장식용 원숭이 모형의 표면으로 이동시켜 얇은 크로뮴 금속 막을 만들어낼 수 있는지를 보여준다. 단지 몇 볼트만으로도 용액 속에서 금속 크로뮴을 '석출'해서 원숭이 모형을 도금할 수 있는 것이다.(이때 원숭이 모형은 전지의 음극에 연결되어 있어야 한다.)

이런 종류의 '전기 도금'은 교실에서도 할 수 있지만, 대개는 저가 보석에서 자동차 범퍼에 이르기까지 널리 산업에서 쓰고 있다.

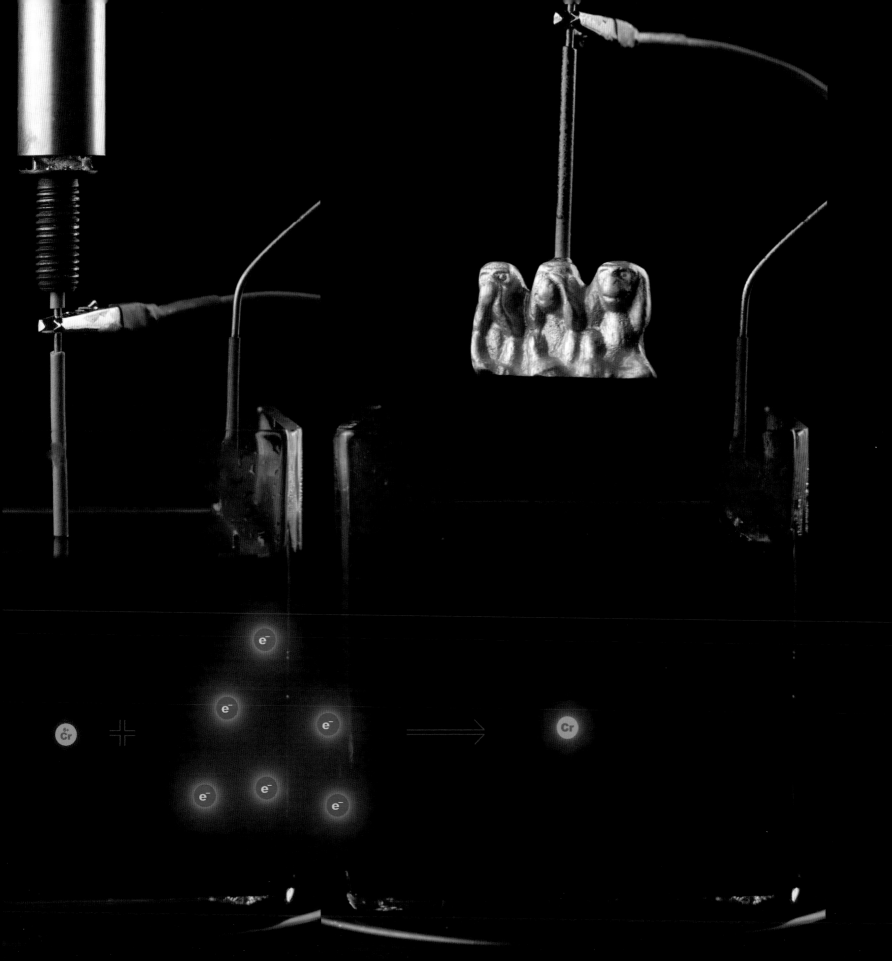

부엌에서

부엌은 화학 물질과 화학 반응이 '가득한' 곳이다. 일상 속 음식 조리법은 모두 실험실에서 벌어지는 평범한 화학 공정들과 정확히 일치한다. 우리는 부엌에서 여러 가지 화학 물질을 무게와 부피에 맞추어 섞고, 그중 일부는 물이나 알코올 같은 용매에 녹이고, 그리고 결국에는 이를 혼합하거나 가열하거나 냉각해서 다양한 화학 반응을 일으킨다. 다른 말로 하면, 레시피 즉 조리법을 따른다.

재미있는 것은 수많은 사람이 이렇게 화학 물질들을 다루고 있으면서도 자신은 화학 물질이 아닌 천연 물질만 쓰는 것처럼 말한다는 점이다. 사실은 모두 다 화학 물질인데 말이다. 여러분 보십시오. 당신이 먹고 있는 건 화학 물질입니다. 확실합니다!

이 이야기는 이쯤에도 그만하고, 지금부터는 이 맛있는 화학 물질들을 가지고 할 수 있는 화학 반응에 대해 이야기해보자.

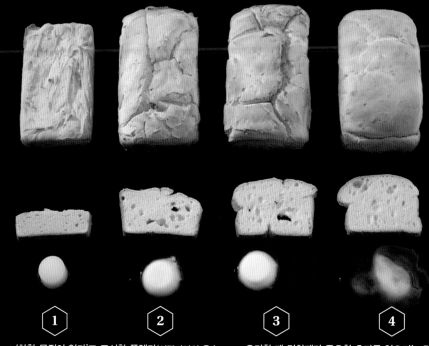

1 2 3 4

◀ '화학 물질이 없다'고 표시한 폴렌타(이탈리아의 옥수수죽)의 경우를 보면 아주 황당하다고 할 수는 없지만 역시 웃기는 일이다. 그렇다! 다른 모든 식품과 마찬가지로 폴렌타도 화학 물질로 만든다.(녹말, 설탕, 셀룰로스, 그리고 누가 뭐래도 명백한 화학 물질들도 조금씩 아주 다양하게 들어 있다.)

▲ 요리할 때 경화제가 중요한 효과를 일으키는 경우가 종종 있다. 글루텐 단백질은 부드럽고 말랑말랑한 빵 반죽을 부풀리며 더욱 차지게 하고, 끈기를 높여 그물망처럼 촘촘한 형태의 빵을 만든다.

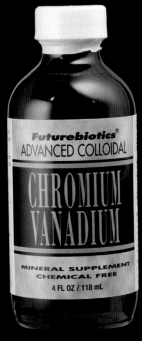

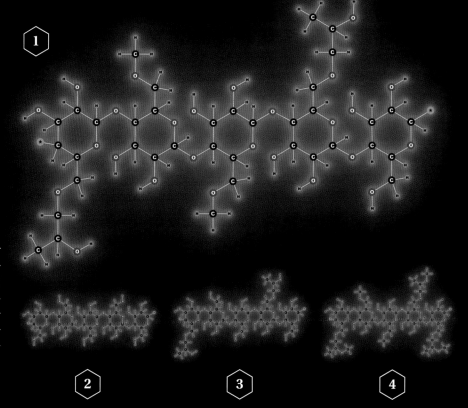

1 2 3 4

▲ 《세상을 만드는 분자》에서 나는 인디고 염료 사진을 보여주며 이 염료에는 화학 물질이 들어 있지 않다고 자랑스레 말한 적이 있다. 문제는 인디고라는 단어 자체가 화학 물질이란 뜻이고, 현재 시중에 팔리고 있는 인디고가 화학 물질($C_{10}H_{10}N_2O_2$)이라는 것이다. 이 책에서 반복하진 않겠지만, 더 많은 예를 찾는 것은 어렵지 않다. 우선 화학 물질이 안 들어 있다고 자랑스럽게 표기되어 있는 위 사진 속 크로뮴 바나듐 영양제를 보자. 크로뮴과 바나듐은 화학 물질이다![우연히도 두 금속 다 '크롬-바나듐 강철'이라는 합금을 만드는 데 쓴다. 실제로 그 합금 안에 철(iron)이 들어 있으니 이 얼마나 모순(iron-y)인가?]

◀ 어떤 사람은 글루텐에 알레르기가 있거나 있다고 생각해 빵을 먹고 싶은데도 못 먹는다. 글루텐과 똑같은 일을 하는 다른 자연 물질이 없으므로 합성 화학 물질을 먹고 싶지 않다면 빵을 먹는 기쁨은 포기하는 수밖에 없다. 좀 열린 마음을 가진 사람이라면 합성 글루텐 대체제를 쓸 수도 있다. 글루텐 대체제는 나무에서 얻은 셀룰로스의 곁가지를 살짝 변형한 뒤 가교결합을 시켜 교묘하게 만든 분자다. 곁가지 구조로 긴 셀룰로스 분자를 만들어서 글루텐과 같은 구조를 갖게 한 것이다.

분자에 곁가지를 더 많이 붙이면 붙일수록 더 큰 그물 구조를 형성할 수 있고, 그 결과물은 더욱 단단해진다. 빵은 너무 물러도 안 되고 너무 딱딱해도 안 되기 때문에, 가장 적당한 수준은 그 중간 어디쯤이 될 것이다.

▶ 토치를 쓰는 것은 내가 특히 좋아하는 조리법이다. 조리 마지막 단계에 토치의 강력한 화염으로 달걀 커스터드 표면의 얇은 설탕층만 '캐러멜화'해서 크렘 브륄레를 해 먹는 것이다. 설탕을 높은 온도로 태우면 갈색으로 변하면서 캐러멜 맛과 향이 난다. 물론 이때 '탄다'는 것도 화학 반응이 일어났다는 뜻이다. 수크로스(설탕, $C_{12}H_{22}O_{11}$)를 높은 온도로 가열하면 고분자 사슬(당 구조가 여러 개 결합한 긴 분자)과 당 분자가 조각나고 재결합하면서 완전히 새로운 분자들이 생긴다. 이런 화학 물질들의 조합으로 캐러멜 맛이 난다.

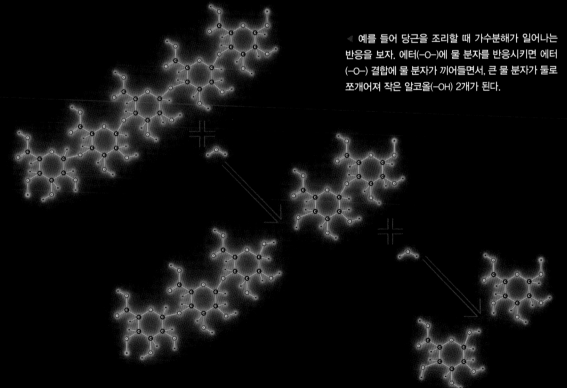

▲ 원래 부드러운 것을 더 단단하게 하려고 조리할 때가 있는가 하면, 반대로 원래 단단한 것을 더 부드럽게 하려고 조리할 때도 있다. 단단하고 딱딱한 당근을 물에 넣고 가열하면, 당근에 있던 불용성(물에 녹지 않는다는 뜻)의 화학 물질들(펙틴)이 끓는 물에 녹아 제거되면서 포크로 찍을 수 있을 만큼 부드러워진다.

지금은 수그러들었지만, 실험실 기구들을 사용해 조리하는 게 유행하던 유쾌한 시대가 있었다. 예를 들면 회전식 진공 증류기(98쪽 참조)를 써서 혼합물로부터 휘발성 성분(보통 물이나 알코올)을 정밀한 온도에서 교반(휘저어 섞음)하며 추출하기도 했다. 보통은 화학 합성 실험실에서 쓰이며, 식품 화학 합성에서는 드물게 쓰인다.

◀ 예를 들어 당근을 조리할 때 가수분해가 일어나는 반응을 보자. 에터(–O–)에 물 분자를 반응시키면 에터(–O–) 결합에 물 분자가 끼어들면서, 큰 물 분자가 둘로 쪼개어져 작은 알코올(–OH) 2개가 된다.

▼ '부엌 화학'에 관한 좋은 책이 많이 있다. 그런데 여기 이 책은 그중 크기가 가장 크다. 이 책 상자에는 '두 사람이 들어야 함'이라 쓴 스티커가 붙어 있는데, 그 이유는 규정상 인부 한 명이 들 수 있는 무게를 초과하기 때문이다!

이 책은 그 어느 책도 견줄 수 없을 만큼 양이 방대하다. 그러니 이제 화학 반응이 일어나는 다른 곳으로 넘어가자.

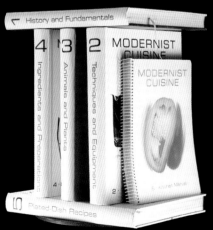

실험실에서

화학 반응을 상상하면 사람들은 대체로 무언가가 끓고 있는 플라스크와 정교한 유리 기구들로 가득한 실험실을 떠올린다. 그것이 전통적인 화학 실험실에서 볼 수 있는 일반적인 화학 반응의 모습일 거라고 생각한다.

고체가 가진 문제점은 섞이지 않는다는 것이다. 위 사진을 보면 분명히 두 가지 가루(산화철과 알루미늄)가 섞인 것처럼 보인다. 그러나 일반 광학현미경으로 봐도 이 두 가지가 섞이지 않고 밝은 부분과 어두운 부분으로 구별되어 있는 것을 알 수 있다. 화학 반응이 일어나려면 그 물질들이 분자 수준에서 서로 만나 반응해야 한다. 맨눈으로 보기에는 아주 작은 입자 하나하나도 수십억 개의 원자들로 이루어져 있다. 표면의 원자 몇 개만 가지고는 분자들 사이에서 어떠한 반응도 일으킬 수 없다.

◀ 이것은 우리가 화학을 생각할 때 떠올리는 대표적인 이미지다. 즉, 뭔가가 끓고 있는 플라스크다. 여기서 두 가지 질문을 할 수 있다. 화학은 왜 늘 액체 상태에서 반응시키는가? 왜 늘 끓이는가?

▲ 이것은 테르밋 가루다. 이 장에서도 여러 번 그 반응을 다루었다. 그럼 고체는 반응하지 않는다는 내 말이 틀렸다는 것을 이 테르밋 반응이 말해주는 건 아닌가? 아니다. 테르밋도 먼저 액체로 변하면서 반응이 시작된다. 테르밋은 불을 붙이기가 매우 어렵다. 테르밋 혼합물 속에 성냥을 던져본들 성냥불은 그냥 꺼지기 일쑤다. 프로판 불꽃으로도 불을 댕기지 못한다. 충분한 양의 혼합물 입자를 높은 온도로 가열해 '녹인' 후, 서로 반응할 수 있도록 충분한 시간 동안 녹아 있는 상태를 유지해주어야 하기 때문이다. 그러한 후에야 반응이 시작되고 스스로 녹을 만큼 충분한 열이 공급되면 반응이 계속된다.

즉 보기에는 가루 상태에서 반응하는 것 같아도, 실제로는 테르밋 역시 액체 상태에서 반응을 하는 것이다. 고체로는 제대로 화학을 할 수 없다. 그럼 기체는 어떨까?

대부분의 화학 물질은 상온에서 보통 고체 상태고, 거의 항상 상온에서 보관한다.(화학 실험실에 있는 병들을 보면 안 것이다.) 액체로 끓이는 대신 상온에서 고체 상태로 '화학을 하면' 안 될까?

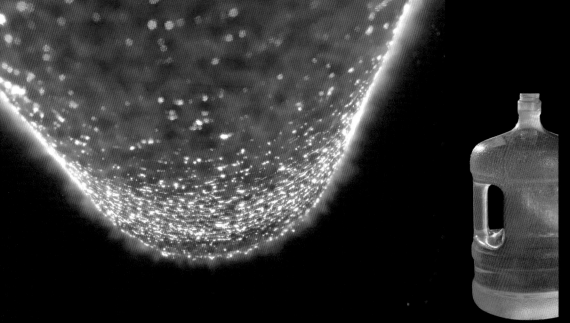

◀ 20리터짜리 물통을 가지고 우리 집 지하실의 보일러에서 나오는 물을 받았다. 나는 이 물통을 정말 좋아한다. 우리는 물을 마치 '원소'같이 여겨서 우리가 만들어낼 수 없으며 오직 자연의 힘으로만 생성된다고 생각한다. 그러나 물은 원소가 아니며 화합물이다. 두 가지 종류의 원소 3개로 이루어진 화합물이다. 사진 속에 보이는 이 물은 원래부터 물이 아니었다. 이 사진을 찍기 불과 몇 주일 전에는, 지구에서 채굴한 메탄가스와 공기 중에 떠돌던 산소였다. 이 물은 원래부터 바깥에 있다가 우리 집으로 들어온 물이 아니다. 우리 지하실에서 만들어진 물이다. 물론 이 물도 여느 물과 완전히 똑같다. 그래서 조금 마셔보았다. 맛은 좋았다. 다만 이 물을 만든 가스의 순도를 확신할 수 없어서 더 이상 마시지는 않기로 했다. 그러나 조금만 여과하면 다른 물처럼 건강한 물이 될 수 있다.

위 사진은 완전히 기체 상태에서 반응이 일어나는 예다. 천연가스(메탄, CH_4)는 공기의 산소(O_2)와 반응해 이산화탄소(CO_2)와 물(H_2O)을 만든다. 수많은 건물이 이런 방법으로 난방을 한다.(언젠가 천연가스가 고갈되고 나면 태양 에너지나 풍력을 이용할 것이다.)

옛날에 쓰던 난방 장치는 효율이 나빴는데, 물이 증기 형태로 용기에서 나가는 힘을 이용했다. 달리 말하자면 반응이 일어난 곳에서 꽤 멀리까지 증기 상태를 유지했다는 뜻이다. 요즘에는 그보다 훨씬 효율적이다.(우리 집 지하실에 새로 설치한, 번쩍번쩍한 하향식 보일러가 그렇다.) 빠져나오는 증기를 다시 물로 응축시키면서 아주 높은 효율로 열을 뽑아내는 것이다. 그래서 난방 장치에 생긴 물을 반드시 빼내주어야 한다.

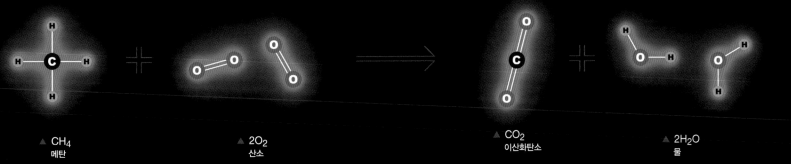

▲ CH_4
메탄

▲ $2O_2$
산소

▲ CO_2
이산화탄소

▲ $2H_2O$
물

메탄과 산소의 반응은 실제로 널리 사용하는 반응 중에서 완전히 기체 상태로 이루어지는 드문 예다. 다른 기체 반응도 더러 있지만 액체 상태로 반응하는 수많은 반응의 수에 비하면 기체 상태 반응은 정말 드물다. 그 이유를 설명하기는 어렵지 않다. 기체는 다루기가 정말 불편하다! 기체는 늘 새어 나가려 하고, 압력을 가해 가두어야 한다. 만일 새어 나가면 온 방을 금방 채워 여러 사람을 중독에 빠뜨릴 수가 있다. 더구나 흥미로운 분자들 중에는 끓는점보다 낮은 온도에서 분해(작은 분자량 또는 단일 원자로 쪼개어짐)되는 탓에 기체가 되지 못하는 것이 너무 많다.

예를 들어 과자를 한번 생각해보자. 과자의 화학 물질들은 증발시킬 수 없다. 왜냐하면 녹아서 증발하기 전에 까맣게 숯이 되거나 타거나 분해되기 때문이다. 만일 과자를 가지고 화학을 하고 싶다 해도, 화학 물질들이 섞이지 않기 때문에 고체 상태로는 할 수가 없고, 과자를 기체 상태로 만들 수 없기 때문에 기체 상태로도 할 수가 없다. 남은 선택은 오로지 액체 상태로 만드는 것뿐이다.

하지만 과자는 증발시키는 것만큼 녹이는 것도 어렵다. 이건 정말 흔하게 일어나는 문제다. 화학 반응은 액체 상태에서 잘 이루어지지만, 중요한 화학 물질 상당수가 녹이기가 어렵고 때로는 완전히 불가능하다. 이런 불행한 상황을 어떻게 해결할 수 있을까?

자, 이제 실험실이나 공장 그리고 우리 몸속에서 널리 이루어지는 화학적 방법에 대해 이야기해보자. 실험실, 공장, 생명체의 몸속에서는 고체인 화학 물질을 액체인 물이나 알코올, 헥산, 그밖에 편하고 자연에서 구할 수 있는 다양한 화학 용매에 녹이는 일이 일어난다.

용액(액체 용매에 무언가를 녹인 것을 가리키는 말)은 '화학을 하기'에 완벽한 상태를 만들어준다. 액체 안에서 분자들은 끊임없이 움직이며 새로운 만남을 이룬다. 두 가지 다른 물질을 같은 한 용매에 녹일 수만 있다면, 이 액체 속 분자들은 끊임없이 서로 만나게 되고 수많은 반응을 일으킬 수 있다.

순수한 물질의 액체 상태에서 반응시키는 것보다 용액에 녹여서 반응시키는 것이 훨씬 더 좋은 경우가 많다. 왜냐하면 각 분자의 '농도'를 따로따로 조절할 수 있기 때문이다. 만일 한 가지 반응물의 농도를 다른 반응물보다 두 배로 높였을 때 반응이 가장 잘 일어난다면, 용액을 그러한 비율로 만들면 된다.

다음 질문: 그렇다면 화학 반응을 시킬 때 왜 늘 가열해야 할까?(실험실에서뿐만 아니라 부엌에서도) 이것은 반응이 일어나는 '속도'와 관련이 있다. 경험에 따른 규칙이긴 하지만 어느 반응이든 섭씨 10도 정도 온도를 높이면 그 속도가 두 배가량 빨라진다.

두 분자가 만나서 반응을 하려면 행운과 에너지가 필요한데 열을 주면 그 두 가지를 다 얻을 수 있다.

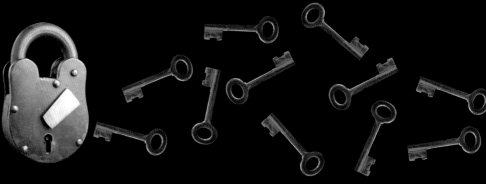

▲ 열쇠를 자물쇠에 던진다고 열리지는 않는다. 열쇠를 정확한 방향으로 자물쇠 구멍에 넣어 꽂아야 한다. 그렇게 구멍에 들어가더라도 자물쇠를 풀기 위해서는 에너지를 사용해 구멍을 돌려야 한다. 만약 멀리서 열쇠를 던지기만 해서 열 계획이라면 수많은 열쇠를 던져서 그중 하나가 우연히 정확한 각도로 자물쇠에 꽂히기를 기대하는 수밖에 없다. 그런 뒤에 또 수많은 열쇠를 던져서 이미 꽂혀 있는 열쇠를 정확한 방향을 쳐서 돌려야 한다.

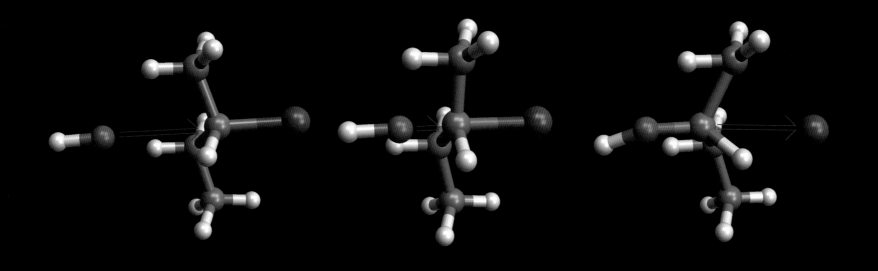

열쇠를 던져서 자물쇠를 여는 것은 매우 비효율적인 방법이다. 그런데 화학 반응은 이와 거의 같다고 할 수 있다. 두 분자가 만나 반응을 하려면 올바른 방향으로 만날 때까지 수없이 반복해서 부딪혀야 한다. 그리고 원래의 결합을 깨고 새로운 결합을 이루기 위해 충분한 열 또한 필요하다. 여기 든 예를 보면, 열쇠 역할을 하는 수산 이온(OH⁻)이 산소 원자(빨간색)를 앞세우고 오른쪽에 있는 커다란 분자에 부딪히는데, 브로민 분자(검붉은색)의 정확히 맞은편에 가서 꽂혀야 한다. 만일 각도가 틀렸거나 방향이 틀렸거나 충분히 빠르지 않다면 튕겨 나갈 뿐이다. 이것이 화학 반응에서 몇 조의 몇 조 배 만큼의 충돌이 일어나야 하는 이유다.

가열은 두 가지 측면에서 도움이 된다. 앞서 2장에서 배운 바와 같이 물질의 분자와 원자가 마구잡이로 움직이는 것이 바로 열이라는 점을 기억하라. 무언가가 뜨겁다는 것은 그 안의 분자가 빨리 움직인다는 말이다. 분자가 빨리 움직인다는 것은 더 자주 부딪힐 수 있다는 것을 뜻하며, 이는 또한 분자들이 올바른 방향으로 만날 가능성도 더 높아진다는 것을 의미한다. 또한 빨리 움직이면 더 세게 부딪힐 수

있고 따라서 반응을 유발할 충분한 에너지를 가질 수 있다.

이 두 가지 요인 때문에 우리는 늘 화학 물질을 될 수 있는 한 높은 온도로 가열한다. 왜냐하면 누구도 느린 화학 반응을 보며 기다리는 것을 좋아하지 않기 때문이다. 실험실에서야 대학원생의 시간을 좀 낭비하는 것에 그칠 뿐이겠지만, 공장에서 반응이 그렇게 느리면 돈을 손해 보게 된다. 물론 상한선은 있다. 어느 온도 이상에서는 관련된 분자가 분해되거나 용매가 끓어 증발해버릴 수 있다.

실제로 반응의 일반적인 상한 온도는 용매의 끓는점과 같다. 바로 여기에 답이 있다. 화학 실험실에 뭔가가 부글거리고 있는 플라스크가 가득한 이유는 단순히 그게 멋져 보여서가 아니라, 반응을 빠르게 일으키는 한편 용매가 끓지 않도록 하기 위해 값비싼 압력 반응병을 씀으로써 실질적인 절충안을 택한 것이다.(반응을 대규모로 일으켜야 하는 산업 현장에서는 효율성이 곧 이익으로 이어진다. 따라서 고온·고압 반응을 많이 쓴다. 같은 반응을 아주 여러 번 일어나게 해야 하므로 이 점은 더욱 중요하다.)

여기 이 새끼 고양이 몸속이 부글부글 끓고 있는 액체로 채워져 있는 것은 아니지만, 엄청나 수의 반응이 그주에서 다 기수 니 7 빠른 속노토 일어나고 있는 것만은 확실하다. 아래 보이는 뱀이 이 새끼 고양이를 잡아먹을 일은 없다. 그렇지만 만일 잡아먹는다면, 엄청 빠른 속도로 소화를 시킬 것이다. 더구나 뱀이 냉혈동물인 까닭에 새끼 고양이의 체온보다 더 낮은 온도에서 소화가 이루어지는데도 말이다. 차가운 북극해에

사는 식물들과 동물들, 그리고 이상하게 생긴 해양 생물들을 보면 생체 화학 반응이 빠르게 진행되기 위해서 꼭 높은 온도가 필요한 건 아니라는 걸 알 수 있다. 어쩌된 일일까?

  자물쇠에 열쇠를 던질 때, 자물쇠 입구에 깔때기를 달아서 구멍에 열쇠가 잘 들어가도록 돕는 장치를 쓴다고 상상해보라.

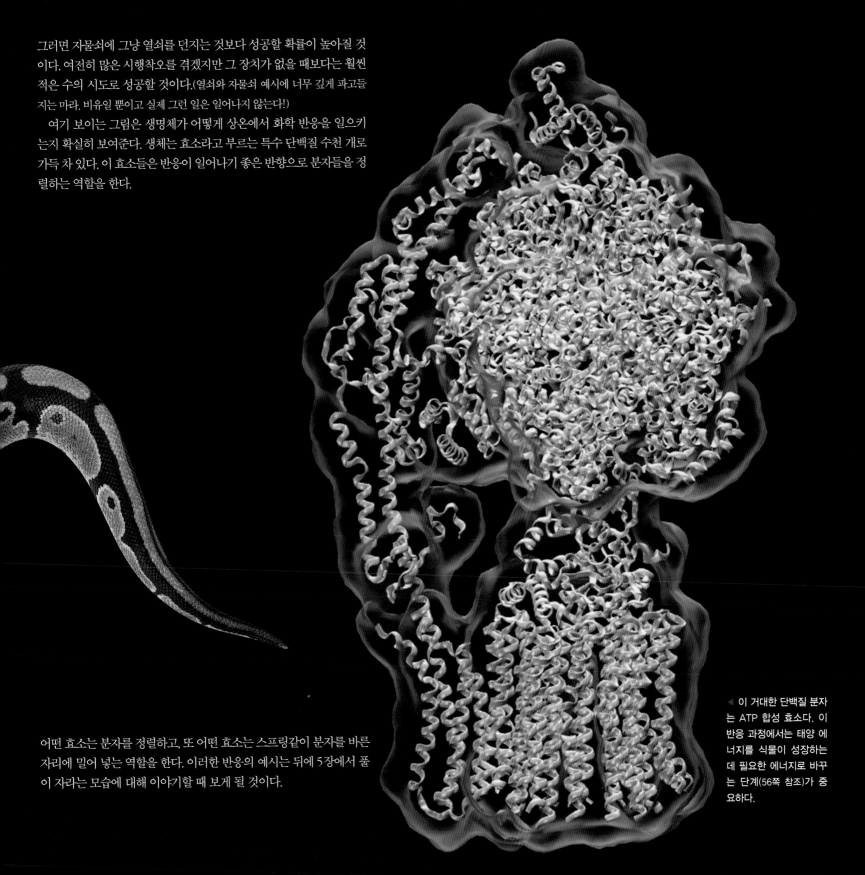

그러면 자물쇠에 그냥 열쇠를 던지는 것보다 성공할 확률이 높아질 것이다. 여전히 많은 시행착오를 겪겠지만 그 장치가 없을 때보다는 훨씬 적은 수의 시도로 성공할 것이다.(열쇠와 자물쇠 예시에 너무 깊게 파고들지는 마라. 비유일 뿐이고 실제 그런 일은 일어나지 않는다!)

여기 보이는 그림은 생명체가 어떻게 상온에서 화학 반응을 일으키는지 확실히 보여준다. 생체는 효소라고 부르는 특수 단백질 수천 개로 가득 차 있다. 이 효소들은 반응이 일어나기 좋은 반향으로 분자들을 정렬하는 역할을 한다.

어떤 효소는 분자를 정렬하고, 또 어떤 효소는 스프링같이 분자를 바른 자리에 밀어 넣는 역할을 한다. 이러한 반응의 예시는 뒤에 5장에서 풀이 자라는 모습에 대해 이야기할 때 보게 될 것이다.

◀ 이 거대한 단백질 분자는 ATP 합성 효소다. 이 반응 과정에서는 태양 에너지를 식물이 성장하는 데 필요한 에너지로 바꾸는 단계(56쪽 참조)가 중요하다.

공장에서

거대한 화학 공장은 엄청 복잡하게 보이겠지만, 하나하나 뜯어보면 실험실이나 부엌, 또는 뒷마당 창고에서 보던 각 부분을 그 규모만 크게 부풀려놓았다는 것을 알 수 있다.

예를 들어 공장에 우뚝 솟은 높은 기둥에 중간중간 가느다란 관들이 나와 있다면, 크기가 크던 작던 그건 증류탑인 게 거의 확실하다.

모든 증류 장치의 기본 구성은 같다. 아랫부분에 중탕용 플라스크(반응병)가 있고,(또는 어떤 반응이 진행되고 있는 반응조일 수도 있다.) 여기서 액체 혼합물을 가열한다. 이 반응조에서 나온 증기는 증류탑으로 올라가고, 그중 일부는 응축되어 반응조로 되돌아오고 다른 일부는 계속 올라가 옆으로 난 응축관(보통 흐르는 물로 이 관을 냉각한다.)과 만난다. 응축관에 올라간 증기는 액체로 응축되어 수집조에 떨어진다.

이 장치의 최종 목표는 화학 물질을 플라스크에서 수집조로 이동시키는 것이다. 그런데 이렇게 복잡한 장치가 왜 필요할까? 그냥 부어버리면 안 될까? 안 된다. 그 이유는 플라스크에 담긴 물질 중에서 일부만 증발시켜 응축관을 통과하도록 만들어야 하기 때문이다. 증류란 낮은 온도에서 쉽게 증발하는 물질을 분리하는 방법이다.

▷ 환류관이 달린 증류기는 응축과 재증발을 시켜 끓는점에 의한 분리(분별 증류)를 더욱 효율적으로 수행한다.

응축관(보통 물로 냉각)

▲ 수집조

▷ 증류관

▲ 플라스크
(가열 또는 반응)

▽ 이 커다란 산업용 주정 증류기도 구조는 밀주 증류기와 똑같으며 작동 방식도 똑같다.

▷ 밀주 증류기

증류관 — 응축기

만일 맥주나 포도주보다 맛이 없는 술을 원한다면, 알코올 농도를 올려서 '주정'을 만들면 된다. 주정을 만드는 증류기의 뜨거운 용기 속에는 알코올, 물, 설탕과 함께 발효 과정에서 알코올이 만들어지고 남은 곡물과 누룩이 혼합되어 들어 있다.

알코올의 끓는점은 물보다 낮다. 그래서 혼합물을 가열하기 시작할 때 먼저 증발하는 것은 거의 다 알코올이다. 수집조에는 거의 순수한 알코올만 모인다. 알코올이 모두 증발하고 나면 반응조의 온도가 계속 올라가기 시작하고 그럼 그다음부터는 물이 증발한다. 그러나 그전에 증류를 멈추고 물과 효모의 혼합물을 남겨둘 수도 있다.

▷ 미국에는 이런 밀주 증류기가 불법인 주도 있다. 이 증류기는 높이가 1미터쯤 되고 전체가 구리로 되어 있다.

▷ 위스키 증류기

응축기

증류관

용기
(반응조)

용기
(반응조)

▲ 산업용 규모의 (고급) 주정 증류는 높이가 6미터에 이르는 구리 증류기를 쓴다.(여기 보이는 증류기는 아일랜드의 더블린에 있는 아이리시 위스키 증류소에 있는 것이다.) 이러한 주정 증류기는 앞에서 보았던 밀주 증류기보다 훨씬 크지만 용기, 증류관, 응축기 등 기본 부품은 완전히 똑같은 역할을 한다.

◀ 어느 캐나다인 여행 안내자가 아일랜드의 증류소 앞에서 내게 말하길, '아이리시 위스키'는 최소 3년 하고도 하루 더 오크통에서 숙성한다고 허풍을 떨었다.(스코틀랜드의 위스키는 법적으로 3년 동안 숙성하게 되어 있다. 즉 아일랜드의 위스키가 그보다 더 우월하다는 뜻으로 말한 것이다.) 뭐, 그건 그렇고, 응축관에서 수집된 알코올은 증류 작용이 단순하기 때문에 순수하고 무색투명하다.(증류기에서 바로 나오는 주정은 95퍼센트 순수 알코올이다. 그러나 이 상태로 판매하는 것은 금지되어 있어서 물로 희석해 법이 허용하는 도수로 판다.)

◀ 산업용 대형 주정 증류기는 이처럼 대량으로 가동된다. 투명 상자(증류 책임자가 실시간으로 관찰할 수 있도록 설계된) 안에서 작동하기 때문에 알코올이 응축되어 나오는 모습을 볼 수 있다.

▲ 실험실의 증류 장치는 투명한 유리로 만들기 때문에 대개 그 속이 '들여다보인다.' (증류를 했는지 여부와 상관없이 유리는 화학 물질을 전혀 오염시키지 않는다.) 또한 부품을 다양하게 바꿀 수 있게 설계되어 있어서 모든 이음쇠를 분리할 수 있다.

다양하고 좋은 증류 장치가 많은데, 그중 '분별 증류기'가 가장 정교하다.(더 많은 사진을 원한다면 29쪽을 보라.) 단 몇 도 차이로 끓는점이 다른 여러 휘발성(증발할 수 있는) 물질을 분별해서 증류할 때 이 장치를 사용한다. 가열 속도와 증류 온도를 정교하게 조절할 수 있기 때문이다. 증류기의 온도가 올라감에 따라 연속적으로 증발, 응축이 일어나 혼합물 속의 여러 성분을 하나하나 '분리'한다.

이 멋진 구리 증류기는 남프랑스에서 라벤더 꽃을 분쇄해 향수를 추출하는 데 쓰는 장치다. 산업용 화학 장치의 문제는 유리 대신 금속으로 만들어서 속을 볼 수 없다는 데에 있다. 하지만 같은 화합물을 동일한 공정으로 반복해서(실험실과는 달리) 사용하므로 모든 과정을 지켜볼 필요는 없고 특정 용도로만 사용하기 때문에 상관은 없다.

구리는 물이나 알코올과 접촉해도 거의 영원히 변화가 없기 때문에 산업용 증류기의 재질로 널리 쓴다. 구리는 비교적 비싼 금속이지만 다루기도 땜질하기도 쉽다. 그래서 스테인리스 스틸이나 알루미늄으로 만드는 것보다 전체 운용 비용이 더 경제적이다.

이러한 산업용 증류기를 이용해서, 우리는 아름다운 꽃을 으깨고 원액을 추출해서 만든 향수를 화장실에 뿌릴 수 있다. 다행스럽게도 지금은 합성 라벤더 향이 만들어지고 있고 가격도 저렴하기 때문에 예쁜 꽃을 따서 없애지 않아도 된다.

◁ 이 회전식 진공 증류기는 일반 증류기와 비슷하게 보이지만, 물질을 분리하는 대신 주로 용액을 농축(용매를 증발시켜서)하는 데 쓴다. 달리 말하면, 무엇을 증발시키기 위해서가 아니라 반응조에 무엇을 남기기 위해서 사용하는 장치다.

반응조

연결관

응축기

수집조

응축기

응축관

크래킹 챔버
(분해조)

◁ 여기 이 원유 증류기는 증류관 말고 특별한 부분은 없다. 증류관 역시 30미터 정도로 클 뿐 작동 방법이 다른 건 아니다. 이 증류관의 아랫부분에서, 원유는 거의 모든 성분이 증발될 만큼 높은 온도로 가열된다. 증기는 증류관을 따라 위로 올라가면서 점차 식는다. 그리고 끓는점에 따라 각각 '분리'되어 응축이 이루어진다.

이에 따라 증류탑의 가장 아래쪽에서 제일 처음 나오는 증기를 응축한 것이 중유다. 그 위로 경유가 나오고, 그다음 등유가 나오며, 이어서 휘발유에 들어 있는 화합물이 나오고, 그리고 휘발유(나프타)가 가장 가벼운 부분으로 응축되어 나온다. 이렇게 분리된 생성물들은 각기 다른 수준의 공정에 따라 추출된다. 증류탑의 맨 꼭대기에는 주로 천연가스(메탄과 에탄)가 응축되지 않은 가스 상태로 나온다. 이 천연가스는 정제해서 정유 공장의 동력으로 쓰거나, 관으로 수송해서 여러 유용한 화학 제품을 가공하는 데 쓰거나, 가정 난방용 연료로 이용하기 위해 저장한다.

▶ 이 소형 향수 증류기는 높이가
30센티미터도 안 된다.

증류관

응축기

반응조

수집조

철은 지구에서 아주 흔하다. 거의 모든 곳에서 채굴할 수 있다. 다만 산화철(FeO)이나 헤마타이트라고 부르는 붉은색 적철석(Fe_2O_3) 또는 검은색 자철석(Fe_3O_4)의 형태로 얻을 수 있다. 순수한 철 금속(Fe)이 있다 해도 공기 중에 노출되면 곧 산화해 녹이 슬고 만다.

철을 이용하려면 산화철을 순수한 철 금속으로 '환원'해야 한다. 우리는 앞에서 테르밋 반응에서 이 방법을 살펴보았다. 몇 킬로그램 정도에 불과한 흰색 고온 액상 철이 급히 필요할 때는 이 방법을 쓸 수도 있지만, 철을 대량으로 제련할 때는 좋은 방법이 아니다. 왜냐고? 테르밋 반응에는 알루미늄 금속이 필요하고 알루미늄도 함께 산화하기 때문이다. 산화알루미늄(Al_2O_3)을 알루미늄으로 제련하는 것은 산화철을 제련해 금속 철을 얻는 것보다 훨씬 더 어렵다.(비용도 더 많이 든다.) 그래서 산업 현장에서는 철 금속을 얻기 위해 알루미늄을 쓸 수가 없다.

하지만 다행스럽게도 산화철을 탄소와 함께 가열하면 간단히 금속 철로 환원할 수 있다. 이론적으로는 간단하다. 그러나 실제로는 까다롭다! 석기 시대와 청동기 시대 뒤에 철기 시대가 시작된 것도 철이 다루기 힘들기 때문이다. 가장 큰 문제는 고온이 필요하다는 것이다. 제련이 진행되는 몇 시간 동안 아주 높은 온도를 유지할 수 있는 방법과 그에 맞는 용광로가 필요하다.

철광석이 얼마나 흔한지 아는가? 바닷가에서도 이들을 피할 순 없다. 한겨울에 이 책을 쓰기 위해 파나마 바닷가 휴양지에 와 있는 동안에도 여기저기 어디서나 내 발가락 사이에 낀 검은 자철석을 볼 수 있었다! 기념품으로 산 자석 병따개로 자철석을 가방 하나 가득 모을 수 있었다.(테르밋 반응이 언제 필요할지 누가 아나?) 자철석은 그 이름대로 자석이다. 자석을 모래 위에 대고 훑으면 검은 자철석 가루가 주르륵 딸려 올라와 쉽게 분리해서 수집할 수가 있다. 79쪽을 보면 내가 바닷가 모래에서 구한 자철석으로 만든 물건들을 확인할 수 있다.

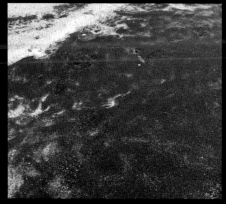

△ 파나마 플라야 블랑카의 검은 자철석 모래. 플라야 블랑카는 '하얀 바닷가'라는 뜻이다.

△ 바닷가를 따라 검은 자철석 바위가 펼쳐진 파나마의 플라야 블랑카. 사진 속 인물은 바로 나다. 바닷가의 검은 모래는 자철석 바위가 바람과 파도에 침식되어 생긴 것이다.(내가 지질학자는 아니어서 틀릴 수도 있지만 이것만은 확실하다고 생각한다. 바닷가는 아주 좋았고 모래는 확실히 자철석이었다.)

◁ 철광석은 형태가 아주 다양하다. 이 예쁜 자철석 바위는 미국 미네소타주의 아이언턴이라는 폐철광에서 주워 온 것이다.

철을 만들기 시작하던 초기에는 철광석으로부터 바로 순수한 쇠를 만들어내지 못했을 것이다. 그 대신에, 진흙으로 만든 용광로 안에 숯이나 나무.(불도 붙이고 탄소를 공급하는 역할도 한다.) 철광석을 층층이 번갈아 채워서 불을 붙였다. 용광로에 풀무를 써서 몇 시간 동안 공기를 불어 넣으면 부드럽지만 아직 녹지는 않은, 불순물이 섞여 있는 괴철을 구할 수 있다. 이 괴철을 두드리고, 접고, 가열하고, 다시 두드리는 엄청난 강도의 노동을 거친 후에야 비로소 작은 보물 같은 철 덩어리를 얻는다.

▷ 지난 세기까지 아프리카에는 엄청나게 많은 철 용광로가 있었다. 철을 가지고 도끼, 공구, 농기구를 만들었다. 아프리카와 인도는 수 세기 동안 철에 관해서는 세계 최고였고, 고대 무역로를 통해 세계 각지로 철을 팔았다.

▷ 일본의 전통 용광로는 모양이 좀 다르긴 하지만 작동 방식은 똑같다. 일본의 용광로는 무사의 칼을 만드는 것으로 유명하다. 우연히 만들어진 층 구조와 철의 불균질성 때문에 아주 질 좋은 칼이 나오기도 했다.

▷ 현대의 용광로는 전통 용광로와 기본 설계가 비슷하다. 철광석과 코크스(석탄으로 만든 탄소 연료)를 번갈아 채우는 것은 현대의 용광로도 똑같다. 다만 손으로 풀무질을 하지는 않는다. 대신 예열된 압축 공기를 용광로 안에 불어넣어 더욱 높은 온도로 불을 붙여서 철을 완전히 액체 상태로 만든다. 이 거대한 용광로는 몇 달 동안 멈추지 않고 계속 가동된다. 용광로의 꼭대기로 철광석과 코크스가 계속 들어가고, 바닥에는 녹은 철이 계속 흘러나온다.
이 거대한 산업 괴물은 한번 식으면 다시 가동하는 데에 엄청난 돈과 시간이 든다. 제철소가 문을 닫으면, 식어가는 용광로에서 마지막 뜨거운 열기가 흘러나오게 되면, 그곳에서 일하던 사람들과 제철소 주변 마을에서 풍족한 삶을 누리던 사람들은 비탄에 빠진다. 용광로를 다루어본 사람이라면 용광로가 식는다는 게 차디찬 죽음과도 같다는 사실을 그 누구보다도 잘 안다.

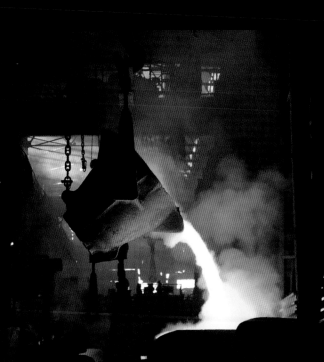

◁ 탄소 함량이 높은 철을 쓰면 딱딱하고 날카로운 칼날을 만들 수 있지만, 부서지기 쉽다. 반대로 탄소 함량이 낮은 철을 쓰면 견고하고 잘 부서지지 않는 칼날을 만들 수 있지만, 대신 칼날이 무르게 된다. 이러한 약점들을 보완하기 위해 탄소 함량이 다른 철을 번갈아 얇게 층층이 겹치면, 견고하면서도 날카로운 칼을 만들 수 있다. 고대 무사들의 칼은 우연히 이 경지에 이르렀다. 하지만 오늘날의 강철은 의도적으로 이런 특성을 갖도록 만든다. 오늘날 사람들은 과거보다 강철의 특성을 조절하는 방법을 더욱 자세히 이해하고 있다. 이 때문에 무사의 칼이나 고대의 그 어떤 뛰어난 대장장이가 만들어 낸 것들보다도 훨씬 더 탁월한 철 제품을 만들 수 있다.

▷ 현대의 '다마스쿠스' 강철은 일본 무사의 칼을 만드는 방법과 같은 전통 방식으로 고탄소강과 저탄소강을 접어서 만들었다. 산으로 부식시켜 그 단면을 보면 아름다운 칼을 만든 특별한 패턴이 드러난다. 그러나 고대의 전통에 따라 만든 철의 강도는 현대의 공구강 합금이나 텅스텐 카바이드로 만든 드릴 비트에 견줄 수 없다. 현대의 칼은 고대의 칼을 버터 자르듯 잘라버릴 것이다.

◁ 철을 완전한 액체 상태로 만들면 불순물을 완벽하게 분리해낼 수가 있다. 불순물은 위로 뜨거나 침전물로 가라앉기 때문이다. 또한 산소를 넣어서 철 속에 있는 잉여의 탄소를 태워버릴 수도 있고, 바나듐이나 몰리브데넘 같은 수많은 합금용 재료를 녹은 철에 섞을 수도 있다. 이러한 종류의 화학 공정을 통해 초고강도 공구강, 절대 녹이 슬지 않는 스테인리스강, 아무리 여러 번 구부려도 형태를 잃지 않는 스프링강 등등 믿을 수 없을 만큼 다양한 철 기반 합금을 만들 수 있다.

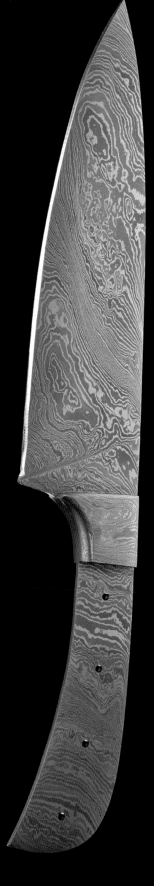

제철 기술은 그 이름을 딴 시대도 있었을 만큼(약 3,000년 전의 철기 시대) 아주 오래전부터 발달해왔다. 제철은 순전히 화학적인 과정으로 산화철과 탄소의 반응이다. 반면 알루미늄 제련은 제철 기술에 비해 훨씬 최근에 개발되어 1825년에야 처음으로 순수 알루미늄 금속을 만들 수 있었고, 상업적인 제련은 1880년대에야 이루어졌다. 그 이유는 원광석에서 알루미늄을 산업용 규모로 대량 제련해낼 수 있는 유일한 방법이 전기 분해이기 때문이다. 따라서 실용적인 알루미늄 생산은 전기가 발명될 때까지 기다려야 했다.

알루미늄 제련소에는 일반적으로 전지가 수백 개씩 있으며, 각 전지는 하루에 약 1톤의 알루미늄을 생산한다. 이는 알루미늄 원자 약 20,000,000,000,000,000,000,000,000,000(200억의 10억의 10억 배)개에 해당한다. 알루미늄 원자 1개는 전자 3개에 의해 알루미늄 금속으로 환원된다.(아래의 화학식에서 볼 수 있듯이, +3으로 하전되어 있는 알루미늄 이온이 중성의 알루미늄 금속으로 환원되기 위해서는 -1의 전하를 갖는 전자 3개가 필요하다.) 이에 따라 하루에 약 1톤의 알루미늄 금속을 생산하기 위해서 얼마만큼의 전류(전자가 흐르는 속도)가 필요한지 계산해보면 약 10만 암페어가 나온다.(공정에서의 손실률을 감안하면 일반적으로 알루미늄 제련 공정에는 이것의 두 배가 넘는 전류량, 즉 20만 암페어가 필요하다.)

▶ 여기 보이는 알루미늄 제련 전지들은 이 장의 앞부분(86쪽)에서 본 장식용 원숭이 모형에 크로뮴을 도금하는 장치를 그 규모만 키운 것이다. 이 전지들은 크로뮴을 도금하는 대신에 알루미늄 광석을 녹인 통에서 도금하는 방식으로 알루미늄 금속을 석출한다. 그리고 현미경으로 보아야 할 만큼 얇게 도금을 하는 게 아니라, 전지를 계속 작동시켜 알루미늄을 점점 더 많이 석출해서 몇 톤에 이를 때까지 쌓는다.

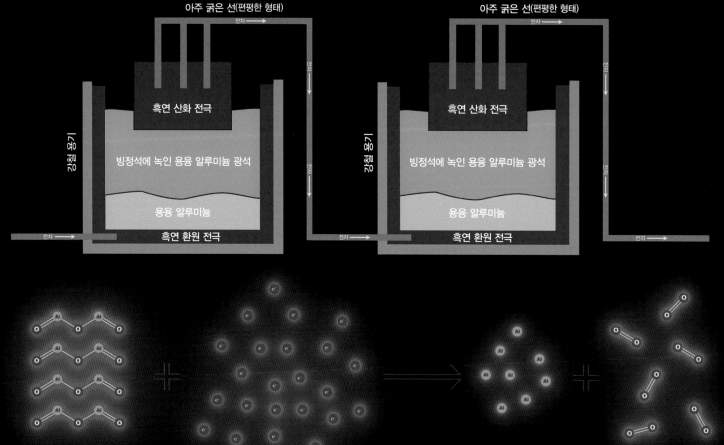

아주 굵은 선(편평한 형태)

전자 →

전지 →

강철 용기

흑연 산화 전극

빙정석에 녹인 용융 알루미늄 광석

용융 알루미늄

← 전자

흑연 환원 전극

아주 굵은 선(편평한 형태)

전자 →

전지 →

강철 용기

흑연 산화 전극

빙정석에 녹인 용융 알루미늄 광석

용융 알루미늄

← 전자

흑연 환원 전극

전자 →

전선

▲ 10만 암페어라는 건 얼마나 되는 걸까? 2암페어로 우리는 휴대폰을 충전할 수 있다.(알루미늄 제련에 쓰일 때와 비슷한 전압에서) 즉 제련용 전지 하나에는 5만 명이 들어찬 공연장에서 모든 사람이 휴대폰으로 팝스타의 공연 실황을 녹화할 수 있도록 충전하는 데 필요한 전류량이 흐른다. 이 전지에 얼마나 많은 전류가 흐르는지 사진 속 전선의 크기를 보라!

▲ 아이슬란드의 지열발전소

◀ 제철소는 일반적으로 철광석 산지와 가까운 곳에 건설한다. 당연하지 않은가? 값이 싸고 부피가 큰 철광석을 제련하고 난 후에 철은 부피가 작아지고 가격이 높아진다. 철광석 산지에서 먼 곳에 제철소를 세우면 철광석을 제철소로 운반하는 비용이 많이 들게 된다. 그러나 알루미늄은 다르다. 알루미늄 금속을 제련하기 위해서는 화학 반응을 일으키기 위해 막대한 양의 전기가 필요하므로 발상의 전환이 필요하다. 일반적으로 알루미늄 제련소는 값싸게 전기를 얻을 수 있는 곳 근처에 건설한다. 캐나다는 수력발전소 옆에, 아이슬란드는 지열발전소 옆에, 그 외 다른 나라에서는 흔히 원자력발전소 옆에 건설한다. 알루미늄 광석은 다른 어느 곳보다도 전기가 있는 곳에 실어 나른다.

거리에서

비상 불꽃신호기는 차가 도로 옆으로 굴러떨어졌을 때나 도로 위로 나무가 쓰러져 있을 때와 같은 위급 상황을 지나는 차들에게 알릴 때 쓴다. 불꽃신호기는 마분지 통 안에 질산스트론튬과 질산포타슘, 톱밥, 숯, 황 등을 넣어 만든다. 질산스트론튬과 질산포타슘은 둘 다 톱밥과 숯, 황을 연소하기 위해서 산소를 공급하는 역할을 하는 '산화제'다. 불꽃신호기는 공기 중의 산소를 필요로 하지 않기 때문에 물속에서 작동하는 것도 있다.

불꽃신호기는 도로에서 차가 고장 났을 때도 유용하다. 철도에서 기차가 고장이 났을 때는 조금 다른 성분의 불꽃신호기를 쓴다.

철도 궤도를 용접하는 것은 어려운 일이다. 사실 그 일을 용접이라고 부르는 것은 적절치 못하다. 열차 바퀴에서 전해지는 끊임없는 충격을 견디도록 철로를 용접하려면 철로 양쪽 끝을 동시에 액체로 만들고, 둘이 하나가 되도록 붙여서 연속된 하나의 철로로 만들어야 한다. 철로는 매우 두꺼워서 한쪽을 가열하면 다른 쪽이 재빨리 식는다. 따라서 일반적인 토치나 아크 용접기로는 이런 용접을 할 수 있는 실제적인 방법이 없다. 이 같은 도구들로는 아무래도 충분하지 않다.

한쪽 철로가 식기 전에 다른 쪽 철로에 뜨겁게 녹인 쇳물을 부어 철로 사이의 빈틈을 채워야 한다.(물론 빈틈을 채우기 전에 식어버리는 부분이 생기지 않도록 양쪽 철로 전부를 충분히 예열해야 한다.)

완전히 새로운 철로를 설치할 때는 열차와 비슷한 크기의 장비를 타고 그 구간의 철로를 가열하고 용접한다. 그러나 야외 현장에서 부분 수리를 할 때는 휴대용이면서 수 킬로그램에 달하는 쇳물에 엄청나게 높은 열을 계속 공급할 수 있는 장비가 필요하다. 이런 작업을 하는 데에는 테르밋보다 더 좋은 게 없다.

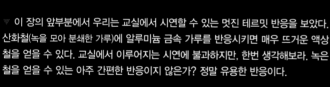

▲ 불꽃신호기는 화약과 성분이 비슷하지만(화약의 성분은 질산포타슘, 숯, 황이다.) 혼합물들이 덜 미세하게 섞여 있기 때문에 훨씬 느리게 연소한다. 더구나 질산스트론튬은 질산포타슘만큼 강한 산화제가 아니다.(화약의 반응을 보려면 201쪽을 보라. 불꽃신호기의 반응은 화약의 반응과 기본적으로 같지만 포타슘 대신 스트론튬을 사용한다.) 질산스트론튬의 역할은 단순히 산화제만이 아니라 불꽃신호기가 선명한 빨간색을 띠게 만든다.(4장에서 다른 색을 내기 위해 어떤 원소를 사용하는지를 배울 것이다.)

▼ 이 장의 앞부분에서 우리는 교실에서 시연할 수 있는 멋진 테르밋 반응을 보았다. 산화철(녹을 모아 분쇄한 가루)에 알루미늄 금속 가루를 반응시키면 매우 뜨거운 액상 철을 얻을 수 있다. 교실에서 이루어지는 시연에 불과하지만, 한번 생각해보라. 녹은 철을 얻을 수 있는 아주 간편한 반응이지 않은가? 정말 유용한 반응이다.

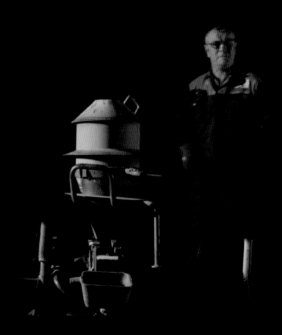

▲ 테르밋 불꽃을 다루기란 놀랄 만큼 까다롭다. 여러 다양한 방법을 쓰는데, 가장 간단한 방법은 평범한 불꽃놀이 도화선(안에 철사 같은 것을 넣고 은으로 코팅을 한)을 사용하는 것이다. 불꽃놀이 도화선은 매우 높은 열을 내며 타기 때문에 테르밋 같은 반응을 충분히 점화할 수 있다.(전문가용 도화선은 맞춤 제작으로 만드는데, 재미로 하는 불꽃놀이 도화선과는 좀 다르다.)

▶ 테르밋이 점화되고 나면 다음 변화가 나타나기 전까지 족히 한 30초 정도는 타닥거리는 소리가 난다. 그동안 위에서부터 아래로 반응이 진행되고, 콘크리트로 만든 그릇 바닥에 녹은 철이 고인다.(앞서 79쪽에서 그 단면을 보았다.) 그릇 바닥에는 적당한 두께의 알루미늄 플러그로 막아놓은 구멍이 있다. 조금 있다가 철이 모두 녹아서 깨끗하게 모이면 알루미늄 플러그가 녹아 막혔던 구멍이 열리고 녹은 철이 그릇 밖으로 흘러나온다.

▼ 테르밋 반응에서 철은 어느 물질(산화철, 알루미늄, 산화알루미늄)보다도 더 무겁다.(밀도가 높다.) 그래서 알루미늄 플러그가 녹은 후 순수한 액상 철이 먼저 나온다. 그리고 철로 사이의 틈에 설치한 진흙 거푸집으로 흘러들어 간다. 거푸집이 채워지면 남는 것은 철로 양쪽으로 흐른다. 그 흘러넘치는 것은 과잉의 철이지만 산화알루미늄(이것도 하얗고 뜨거운 액체로 비슷하게 보인다.) 같은 다른 반응 부산물도 많이 섞여 있다. 식어서 고체화된 산화알루미늄은 커런덤(강옥)이라고 부르며 강하고 날카롭기 때문에 사포 같은 것을 만드는 재료로 쓴다. 말하자면 여기 이 뜨거운 반응으로 액상 철뿐만 아니라 액상 사포까지 만든 셈이다.

▼ 철이 식으면 철로의 두 부분이 하나가 된다. 이제 상단과 옆면을 잘 연마해서 연결 부위를 매끄럽게 하면 된다. 만일 시속 300킬로미터가 넘는 고속 열차를 타고 있는데, 수천 개의 연결 부위 위를 지나가면서 아무 진동도 느껴지지 않는다면 그 연결 부위가 그만큼 완벽하다는 증거다.

◀ 연결 부위를 자른 단면을 보면 두 부분이었던 철이 이제 하나가 되었음을 알 수 있다.

우리는 무언가를 얻으려 하거나 무언가를 파괴하려 할 때 강력한 폭발물을 사용한다. 다리, 적의 탱크, 도로를 가로막은 거대한 바위, 더 이상 사용하지 않는 건물 등은 모두 강력한 폭발로 '처리'할 수 있다.

그러나 강력한 폭발을 사용해야만 하는 것은 아니다.(6장 〈반응 속도〉까지 가야만 하는 것은 아니다.) 대신에 여기 보이는 콘크리트 블록처럼 폭발에 따른 먼지 폭풍 없이 몇 시간에 걸쳐서 천천히 파괴할 수 있다. 산화칼슘과 수산화칼슘 석회가 대부분인 이 단순한 가루를 구멍 안에 부으면 천천히, 그러나 강하게 부풀어 오른다. 그래서 압력이 계속 높아져 결국 콘크리트가 깨질 때까지 팽창한다. 폭발물 취급 면허를 갖고 있지 않은 사람이 불필요한 콘크리트 구조물을 없애야 할 때 아주 쓸모가 있다.

도로나 그 밖의 다른 콘크리트 구조물에 생긴 균열로 물이 스며들어 어는 경우도 이와 비슷한 현상이다. 물은 얼면서 팽창하기 때문에(물이 얼면서 팽창하는 것은 특이한 성질로 211쪽에서 자세히 이야기할 것이다.) 얼음은 콘크리트에 엄청난 압력을 가하게 되고 균열을 일으켜서 많은 돈을 들여 만든 도로를 손상한다. 그러나 이것은 얼음이 일으키는 수많은 불편 중 하나일 뿐이다.

다행히도 우리는 소금으로 얼음을 다룰 수 있다.

소금을 얼음에 뿌리면, 얼음의 녹는점이 낮아져 물로 되돌아간다.(아무도 견딜 수 없을 만큼 엄청나게 추운 온도보다 더 낮은 온도에서 얼음이 녹는 것이다.) 흔히 먹는 소금을 써서 영하 7도까지 녹는점을 낮출 수 있다. 다른 종류의 염, 예를 들어 염화칼슘을 쓰면 녹는점을 영하 30도까지도 낮출 수 있다.

▶ 도로가 자주 얼어서 단단한 얼음판이 되는 곳에 사는 사람들은 모두 이 반응에 대해 알고 있다. 아니 이것도 반응이라고 할 수 있나?

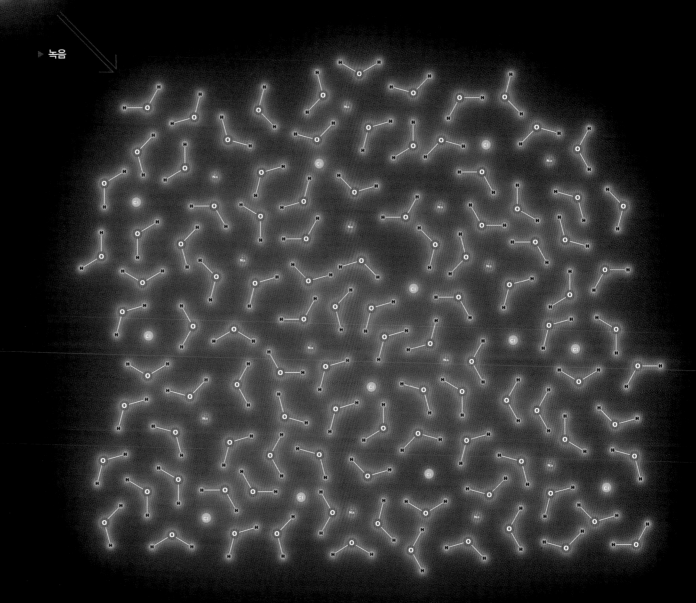

◁ 소금의 고체 입자는 전기를 띠는 원자(이온)들로 이루어진 결정이다. 우리가 먹는 소금의 경우 Na⁺(음전하를 띠는 전자를 하나 잃어서 양전하를 띠게 된 소듐 원자)와 Cl⁻(전자를 하나 더 가져서 음전하를 띠게 된 염소 원자)로 이루어져 있다.

소금 입자가 불에 녹으면 그 이온들은 분리되어 물 분자들에 둘러싸이게 된다. 즉, 물속에서 고체 결정은 개별 원자로 붕괴되어 물로 사라진다.

소금물은 순수한 물보다 녹는점이 더 낮다. 녹아 있는 이온들이 물이 어는 것을 방해하기 때문이다. 액체 상태인 물은 차가워질수록 물 분자들이 규칙적으로 정렬해 3차원 그물 구조를 이루는데, 그러다 결국에는 얼음 결정이 된다.

▷ 녹음

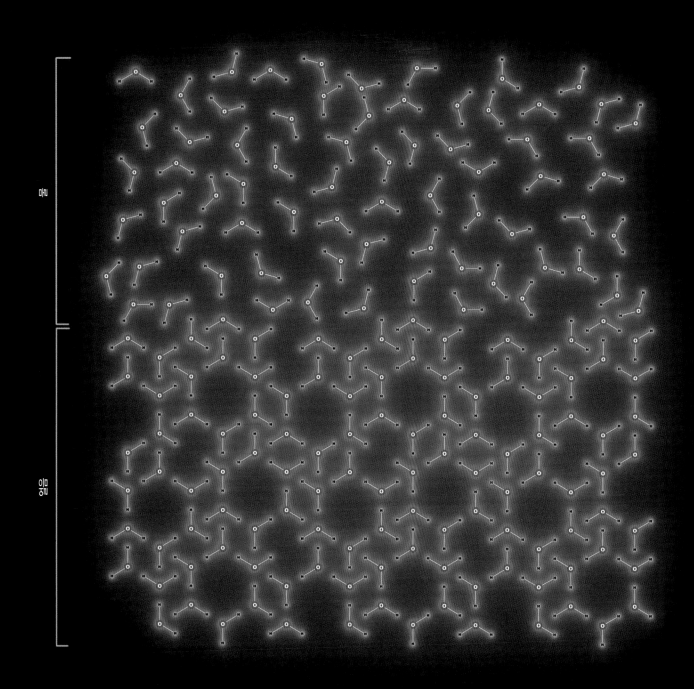

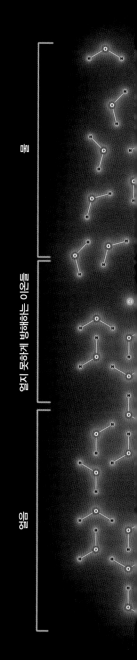

▲ 순수한 물

녹는 것도 반응인가?

나는 이 책에서 우리 주위에서 벌어지는 거의 모든 일이 화학 반응이라고 여러 번 주장했다. 그러나 이 선언을 어디까지 확장할 수 있을까? 어떤 물질이 물에 녹는 것까지 화학 반응이라고 할 수 있을까?

교과서에서는 종종 화학 변화(반응)와 물리 변화(반응이 아닌)의 차이를 강조하곤 한다. 반응이 아닌 변화의 일반적인 예로 녹음(용융 또는 용해), 끓음 등을 든다. 그러나 단어의 사전적 정의를 강조한다면 경계에 있는 경우를 많이 만나게 된다.

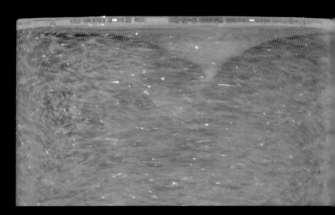

소금이 물에 녹는 것이 화학 반응이 아니라는 정의를 반박하기는 아주 쉽다. 그 반대 과정을 생각하면 된다. 82쪽에 나왔던 황금 비 시연을 기억하는가? 그건 분명히 화학 반응이었다. 그렇지 않은가? 황금 비 시연에서 일어난 일은 소금이 물에 녹는 과정과 정확히 반대다. 이온 3개, 즉, 양이온(Pb^{2+}) 1개와 음이온($2I^-$) 2개가 결합해 황금색 침전물인 금속 결정(PbI_2)이 석출되는 과정이다.

이랬다저랬다 할 수는 없다. 소금이 침전되는 것이 화학 반응이라면 그 반대 과정인 소금이 녹는 것도 틀림없이 화학 반응이다. 이는 반응에 대한 표준 정의와 맞아떨어진다. 이온들 사이의 화학 결합이 만들어지는 것이나 깨어지는 것이나 모두 완전한 반응이다.

그런데 용매에 물질이 녹는 것을 화학 변화로(단지 물리 변화 이상의) 분류하면서 설탕이 녹는 것은 전혀 다른 것으로 취급하는 책들이 있다.

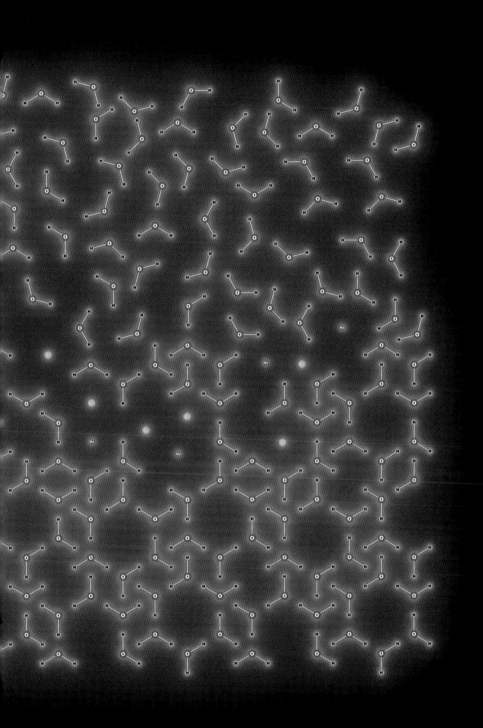

▲ 소금물

▼ 색소가 없으면 설탕 결정은 완전히 석영처럼 보인다.

▼ 소금이 물에 녹을 때와 달리, 설탕이 녹을 때는 설탕 분자들이 분해되지 않는다. 그래서 설탕은 녹기 전과 후이 ㅂ ㅣㅣㄱ ㅣ 때ㅁ 에 단순히 물리 변화시, 화학 변화는 아니라고 말하는 사람이 많다.

▼ 녹음

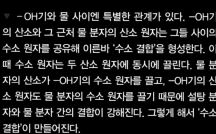

◀ 물에 설탕을 아주 많이 녹여서 걸쭉한 시럽처럼 만들 수 있는 이유가 몇 가지 있다. 설탕 결정이 완벽하게 형성되지 못하게 방해하고, 새로운 결합을 만들려는 어떤 특별한 성질이 물에 있을까? 글쎄, 새로운 결합이 생기긴 한다.

▼ −OH기와 물 사이엔 특별한 관계가 있다. −OH기의 산소와 그 근처 물 분자의 산소 원자는 그들 사이의 수소 원자를 공유해 이른바 '수소 결합'을 형성한다. 이때 수소 원자는 두 산소 원자에 동시에 끌린다. 물 분자의 산소가 −OH기의 수소 원자를 끌고, −OH기의 산소 원자도 물 분자의 수소 원자를 끌기 때문에 설탕 분자와 물 분자 간의 결합이 강해진다. 그렇게 해서 '수소 결합'이 만들어진다.

▷ 얼음사탕은 순수한 설탕이다. 거의 100퍼센트 순수한 설탕으로 만드는데, 색을 내기 위해 색소를 조금 섞었을 뿐이다. 얼음 사탕이 순수한 설탕이라는 것은 어떻게 알 수 있을까? 순수한 물질만이 이처럼 커다란 결정으로 자랄 수 있기 때문이다. 불순물이 있으면 결정이 파괴된다.

▷ 설탕 분자는 곁가지로 −OH기를 가지고 있다.(탄소 원자에 산소 원자가 붙고 그다음에 수소 원자가 결합되어 있다.) 이를 '알코올기'라고 부른다. 왜냐하면 곡물 알코올(에탄올), 나무 알코올(메탄올), 소독 알코올(아이소프로필 알코올), 그 밖의 비슷한 성질을 갖는 알코올에서 처음 발견했기 때문이다. 알코올 분자는 −OH기를 1개 가지고 있는 반면에, 설탕은 −OH기를 적어도 8개 이상 가지고 있다!(이 말은 설탕을 먹으면 알코올보다 술이 8배 더 많이 취한다는 뜻일까? 아니다. 화학은 그런 식으로 작용하는 것이 아니다. 또 다른 대표적 '다가 알코올'인 글리세린을 먹는다고 더 취하지도 않는다.)

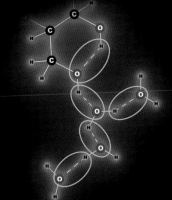

수소 결합은 그다지 강하지 않다. 하지만 물은 다른 분자들의 −OH기
와 같이 자기들끼리도 수소 결합을 형성하기 때문에 물 전체의 수소 결
합량은 아주 많다. 수소 결합은 설탕이 왜 그렇게 물에 잘 녹는지 설명
해준다.

달리 말해서 설탕이 물에 녹는 것은 새로운 결합이 생겼다는 말이다.
그 결합은 수소 결합이라는 특별한 결합이다. 즉, 설탕이 진짜 화학 반
응을 통해 녹았다는 뜻이다. 이는 설탕이 물에 녹는 것에 대해 거의 대
부분의 교과서에 나오는 내용과는 차이가 있다.(그럼에도 시험에 이 문제
가 나온다면 반응이 아니라고 답해야 한다. 어떤 시험이든 답은 이미 아니라고
거의 정해져 있기 때문이다.)

설탕이 물에 녹는 것을 반응이라고 해야 할지 말아야 할지가 그렇
게 중요한가? 아니다. 그것은 단지 언어의 문제며, 중요하지도 재미있
지도 않다. 진짜 흥미로운 것은 설탕이 물에 녹는 것 같은 단순한 문제
에 대해서도 이처럼 엄격한 정의를 내리면 미묘한 일이 발생한다는 사
실이다.

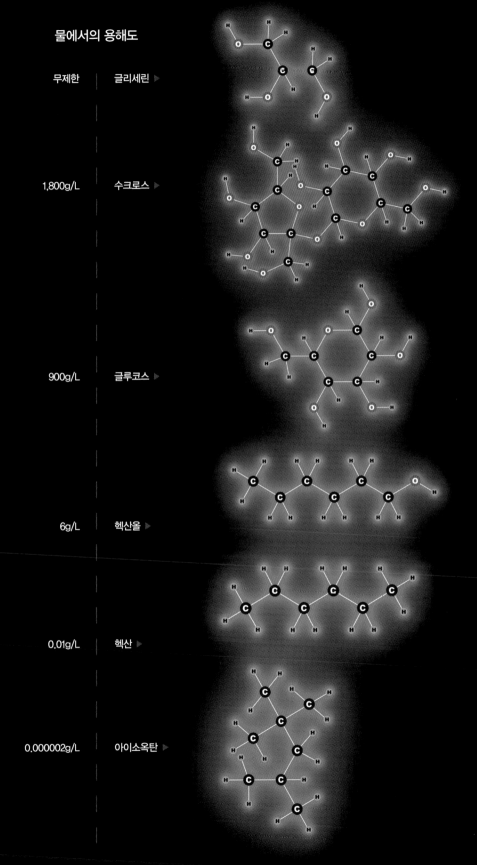

물에서의 용해도

무제한	글리세린 ▷
1,800g/L	수크로스 ▷
900g/L	글루코스 ▷
6g/L	헥산올 ▷
0.01g/L	헥산 ▷
0.000002g/L	아이소옥탄 ▷

▷ 약간의 화학 지식만 있어도 잘 모르는 분자들의 성질을 대략 예측할 수 있다. 알코
올기는 바로 그러한 예다. 만일 어떤 분자에서 −OH기를 보았다면 −OH기가 없는,
구조가 비슷한 다른 분자보다 물에 더 잘 녹을 것이라고 예측할 수 있다.

우리 몸속에서

우리 몸도 화학 반응으로 만들어졌다. 음식을 소화하는 것부터 죽는 것까지 모두 화학 반응이다. 하지만 그렇게 생각하는 게 정말 도움이 될까? 우리도 원소로 이루어져 있고 광자, 중성자, 전자로 되어 있다고 말할 수 있다. 또한 쿼크, 글루온 같은 것으로 만들어져 있다고도 할 수 있다. 그건 전부 사실이다. 그렇다고 인생을 이해하기 위해 물리학, 화학, 생화학, 의학 따위를 공부해야 하나?

흥미를 느끼고 있는 특정 현상을 이해하는 데 어떤 언어가 가장 도움이 될까? 특정 스포츠가 왜 인기 있는지 알기 위해 운동선수의 근육이 움직일 때 일어나는 화학 반응을 알아야 할 필요는 없다. 오히려 사회학이나 심리학 또는 정치 언어를 사용해야 어떻게 그 스포츠가 인기를 얻었는지, 매니저가 자신의 팀을 위해 어떻게 언론을 관리하는지, 그리고 비용을 들여가며 사람들의 생각을 어떻게 유도하는지를 이해할 수 있다.

모든 분야의 연구는 각각의 수준에서 유용하며, 서로간의 구축되어 있는 질서가 있다.

정치 과학 및 사회학은 대중으로 모여 있을 때의 인간 행동(보통 나쁜)을 이해하는 데 유용하다. 이를 위해 각 개인이 어떻게 행동하는지를 알아야 하는데, 심리학이 그 분야를 담당한다.

심리학은 한 번에 한두 사람의 생각을 이해하는 데 유용하다. 사람들의 생각이 심리학만으로 다 설명되지는 않지만, 뇌 속에서 일어나는 기계적인 작용들에 생각이 영향을 받는 것은 분명하다. 그래서 생각을 이해하려면 의학을 어느 정도 알아야 한다.

의학은 사람들의 몸속 모든 부분이 서로 영향을 주고받으며 전체적으로 어떻게 작동하는지를 탐구한다. 이를 위해서는 각각의 개별 기관이 어떻게 작동하는지를 알아야 하는데, 이것은 대부분 생화학으로 설명할 수 있다.

생화학은 단백질을 비롯해 DNA와 그 밖의 다른 거대 분자들이 생명체 내에서 일으키는 화학 반응을 다루는 학문이다. 이러한 복잡한 반응을 이해하려면 생체 내에서의 화학 반응들이 일반적으로 어떻게 작용하는지를 알아야 한다.

화학은 원자와 분자가 원자 차원에서 서로 어떻게 반응하는지를 연구한다. 한 원자가 다른 원자를 건드려서 화학 결합이 만들어지고 끊어진다. 이런 반응을 연구하기 위해서는 먼저 원자나 아원자 입자(원자보다 작은 입자)가 어떻게 행동하는지를 알아야 하는데, 이것이 물리학이다.

물리학은 자연의 근본적인 힘에 대해 연구한다. 옛날에는 보통 행성이나 중력에 대해 연구했지만(지금도 여전히 그 분야를 연구한다.) 지금은 원자보다도 훨씬 더 작은 규모에서 일어나는 일을 더욱 많이 다룬다. 이

이 양초와 사랑스러운 사과 파이는 모두 우지(탤로)라고 부르는 같은 종류의 쇠고기 지방으로 만들었다. 양초는 순수한 우지고, 사과 파이는 약간의 첨가물이 들어갔다. 양초가 탈 때 우지는 공기 중의 산소와 반응해 주요 결과물로 이산화탄소(CO_2)와 물(H_2O)을 만든다. 이 반응은 또한 에너지를 낸다. 그래서 양초에서 나오는 빛을 보고 열을 느낄 수 있는 것이다.

것이 양자역학의 세계다.

양자역학은 우주의 모든 현상을 수학 공식을 사용해 아주 정밀하게 기술하는 일련의 이론이다. 그러나 그 현상들이 너무 작아서 거시적 세계로 확장하려면 조심해야 한다. 근본적으로 양자역학은 전부 수학이다.

이 길의 끝은 수학이다. 수학은 개별적이고 특정한 주제를 넘어서 보편적이고 절대적인 진리만을 말한다. 따라서 수학은 모든 것에 대한 답이면서 아무것에도 답이 되지 않는다. 즉 모든 질문에 근원적인 답을 주지만 그 어느 것에도 실질적인 답은 주지 못한다는 뜻이다.

이러한 분야들은 서로 연결되어 있고, 각 수준에 따라 새로운 정보들을 더해나간다. 우리는 매우 높은 수준의 현상을 훨씬 낮은 수준에서 일어나는 현상과 연결해 바늘처럼 그 다양한 분야 사이를 뚫고 들어갈 수가 있다.

그래서 지금 이렇게 방독면을 쓴 무용수까지 오게 된 것이다.

▶ 사과 파이를 먹을 때 일어나는 반응은 좀 더 복잡하지만, 그 결과는 양초가 타는 것과 같다. 즉 파이는 목욕 넘어가서 허파와 그 밖의 다른 기관을 통해 이산화탄소와 물이 되어 나온다. 화학적으로 이야기하면, 이 두 반응이 경로는 다르지만 반응물(입력)과 생성물(출력)은 같다는 말이다.

화학의 일반적인 법칙에 따르면, 어떤 반응의 반응물과 생성물이 똑같다면 경로에 관계없이 그 반응의 에너지 총량은 같다. 따라서 우리가 사과 파이를 완전히 소화하고 대사한다고 가정하면, 우리가 먹는 우지의 양과 양초에 들어 있다가 타버리는 우지의 양이 같을 때 이 두 반응에서 나오는 에너지의 양도 같을 것이다.

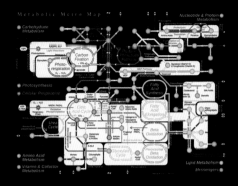

▶ 양초는 반응에서 방출되는 에너지로 빛을 낸다. 사람이 사과 파이 한 조각을 먹는 것도 마찬가지다. 사람은 낮은 온도로 빛을 낸다. 눈에 보이는 빛을 방출하는 대신, 보이지 않는 적외선(IR) 빛을 낸다. 적외선 카메라로 이 열-빛을 볼 수 있다. 무용수가 활발히 움직이는 동안 체내에서는 음식물의 연소(신진대사)에 따라 열이 나고 무용수 몸에서 나오는 적외선 빛은 더 밝아진다.

사과 파이는 우지로만 만든 것은 아니다. 그 안에는 설탕, 그리고 다른 탄수화물들이 첨가되어 있다. 그렇다면 우리는 이 무용수가 에너지를 지방에서 얻는지 설탕에서 얻는지 어떻게 알 수 있을까?

▲ 지방   ▲ 설탕   ▲ 녹말

▲ 단백질

우리 몸은 탄수화물(설탕, 녹말 등)이나 지방과 단백질(설탕은 아닌데 맛있는 것들은 대부분 지방과 단백질이다.)에서 에너지를 얻는다. 이 연료들은 혈관을 타고 몸속을 돌아다니며, 우리 인체는 어느 시간에 어느 것을 태울지 선택한다.

어느 연료를 선택하든지 그 과정은 복잡하다. 우리 몸에서 일어나는 화학 반응은 수백 가지에 이르며, 연료에 따라 그중 어떤 것들은 같고 어떤 것들은 다르다. 그렇지만 결국은 음식을 근육의 움직임으로 바꾼

다는 것만은 똑같다.

어떻게 하면 그 변화에서 어떤 일이 일어나는지, 또 지방이 타는지 탄수화물이 타는지 알 수 있을까? 이를 알기 위해서는 생물학과 생화학을 자세히 연구해야 하는 걸까?

그렇진 않다. 이런 상황에서는 사실 복잡하고 방대한 생물학을 거치지 않고 가장 기초적인 화학의 규칙에 따라 간단하게 화학 반응식 양변의 균형만 맞춰보면 된다.

▼ 이 사진은 설탕(이 경우 미세하게 제분한 제과용 설탕)을 공기 중의 산소와 반응시키면 무슨 일이 일어나는지를 보여준다. 많은 열이 아름다운 불덩어리로 방출된다. 반응 생성물은 이산화탄소(CO_2)와 물(H_2O)로서 여느 유기물의 연소와 다르지 않다. 화학 반응에서 원소들은 생성되거나 소멸되지 않으므로 화학식의 양변이 '균형'을 이루어 각 원소가 정확히 같은 수가 되어야 하기 때문이다.

아래 반응식에서 나는 각 원자의 최소수를 쓰지 않고 그 몇 배에 달하는 수를 썼다. 그러나 중요한 것은 탄소, 수소, 산소의 비율이다.

반응식 양변을 보면 이산화탄소(CO_2) 1개를 생성하려면 산소(O_2) 1개가 필요하다는 것을 알 수 있다. 기억하라, 이 1대 1의 비율을! 이것이 중요하다!

115쪽에 보이는 지방 분자에 어떤 원소들이 몇 개씩 들어 있는지 세어보면, 모든 탄소 원자에 수소 원자가 대략 2개씩 붙어 있다는 것을 알 것이다. 그 외의 다른 원소들은 몇 안 된다. 여기 아래에 있는 설탕 분자를 보면 2대 1의 비율로 수소와 탄소가 있다. 그리고 탄소 원자와 같은 수의 산소 원자가 있다.

대충 셈해서 말하자면, 지방이나 기름의 화학식은 전체적인 평균 비율만으로는 CH_2라고 할 수 있고, 그리고 설탕이나 탄수화물은 CH_2O라고 할 수 있다.(실제 분자들은 더 크고 더 많은 원자를 가지고 있지만, 지금 당장 우리에게 중요한 건 이렇게 단순화한 형태로 표기한 것이 같은 형태의 원자들이 일정한 비율로 들어 있다는 사실을 알려준다는 점이다.)

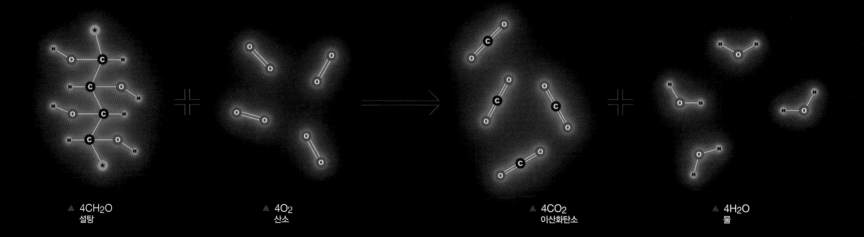

▲ $4CH_2O$
설탕

▲ $4O_2$
산소

▲ $4CO_2$
이산화탄소

▲ $4H_2O$
물

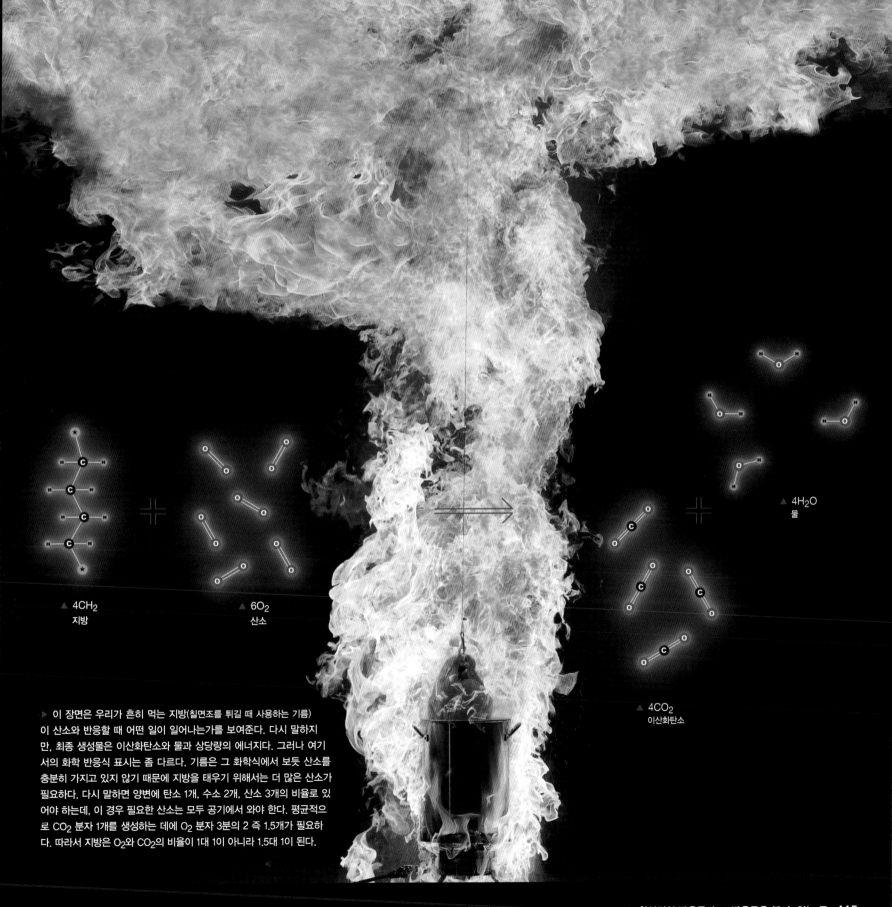

▲ 4CH₂
지방

▲ 6O₂
산소

▲ 4CO₂
이산화탄소

▲ 4H₂O
물

▷ 이 장면은 우리가 흔히 먹는 지방(칠면조를 튀길 때 사용하는 기름) 이 산소와 반응할 때 어떤 일이 일어나는가를 보여준다. 다시 말하지 만, 최종 생성물은 이산화탄소와 물과 상당량의 에너지다. 그러나 여기 서의 화학 반응식 표시는 좀 다르다. 기름은 그 화학식에서 보듯 산소를 충분히 가지고 있지 않기 때문에 지방을 태우기 위해서는 더 많은 산소가 필요하다. 다시 말하면 양변에 탄소 1개, 수소 2개, 산소 3개의 비율로 있 어야 하는데, 이 경우 필요한 산소는 모두 공기에서 와야 한다. 평균적으 로 CO_2 분자 1개를 생성하는 데에 O_2 분자 3분의 2 즉 1.5개가 필요하 다. 따라서 지방은 O_2와 CO_2의 비율이 1대 1이 아니라 1.5대 1이 된다.

O₂(산소)와 CO₂(이산화탄소)는 무용수의 허파에 들어가고 나온다. 우리는 그녀가 얼마만큼 숨을 들이마시고 내뱉는지 기체 분석 마스크와 배낭을 가지고 측정할 수 있다. 그녀가 소모하는 O_2와 내쉬는 CO_2의 비율을 보면 그녀의 몸에서 연소되는 음식 재료가 무엇인지 알 수 있다. 중간 경로가 아무리 복잡해도 상관없다. 기체 비율은 거짓말을 하지 않는다.

데이터를 보면 확실하다. 운동 전 무용수가 쉬고 있을 때 O_2와 CO_2의 비율은 1.5대 1에 가깝다. 그녀는 주로 지방을 태우고 있는 것이다.

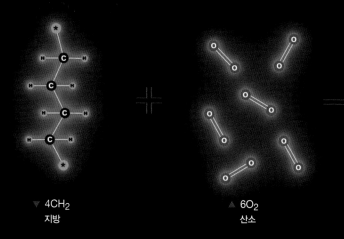

▼ 4CH₂
지방

▲ 6O₂
산소

▲ 4CO₂
이산화탄소

▲ 4H₂O
물

격렬한 운동 후 산소와 이산화탄소 비율은 1대 1에 가깝게 된다. 그녀는 지금 대부분 설탕을 태우고 있다. 왜 인체는 지방을 태우다가 설탕을 태우게 된 걸까? 설탕을 태우는 일의 이점은 기체의 비율이 말해주듯이 공기 중의 산소를 적게 필요로 한다는 것이다. 격렬한 운동 중에는 산소 공급이 한계에 다다른다. 따라서 산소를 적게 소모하는 에너지 연료를 쓰는 게 유리하다.(물론 여러 다른 요인이 있을 수 있다. 생체 대사 과정은 아주 복잡하다!)

분명한 것은 우리 몸이 산소를 더 많이 내장하고 있는 에너지원을 이용하도록 바뀌었다는 사실이다. 이것만으로도 우리는 우리 몸이 왜 그렇게 일을 하는지 조금은 이해할 수 있다. 나는 이런 일이 단 2개의 화학 반응식이라는 직접적이고 간단한 방법으로 결정된다는 게 아주 멋지다고 생각한다.(기체 마스크를 기꺼이 써주는 무용수 덕분에.)

▼ 4CH₂O
설탕

▼ 4O₂
산소

▼ 4CO₂
이산화탄소

▼ 4H₂O
물

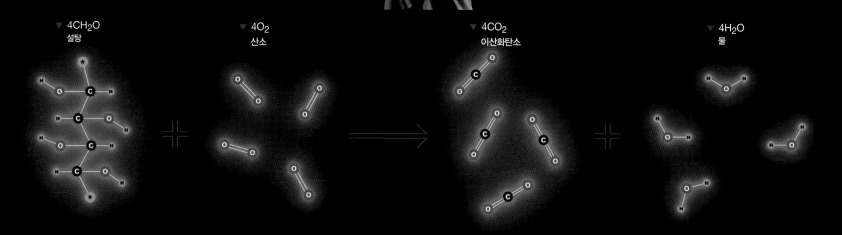

그건 그렇고, 이제부터는 우리가 알고 있는 상식과 아주 반대되는 것에 주목해보자. 운동할 때보다 쉴 때에 더 많은 지방을 태울 수는 없을까? 운동하는 것보다 가만히 앉아 있는 게 몸무게를 줄이는 데 더 좋은 방법이 될 수 있을까?

무언가를 이렇게 간단히 생각하기에 생화학은 너무 복잡하다. 그렇다. 우리 몸은 운동할 때 탄수화물(설탕)을 먼저 태운다. 그러나 운동을 하지 않으면 어떻게 될까? 탄수화물은 여전히 혈관 속에 남아 있을 것이고, 태워버리지 않으면 우리 몸은 이 탄수화물을 지방으로 바꾸기에 바쁠 것이다.

몸무게를 줄이고 늘리는 데 중요한 것은 우리 몸이 쓰는 에너지원이 아니라 음식 칼로리를 섭취한 양에 비해 태워서 소모하는 에너지가 얼마나 되는가이다. 만일 먹는 것보다 운동으로 태우는 에너지가 더 많다면, 몸무게는 줄어들 것이다. 반대로 만일 운동으로 태우는 것보다 더 많이 먹는다면, 몸무게는 늘어날 것이다. 이걸로 끝이다. 여기에 다른 변수는 없다. 운동을 하면 에너지 소모가 많아지고 몸무게는 줄어든다. 그렇지 않고 음식을 먹으면 몸무게는 유지되거나 늘어난다.

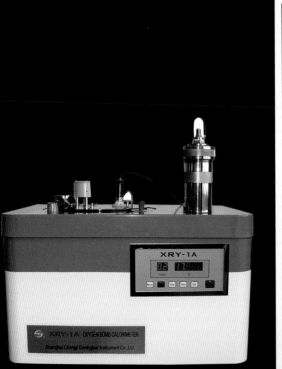

많은 식품에서 영양 표시를 보았을 것이다. 영양 표시는 해당 식품의 에너지가 얼마인지를 보여준다. 따라서 몸무게를 늘리지 않으려면 그 식품을 얼마만큼 먹어야 하는지 영양 표시를 보면 알 수가 있다. 영양 표시에 적힌 수치들이 어떻게 결정되는지 궁금한 적이 있는가? 이 수치들은 원래 봄베 열량계로 측정한 값이다. '봄베'는 강한 금속으로 만든 용기를 뜻하는데, 그 안에 식품을 넣고 산소와 함께 태운다. '열량계'는 반응의 에너지량을 측정하는 장치다.(요즘은 거의 모든 성분의 측정값을 알고 있기 때문에, 제조자는 다시 측정하지 않고 수치만 사용한다.)

앞에서 배운 것처럼, 반응에서 나오는 에너지의 총량은 경로에 관계없이 같다. 때문에 열량계로 측정한 식품의 에너지는 우리 몸이 그 식품을 먹고 방출하는 에너지와 같다. 물론 실제로는 그렇게 간단하지 않다. 예를 들어 식품에 소화되지 않는 식이섬유가 많이 포함되어 있다면, 열량계에서는 이 식이섬유가 연소되어 수치에 영향을 주겠지만 우리 몸에서는 소화를 못 하기 때문에 에너지 섭취가 이루어지지 않는다.(다르게 말하면 난로는 나무를 태울 수 있지만, 우리가 소가 아닌 이상 우리는 나무를 먹을 수 없고 아무런 에너지도 얻을 수 없다.) 영양 표시에는 이러한 문제가 반영되어 있다.

사람을 통째로 봄베 열량계에 넣으면 그가 먹은 식품에 포함된 에너지를 더 정확하게 측정할 수 있다.(그 안에 들어가는 사람이 놀라지 않는다면 이것을 직접 인간 열량계라고 부를 수 있을 것이다.) 이 경우 그 사람을 태우는 대신에 하루 동안 방출하는 에너지 총량을 측정한다. 이 실험은 실제로 실행된 적이 있는데, 여러 이유로 그리 자주 하지는 않는다.(사람들이 건강하게 열량계에서 나오긴 했지만, 정말 지루했을 게 뻔하다.) 사람이 통째로 들어갈 만큼 충분한 크기에다 절연이 잘되는 열량계, 사람을 질식시키지 않고도 총 에너지 배출량을 정확하게 측정할 수 있는 장치를 만드는 것은 기술적으로도 상당히 어려운 일이다.(비용도 비싸다.) 그래서 거의 정확하게 측정할 수 있는 다른 방법을 사용한다.

좀 더 일반적인 간접 인간 열량계는 절연이 필요 없고, 사람 몸 안에서 소모되고 생성되는 O_2(산소)와 CO_2(이산화탄소)를 공기의 성분 중에서(무용수의 기체 마스크와 같이) 측정하면 된다. 이 데이터로(방 안에 남은 모든 배출물을 측정한 데이터) 사람이 먹은 음식이 몸속에서 실제로 얼마나 대사되었는지를 계산할 수 있다.

이 같은 형태의 방은 일반적으로 사람의 신진대사에 대한 연구를 할 때 사용한다. 물론 이런 연구는 대개 대학생을 대상으로 한다.(학생들은 적은 돈도 귀하기 때문이다.)

지금까지 화학의 범위에 대해 이야기했다. 이번 장은 화학 반응을 공부하는 학생들로부터 시작해서, 화학 연구를 위해 기꺼이 화학 반응이 되려는 학생들에서 끝났다.

4

빛과 색의 기원

빛은 어디에나 확실히 존재한다. 그러나 빛은 무엇이며, 우리가 색이라고 부르는 빛은 어떤 형태를 가지고 있을까?

우리는 이 책의 맨 앞에서 빛과 화학 반응이 밀접한 관계를 맺고 있다는 것을 배웠다. 1장에서는 오렌지색 야광봉에서 분자 하나가 광자 하나, 오렌지색 빛 한 줄기를 방출하기 위해 어떻게 화학 에너지를 쓰는지 보았다. 그리고 2장에서는 엽록소가 빛의 광자 하나를 어떻게 화학 에너지로 되돌리는지를 배웠다. 그러나 빛과 화학의 관계는 장난감 속에서 단지 몇몇 특별한 분자가 빛을 내는 정도를 넘어 훨씬 더 깊다.

우리는 2장에서 원자를 분자로 묶어두는 결합은 그들의 에너지에 따라 정의된다는 것을 알았다. 그 결합을 깨고 나오려면 얼마나 많은 에너지가 필요할까? 결합은 위치 에너지를 저장하는 방법이며 결합, 끊음, 굽힘, 늘어남, 회전 등 결합을 형성하는 데 관여하는 모든 활동에는 일정한 양의 에너지가 연관되어 있다.

빛 또한 에너지를 저장하는 방법이다. 빛의 단위인 광자는 모두 일정한 양의 에너지를 갖고 있다. 그리고 우리가 곧 보게 되겠지만, 광자 하나가 갖고 있는 에너지의 양은 그 색에 따라 정의된다. 즉 모든 결합은 자신만의 색이 있는데, 이는 결합 에너지와 똑같은 양의 광자 에너지가 내는 빛의 색이다.

분자 하나에도 결합은 여러 개가 있을 수 있다. 그 모든 결합은 여러 방법으로 구부러지거나 늘어날 수 있다. 따라서 모든 분자는 이러한 움직임의 에너지에 해당하는 색의 팔레트를 가지고 있다. 우리는 이것을 분자의 스펙트럼이라고 부른다.

모든 화학 반응은 한 결합에서 다른 결합으로 바뀌는 것이며, 그에 따라 에너지를 주고 받는다. 즉 모든 반응에는 결합이 끊어지고 새로 만들어지는 변화가 생기고, 그에 따라 반생하는 에너지의 변화에 의해 각기 다른 색의 스펙트럼이 나타난다.

빛과 색, 화학은 서로 관계를 맺고 있으므로 빛에 대해 더 깊이 공부해보는 것이 좋다. 그럼, 다시, 빛은 무엇인가?

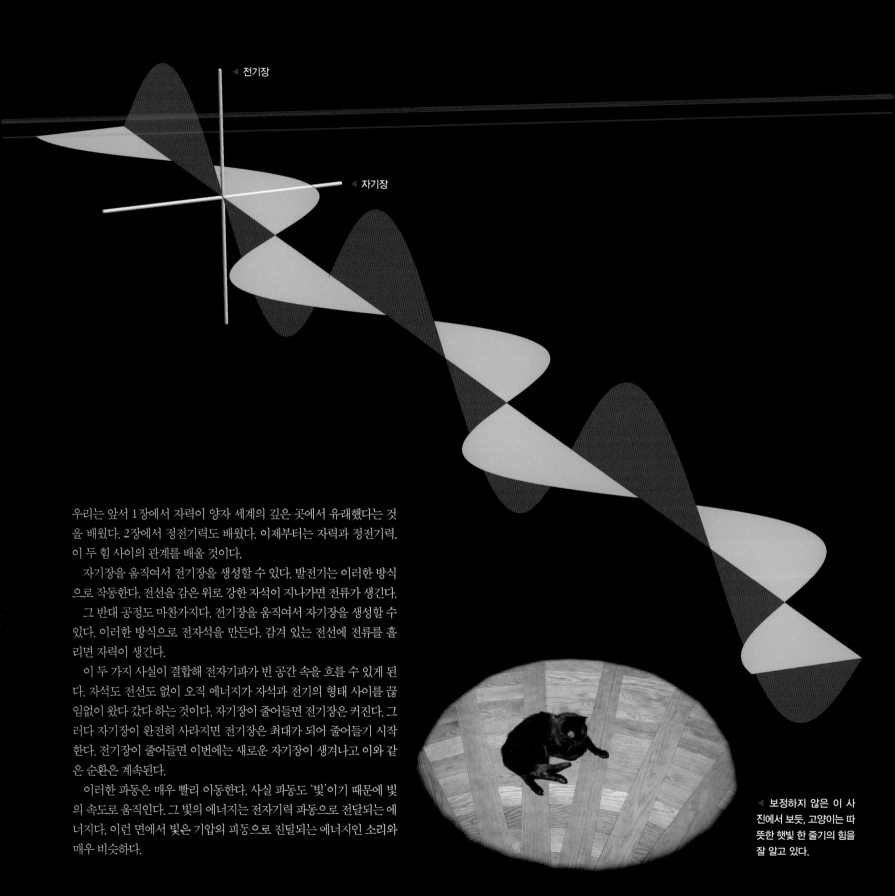

전기장

자기장

우리는 앞서 1장에서 자력이 양자 세계의 깊은 곳에서 유래했다는 것을 배웠다. 2장에서 정전기력도 배웠다. 이제부터는 자력과 정전기력, 이 두 힘 사이의 관계를 배울 것이다.

자기장을 움직여서 전기장을 생성할 수 있다. 발전기는 이러한 방식으로 작동한다. 전선을 감은 위로 강한 자석이 지나가면 전류가 생긴다.

그 반대 공정도 마찬가지다. 전기장을 움직여서 자기장을 생성할 수 있다. 이러한 방식으로 전자석을 만든다. 감겨 있는 전선에 전류를 흘리면 자력이 생긴다.

이 두 가지 사실이 결합해 전자기파가 빈 공간 속을 흐를 수 있게 된다. 자석도 전선도 없이 오직 에너지가 자석과 전기의 형태 사이를 끊임없이 왔다 갔다 하는 것이다. 자기장이 줄어들면 전기장은 커진다. 그러다 자기장이 완전히 사라지면 전기장은 최대가 되어 줄어들기 시작한다. 전기장이 줄어들면 이번에는 새로운 자기장이 생겨나고 이와 같은 순환은 계속된다.

이러한 파동은 매우 빨리 이동한다. 사실 파동도 '빛'이기 때문에 빛의 속도로 움직인다. 그 빛의 에너지는 전자기력 파동으로 전달되는 에너지다. 이런 면에서 빛은 기압의 파동으로 진달되는 에너지인 소리와 매우 비슷하다.

◁ 보정하지 않은 이 사진에서 보듯, 고양이는 따뜻한 햇빛 한 줄기의 힘을 잘 알고 있다.

122

◀ 록 콘서트에 쓰는 스피커는 우리 귀를 영구적으로 손상할 정도의 에너지가 있는 소리를 전달할 수 있다.

▽ 로켓 엔진은 최대 출력을 낼 때, 그 소리만으로도 에너지가 너무 커서 몇 초 전에 발사된 로켓을 손상할 수가 있다. 로켓을 발사할 때 발사대 주변에 엄청나게 많은 물을 두는 이유는 단순히 구조물들을 식히기 위해서만이 아니라 엔진에서 발생하는 엄청난 음파(소리의 파동)를 약화하기 뒤한 복석노 있나.(아래 사진은 우무윙복신의 '물 붓는 장치'를 시험하는 것으로, 여기에는 실제 로켓이 없다.)

▽ 색은 또한 소리와 아주 비슷한 양상을 보인다. 소리가 각기 다른 높이를 갖는 것처럼 빛도 여러 색을 띤다. 빛과 소리는 단순한 에너지 전달자가 아니다. 빛과 소리는 저마다 다른 독특한 에너지를 전달한다. 음에 높은음이 있고 낮은음이 있는 것처럼 빛의 색도 높은 색과 낮은 색이 있다. 예를 들면 파랑은 높은 색이고 빨강은 낮은 색이다.

▷ 나는 대충 얼버무린, 뉴에이지 같은, 겉만 번지르르한 식으로 말한 게 아니다. 문자적으로 정확히 말한 것이다.

▶ 소리와 빛의 파동을 비롯해 모든 파동은 에너지를 전달할 수 있다. 아래의 강렬한 파란 레이저로는 성냥에 불을 붙일 수 있다.

C8
B7
A7
G7
F7
E7
D7
C7
B6
A6
G6
F6
E6
D6
C6
B5
A5
G5
F5
E5
D5
C5
B4
A4
G4
F4
E4
D4
C4
B3
A3
G3
F3
E3
D3
C3
B2
A2
G2
F2
E2
D2
C2
B1
A1
G1
F1
E1
D1
C1
B0
A0

▲ 피아노에서 가장 높은 음은
가온 다(C) 음보다 4옥타브 높고,
초당 4,186번 진동하며, 파장은
8센티미터가 조금 넘는다.

소리는 공기를 앞뒤로 진동시킨다. 그리고 기압은 위아래로 진
동하면서 밖으로 퍼져나간다. 그 파동이 우리 귀를 때리면, 소리
가 들리게 된다.

▼ 피아노에서 가장 낮은 음은 가온
다(C) 음보다 4옥타브 낮다. 이 음
은 공기가 우리 귀 안에서 초당 27.5
번 진동할 때의 음이다. 이를 그 음
의 진동수(주파수)라고 한다. 이 음이
공기 중을 가로지를 때, 기압 파동의
최고점과 최고점 사이의 거리는 약
12.5미터다. 이러한 거리를 그 음의
파장이라고 부른다.

0   100 200 300 400 500 600 700 800 900 1000 1100 1200 1300 1400 1500 1600 1700 1800 1900 2000 2100 2200 2300 2400 cm

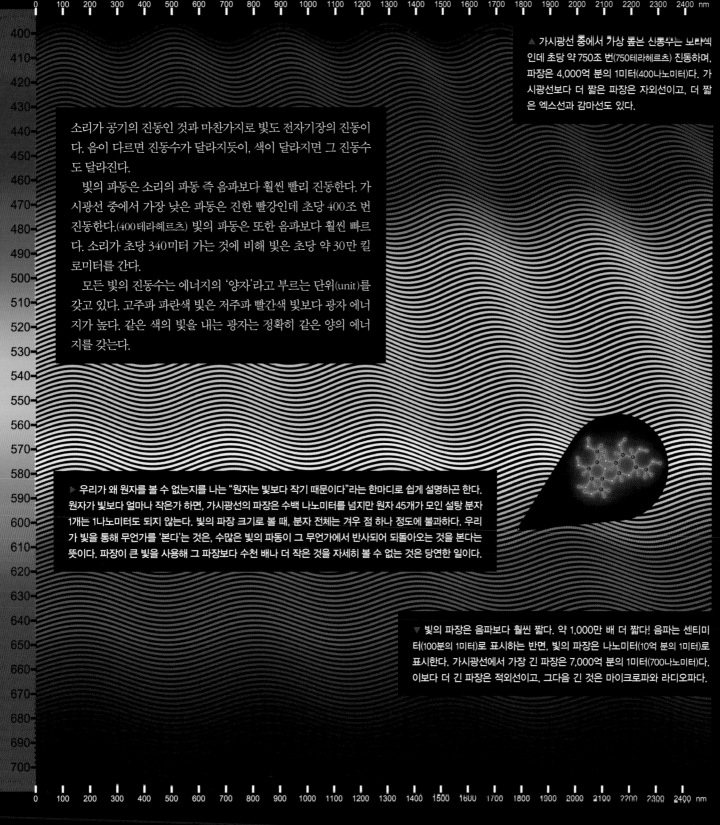

소리가 공기의 진동인 것과 마찬가지로 빛도 전자기장의 진동이다. 음이 다르면 진동수가 달라지듯이, 색이 달라지면 그 진동수도 달라진다.

빛의 파동은 소리의 파동 즉 음파보다 훨씬 빨리 진동한다. 가시광선 중에서 가장 낮은 파동은 진한 빨강인데 초당 400조 번 진동한다.(400테라헤르츠) 빛의 파동은 또한 음파보다 훨씬 빠르다. 소리가 초당 340미터 가는 것에 비해 빛은 초당 약 30만 킬로미터를 간다.

모든 빛의 진동수는 에너지의 '양자'라고 부르는 단위(unit)를 갖고 있다. 고주파 파란색 빛은 저주파 빨간색 빛보다 광자 에너지가 높다. 같은 색의 빛을 내는 광자는 정확히 같은 양의 에너지를 갖는다.

▲ 가시광선 중에서 가상 뽊는 신동부는 보라섁인데 초당 약 750조 번(750테라헤르츠) 진동하며, 파장은 4,000억 분의 1미터(400나노미터)다. 가시광선보다 더 짧은 파장은 자외선이고, 더 짧은 엑스선과 감마선도 있다.

▶ 우리가 왜 원자를 볼 수 없는지를 나는 "원자는 빛보다 작기 때문이다"라는 한마디로 쉽게 설명하곤 한다. 원자가 빛보다 얼마나 작은가 하면, 가시광선의 파장은 수백 나노미터를 넘지만 원자 45개가 모인 설탕 분자 1개는 1나노미터도 되지 않는다. 빛의 파장 크기로 볼 때, 분자 전체는 겨우 점 하나 정도에 불과하다. 우리가 빛을 통해 무언가를 '본다'는 것은, 수많은 빛의 파동이 그 무언가에서 반사되어 되돌아오는 것을 본다는 뜻이다. 파장이 큰 빛을 사용해 그 파장보다 수천 배나 더 작은 것을 자세히 볼 수 없는 것은 당연한 일이다.

▼ 빛의 파장은 음파보다 훨씬 짧다. 약 1,000만 배 더 짧다! 음파는 센티미터(100분의 1미터)로 표시하는 반면, 빛의 파장은 나노미터(10억 분의 1미터)로 표시한다. 가시광선에서 가장 긴 파장은 7,000억 분의 1미터(700나노미터)다. 이보다 더 긴 파장은 적외선이고, 그다음 긴 것은 마이크로파와 라디오파다.

C8
B7
A7
G7
F7
E7
D7
C7
B6
A6
G6
F6
E6
D6
C6
B5
A5
G5
F5
E5
D5
C5
B4
A4
G4
F4
E4
D4
C4
B3
A3
G3
F3
E3
D3
C3
B2
A2
G2
F2
E2
D2
C2
B1
A1
G1
F1
E1
D1
C1
B0
A0

앞서 126쪽과 127쪽에 있는 그림을 보라. 우리가 볼 수 있는 빛의 진동수 범위보다 들을 수 있는 소리의 진동수 범위가 얼마나 더 넓은지 놀랍지 않은가? 피아노에서 1옥타브 올라갈 때마다 진동수는 두 배가 된다. 표준적인 피아노가 표현하는 음높이의 범위는 7옥타브를 조금 넘는다. 즉, 가장 낮은 음부터 가장 높은 음까지의 진동수가 150배나 차이가 난다. 인간의 귀는 이보다 훨씬 더 넓은 범위를 들을 수 있고, 어떤 사람들은(아주 젊은 사람) 400배(8~9옥타브)가 넘는 범위를 들을 수 있다고 한다.

그러나 우리는 색에 대해서는 한 옥타브도 다 보지 못한다! 가장 낮은 색인 빨강부터 가장 높은 색인 보라까지 빛의 진동수 범위는 두 배가 채 안 된다.

우리는 빛 진동수의 차이보다 소리 진동수의 미세한 차이를 훨씬 잘

구별한다. 우리 귀 안에 있는 센서는 서로 다른 순수한 음을 하나하나 구별해낼 수 있다. 심지어 '절대 음감'을 가진 사람들은 각 음을 하나씩 듣고 정확히 어느 음인지 알아낸다고 한다.

이에 비하면 우리 눈은 굉장히 비참한 수준이다. 우리는 단 세 가지, 대략 빨강, 초록, 파랑에 해당하는 진동수의 빛만을 감지할 수 있다. 소리로 치면 고음, 중음, 저음 이렇게 단 세 가지 음만을 구별한다는 이야기다. 그 중간에 있는 모든 빛은 이 세 가지 빛의 혼합일 뿐이다.

동물들 중에는 이 세 가지 색 이상을 볼 수 있는 경우도 있다. 하지만 우리 인간 역시 넓은 옥타브의 소리를 들을 수 있는 것처럼 분광기(뒤에서 다시 이야기할 것이다.)라는 기계를 이용하면 빛도 더 넓은 범위를 볼 수 있다.

우리는 서로 다른 수백 가지 진동수를 들을 수 있을 뿐 아니라 동시에 여러 진동수의 소리를 들을 수 있다. 예를 들어, 위에 있는 세 가지 진동수의 음을 동시에 연주해 C장조 코드를 즐길 수 있다. 또한 높은음과 낮은음을 동시에 연주해도 그 음들을 쉽게 구별해낼 수 있다.

색에 대해 말하자면, 이런 일은 불가능하다. 아무리 세심한 실내장식가라 해도 특정한 색이 어떤 진동수의 색으로 혼합되어 있는지 맨눈으로 확인할 수 있는 사람은 없다.

여기 128쪽에 그려진 소리의 파동 그림은 어떤 소리가 확실한 것처럼 보여주고 있지만 실제로 그렇게 간단한 것은 아니다. 음향 기기나 대형 스피커를 통해 특정한 소리를 내려면 우리가 원하는 진동수에 적합한 특정 기기를 사용해야 그 소리를 재생할 수 있다.

만일 C장조 코드를 만들려면 각기 다른 진동수를 갖는, 피아노의 세 가지 음에 해당하는 건반을 두드려야 한다. 또는 기타의 줄을 적절히 조합해 튕기거나, 적절한 길이의 관악기에 공기를 불어넣어야 한다. 이런저런 방법으로 우리는 여러 음을 조합해 음을 만들 수 있다.

그렇지 않나? 이렇게 하지 않고 달리 무슨 방법이 있을까?

C장조 코드를 만드는 다른 방법은 피아노의 모든 음을 한꺼번에 치되, 필요한 세 가지 음을 제외한 모든 음을 차단하는 것이다. 그렇게 해서 남은 소리는 보통의 방법으로 단 세 가지 음만을 연주해 만든 세 가지 다른 진동수의 음과 같을 것이다. 미쳤다고? 완전히 미친 소린 아니다.

실제로 모든 진동수의 음을 이렇게 만드는 것은 피아노에서는 바보 같은 방법이지만, 전자 회로에서는 편리한 방법이다.(이렇게 만든 것을 '백색 소음'이라고 한다.) 백색 소음은 라디오에서 잡음처럼 들리는 소음인데, 특정 소리를 없애는 '핑크 소음'을 만들어 이 소음을 여과할 수 있다. 심지어는 몇 개의 순수한 음으로 여과할 수도 있다. (튜닝 파이프를 이용해 기계적으로 이 작업을 할 수도 있고, 오디오 필터라고 부르는 전자 회로를 사용할 수도 있다.)

▲ 전통적인 아날로그 음향 합성기들은 백색 소음을 특정한 음으로 변환하는 '빼기 합성'을 이용한다. 또는 여러 다른 진동수의 음을 겹쳐서 일부를 제거하거나 미세한 음을 변화시킨다.

반응을 다루는 책에서 내가 왜 이렇게 장황하게 소리에 대해 이야기하는지 의아할 것이다. 빛(특히 색)이 어떻게 작동하는지를 이해하는 것은 원자와 분자의 세계를 들여다보는 열쇠가 된다. 그리고 빛이 어떻게 작동하는지를 이해하기 위해서는 소리가 어떻게 작동하는지를 이해하는 것이 도움이 된다.

빛을 흡수하다

음파를 전자 회로로 여과할 수 있는 것처럼, 빛의 파동도 어떤 특별한
것으로 여과할 수 있다. 여느 것과 마찬가지로.

▶ 앞에서 말한 '백색 소음'은 사실 백색광이라는 말에
서 그 백색의 뜻을 따온 것이다. 백색 소음이 그러하듯,
백색광 역시 모든 진동수의 빛을 같은 양씩 합한 것이
다. 우리를 둘러싼 환경은 태양과 모든 인공 광원으로부
터 오는 백색광을 끊임없이 받는다. 이를 소리로 말한다
면, 야생 동물들이 동시에 모든 종류의 소리를 내어 만
든 잡음 덩어리와 같다.(이 덩어리가 어떤 것인지 알기 원
한다면, 야생 동물들이 완벽한 백색을 만드는 150쪽을 보라.)

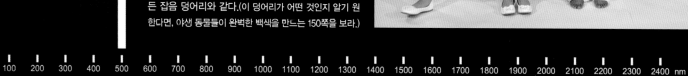

▶ 색유리는 특정한 색의 빛만을 흡수, 여과하면서 색을 띤다. 프랑스에 있는 스테인드글라스 창의 반대편인 바깥은 낮에 하얗다. 어떤 색의 빛이 유리에 흡수되는지는 보이지 않는다. 이 색유리의 아름다움은 색을 창조하면서 나타나는 것이 아니라 파괴하면서 나타난다.

그런데 어떻게 이런 현상이 일어나는 걸까? 왜 어느 물체가 어떤 색은 흡수하고 어떤 색은 흡수하지 않는 걸까? 여기에 화학이 필요하다.

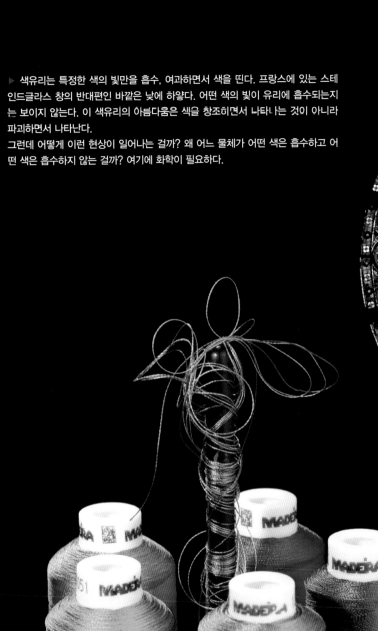

◀ 하얀 물체가 하얀 이유는 모든 진동수의 빛을 똑같은 정도로 반사하기 때문이다. 어떤 색을 띤 물체는 저마다 그 색의 빛을 창조해서 색을 나타내는 것이 아니라, 그 색을 뺀 다른 모든 색의 빛을 흡수하기 때문에 그 색을 나타내는 것이다. 즉 초록색 실이 초록색인 이유는 빨간빛과 파란빛을 흡수하고 거의 초록빛만을 반사하기 때문이다.

이 장의 첫 부분에서 우리는 모든 분자가 각자가 가지고 있는 결합에 따른 고유한 에너지 단위를 갖고 있다고 배웠다. 그리고 다음으로 모든 빛의 색은 자신만의 고유한 진동수를 가지고 있으며, 그 진동수는 특정한 에너지의 단위로 이루어진다는 것도 배웠다.

물질과 에너지의 모든 상호 작용을 형성하는 핵심적이고 기본적인 사실은 다음과 같다. 분자의 에너지 수준이 빛의 에너지 수준과 맞을 때에만 분자들은 빛과 상호 작용(빛을 흡수하거나 방출하거나)한다. 어떤 특정한 빛을 한 분자에 비추었을 때 분자와 빛의 에너지 수준이 맞지 않으면, 빛은 그 분자를 그냥 지나치거나 모든 방향으로 분산된다.

▲ 위의 그림은 인디고라는 분자인데, 여러 개의 결합을 가지고 있고(중간에 이중 결합이 3개 있다.) 이 결합들이 함께 나타내는 전체 에너지 수준은 빨간빛과 초록빛 에너지와 맞고 파란빛 에너지와는 맞지 않다.

인디고 분자들(예를 들어 청바지 실뭉치)에 백색광을 비추면 파란빛이 훨씬 많이 반사되어 우리 눈에 도달한다. 빨간빛과 초록빛은 인디고 분자와 상호 작용해 흡수된다. 파란빛은 인디고 분자와 그 에너지 수준이 맞지 않기 때문에 흡수되지 않고 반사된다.

▼ 인디고 분자에 흡수되지 않아서 청바지에서 반사된 빛의 진동수를 그래프로 그리면 아래와 같은 그래프를 얻는다. 파란색에 해당하는 범위에서는 파란빛이 많이 반사되어 되돌아오고, 나머지 구간에서는 덜 되돌아온다. 이것이 청바지가 파란 이유다.

이러한 그래프를 (보통 이렇게 예쁘게 그리지는 않지만) 스펙트럼이라고 부른다. 이것이 인디고 염료로 염색된 섬유의 반사 스펙트럼이다.

▲ 인디고는 염료의 하나다. 염료와 안료는 내가 《세상은 만드는 분자》에서 길게 설명한 적이 있는데, 특정한 진동수의 빛을 흡수하도록 만든 화합물이다. 특정한 진동수의 빛을 제거하도록 화학 결합을 면밀하게 조절해 이와 같은 화합물을 만든다.

이 아름다운 안료들은 색의 세계에서 너무나 중요한 존재다. 이 책은 화학 반응에 관한 책이다. 화학 반응을 일으키면 다른 방법으로 색을 만들 수 있다. 즉 특정 진동수의 빛을 제거해서 다른 색을 만들 수 있다. 피아노로 특정 음들을 쳐서 소리를 내듯이, 에너지 수준이 맞는 원소들을 연주해서 우리가 꿈꾸는 색을 만들 수 있다.

빛을 내다

아무것이나. 아주 뜨거우면 빛이 난다. 아래에 보이는 백금 막대가 그 예다. 아주 뜨겁지 않고 그보다 조금 덜 뜨거워도 약간 어두운 빨간빛이 난다. 더욱 뜨거워지면 빨간빛에서 주황빛을 거쳐 노란빛이 되고, 아주 더 뜨거워지면 녹아서 불꽃으로 떨어지고 만다.

이런 종류의 빛은 스펙트럼의 범위가 넓다. 파장이 넓은 범위에 걸쳐 있는 빛의 혼합이다. 물체가 더 뜨거워지면 스펙트럼은 더 단파장 쪽으로, 즉 더욱 높은 진동수 쪽으로 이동한다.(스펙트럼의 파란색 끄트머리) 물체가 어느 정도 뜨거우면(섭씨 약 2,700도) 빨강, 초록, 파랑 구역의 빛이 충분해져 햇빛과 거의 같은 빛이 되기 때문에 우리 눈에 하얗게 보이기 시작한다.

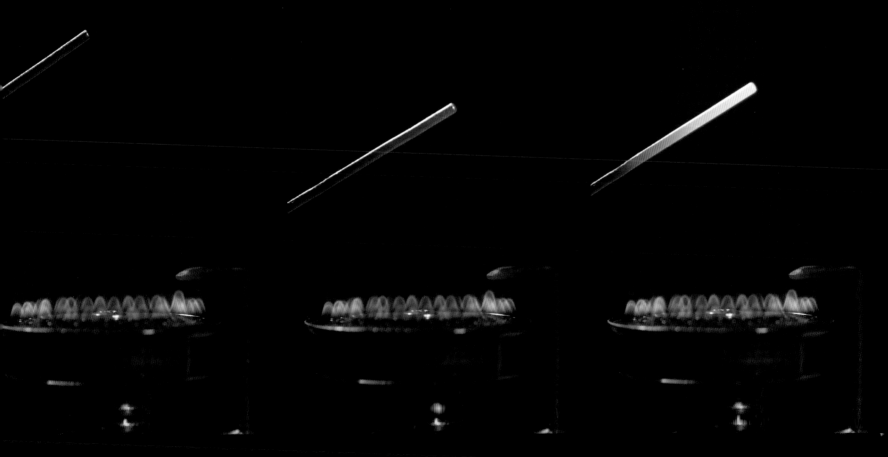

▲▼ 백열전구가 발명되기 전까지, 사람들은 무대에서 집중 조명을 비추기 위해 라임라이트를 사용했다.['각광을 받다'라는 표현(in the limelight)은 말 그대로 무대에서 집중 조명을 받은 데서 유래했다.] 라임라이트는 생석회(산화칼슘) 실린더 속에서 섭씨 2,800도의 산소-수소 불꽃으로 만든다. 생석회를 쓰는 이유는 생석회가 이런 고온의 영향을 거의 받지 않으며, 현대의 고압 백색 LED 빛과는 달리 기분 좋은 크림색의 부드럽고 독특한 빛을 내기 때문이다.

◁ 해의 표면은 매우 뜨거워서 섭씨 약 5,500도나 된다. 그래서 햇빛은 거의 순수한 흰색이다.

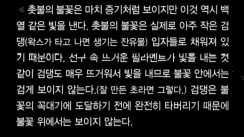

◁ 촛불의 불꽃은 마치 증기처럼 보이지만 이것 역시 백열 같은 빛을 낸다. 촛불의 불꽃은 실제로 아주 작은 검댕(왁스가 타고 나면 생기는 잔유물) 입자들로 채워져 있기 때문이다. 전구 속 뜨거운 필라멘트가 빛을 내는 것 같이 검댕도 매우 뜨거워서 빛을 내므로 불꽃 안에서는 검게 보이지 않는다.(잘 만든 초라면 그렇다.) 검댕은 불꽃의 꼭대기에 도달하기 전에 완전히 타버리기 때문에 불꽃 위에서는 보이지 않는다.

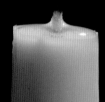

▷ 불꽃 중간에 철망을 놓으면 연소가 중단되어 타지 않은 검은 검댕을 불꽃 속에서 계속 볼 수 있다.(199쪽을 보라. 광부들이 쓰는 안전등을 보면 철망이 씌워져 있는데 여기서도 이와 같은 불꽃을 볼 수 있다.)

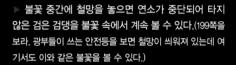

여기 있는 사진들은 모두 백열의 예로, 매우 높은 온도의 고체 표면에서 나오는 빛이다. 뜨거운 물체가 노랑과 하양의 멋진 빛을 낸다면 이런 종류의 백열일 가능성이 있다. 물체가 고체로 보이지 않을 때도 마찬가지다.

▽ 라임라이트는 전기 조명이 발명되기 전에 영화관의 영사기나 연극 무대의 조명에 쓰던 최고의 광원이었으나 비용이 많이 들고 다루기가 까다로웠다. 그다음으로 옛날 영사기에 쓰던 아세틸렌 '광원'을 쓰게 되었다. 이것은 기본적으로 스테로이드 촛불이다. 아세틸렌 가스는 엄청나게 밝다. 왜냐하면 아세틸렌 가스는 아주 많은 검댕을 생성하고 곧바로 이 검댕들을 불꽃 속에서 연소시키기 때문이다.(불꽃을 잘 조절하지 못하면 검댕이 많이 생긴다. 검은 검댕 구름이 길게 피어오르거나 사방에 두껍게 퍼진다.)

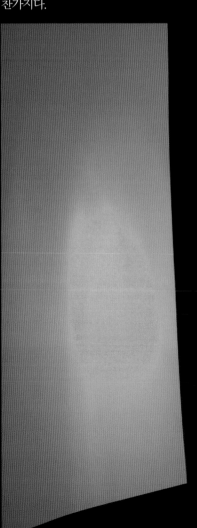

모든 분자가 각각 그 결합에 따른 고유한 에너지 수준을 갖는 것처럼 원자도 모두 전자에 따른 고유한 에너지 수준을 갖는다. 즉 모든 원소는 아주 높은 온도로 가열되어 가스 상태가 되면 다양한 진동수를 갖는 빛들을 방출한다. 여러 원소가 들어 있는 용액을 불꽃에 분사하면 실내에서 특정한 빛을 멋지게 만들 수 있다.(곧 보게 될 테지만, 야외에서 스펙트럼선을 볼 수 있는 더 좋은 방법이 있다.)

칼슘

◁ 라벤더 색 칼슘 불꽃은 과열된 칼슘 원소가 방출하는 파란색 진동수 범위의 빛이다.

구리

◁ 구리 금속은 차가울 때 붉은색을 띠지만, 구리 원소를 하나하나 가열해 가스 상태가 되면 강한 녹색 불꽃을 낸다.

127~128쪽에서 우리는 연속된 진동수를 나타내는 빛 파동의 그림을 보았다. 그러나 여기에 그려진 이 파동들은 각 원소에 따라 실제로 방출되는 빛의 아주 특별한 파장을 보여준다. 그래서 간격들이 일정하지 않다.

스트론튬

◁ 스트론튬은 장미꽃처럼 빨간 스펙트럼선을 낸다.

우리 귀는 음악을 조금만 듣고도 스펙트럼선 하나하나를 잘 구별할 수 있다. 이 음들을 조합해 복합음을 만든다. 그러나 빛은 그렇게 안 된다. 다행히도 분광기라는 기계를 써서 그 빛을 구성하는 '선(note)'들을 분리하고 구별해서 볼 수는 있다.

◀ 회절격자

▲ 백색광선

▲ 백색광의 스펙트럼

▶ 아이작 뉴턴이 유리 프리즘을 사용해 백색광을 무지개색으로 분광한 것은 유명한 일이다. 그러나 요즘은 보통 회절격자를 사용한다.(프리즘보다 더 작고 저렴하다.)

빛의 '선'들을 하나하나 분광하는 것은 매우 유용한 일이다. 왜냐하면 이 빛을 분리한 선들은 원자와 분자 구조에서 특정한 에너지 수준을 갖기 때문이다. 절대 음감을 가진 사람이 음악 한 구절을 듣고 무슨 높이의 음인지 말할 수 있는 것처럼. 분광기도 광선에 들어 있는 특정한 진동수와 그 빛에서 여과되고 생성된 원자와 분자의 에너지 수준을 우리에게 알려줄 수 있다.

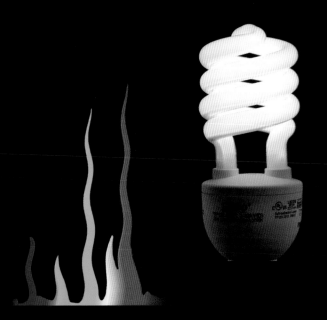

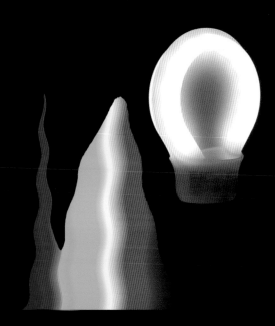

▲ 옛날에 쓰던 백열전구의 필라멘트처럼 높은 온도로 가열된 물체를 분광기로 측정하면 연속적이고 균일한 무지개 색을 보게 될 것이다. 이것이 여러 진동수의 빛이 혼합된 고전적인 백색광이다. 햇빛의 스펙트럼도 이와 같이 보인다. 당연히 우리는 이런 빛 속에서 지내기를 좋아한다. 익숙한 빛이기 때문이다.

▲ 저렴한 형광등 같은 광원은 겉으로는 멋진 하얀빛을 내지만 그것은 사실 몇 개의 진동수만으로 만든 흰색이다. 우리 눈이 색을 정확하게 볼 수 없기 때문에 희게 보일 뿐이다. 이런 광원은 그 광원으로 조명하는 물체의 색을 왜곡하는 경향이 있다. 그래서 형광등 아래서 찍은 사진이나 비디오는 좀 이상한 색조로 나온다.

▲ LED 전구는 형광등의 효율성에 더욱 부드러운 스펙트럼들을 조합한 것이다. 완벽하진 않지만 정말 꽤 좋다! 이런 이유로 전문 사진가도 이 광원을 사용한다. 견고하고 시원하고 강력하며, 색을 더 잘 합성한다.(물론 전문가용 조명등이 가정용 조명등보다 스펙트럼이 더 좋다.)

◀ 레이저는 단 하나의 진동수를 갖는 빛이다. 레이저 광선은 회절격자나 프리즘으로 분광시킬 수 없다. 빛이 발하지 될 뿐이다.

▼ 이 사진 속에서 가열되는 금속은 무엇일까? 초록빛이 나는 것으로 보아 구리라고 추측할 수는 있지만, 분광기를 이용하면 이 특정한 진동수가 구리에서만 나오는 것이라는 확실한 증거를 얻을 수 있다.
왜냐하면 모든 원소와 분자는 저마다 고유한 스펙트럼선을 갖기 때문이다. 분광기로 얻은 스펙트럼선으로부터 각 원소나 분자를 감별할 수 있다.

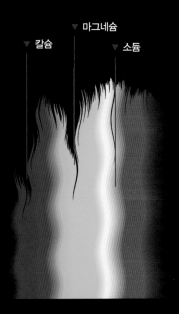

칼슘   마그네슘   소듐

◀ 이건 정말 굉장하다. 분광기는 어떤 물체에서 나오는 빛을 측정해 그 물체를 구성하는 원소나 분자가 무엇인지 알아낼 수 있다. 더구나 그 물체를 만지지 않아도 되고, 같은 방에 있지 않아도 된다. 심지어 같은 행성에 있을 필요조차 없다. 별의 스펙트럼을 살펴보면 그 별의 대기에 어떤 원소가 있는지, 어떤 원소가 없는지 확실하게 알 수 있다. 우리는 지구에 있으면서 은하계의 다른 별이나 심지어 더 멀리 떨어진 은하의 대기 성분을 알 수 있다. 광대하고 오래된 별들이 빛의 음악을 연주해주고 있어서 알 수 있는 것이다.

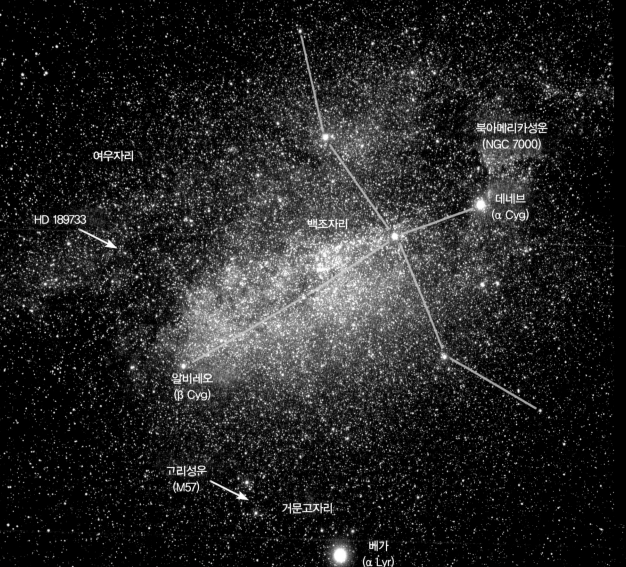

북아메리카성운 (NGC 7000)

여우자리

데네브 (α Cyg)

백조자리

HD 189733

알비레오 (β Cyg)

고리성운 (M57)

거문고자리

베가 (α Lyr)

◀ 아주 강력한 망원경과 고성능 분광기만 있으면 다른 별을 도는 행성의 대기에 어떤 원소와 분자가 있는지 확실한 스펙트럼을 얻을 수 있다. 멀리 떨어진 다른 별의 행성에서 외계인이 발견되었다는 뉴스를 들었다면, 또는 그 행성의 대기에서 산소나 황산비나 메탄 결정이 발견되었다는 뉴스를 들었다면 그 모두는 그 행성에서부터 오는 빛을 분석한 스펙트럼으로 알게 된 것이다. 예를 들어 HD 189733이라는 별 주위를 도는 행성 HD 189733b는 그 대기에 산소, 물, 메탄, 이산화탄소를 포함한다고 알려져 있다. 분광기가 절대음감을 갖고 그 먼 세계에서 오는 빛을 우리에게 알려준 것이다.

▼ 이 그림은 원자번호 1번부터 97번까지 각 원소의 원자가 내는 빛을 보여
준다.(136쪽에서 보았던 칼슘, 구리, 스트론튬의 스펙트럼선은 이 중 가장 강한 선
을 몇 개만 표시해 단순화한 것이다. 모든 원소는 수십 또는 수백 개의 서로 다른 스
펙트럼선을 방출한다.)

어떤 원소는 한 영역에서만 강한 스펙트럼선을 방출한다. 즉, 원소가 활성화될
때 강렬한 색을 낸다. 바로 이런 원소들로 불꽃놀이를 만든다.

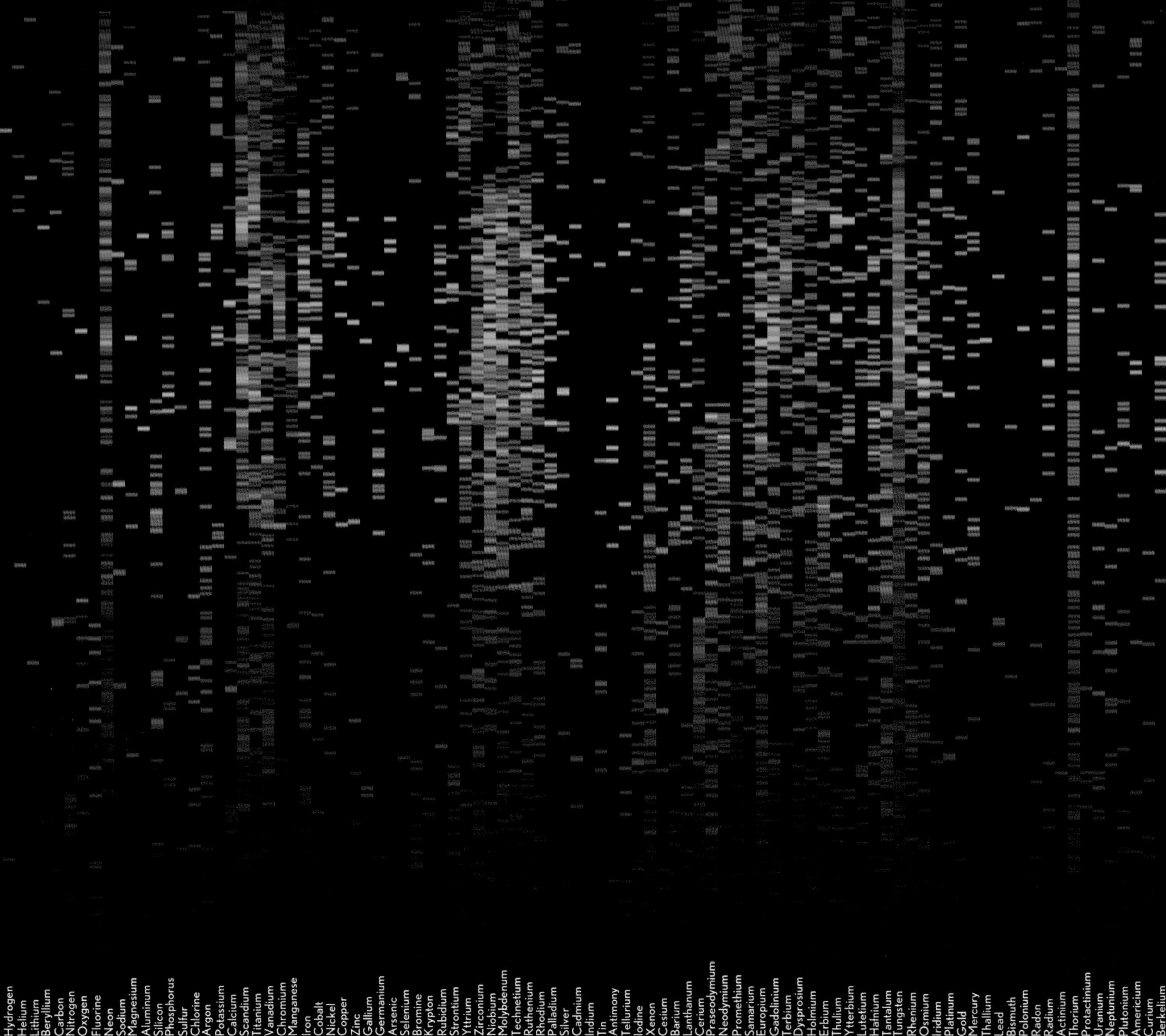

▷ 파란색은 오랫동안 불꽃놀이에서 볼 수 없었던 색이다. 구리는 아름다운 파란빛을 낸다고 알려져 있으나, 동시에 강한 초록빛을 함께 방출하기 때문에 불꽃놀이에서 파란빛을 내는 데 쓸 수 없었다. 불꽃놀이 첫 단계에서 빛을 내기 위해서는 열이 필요한데, 이를 위해 연료를 태우면서 나오는 노란빛이 너무 세서 파란빛을 덮어버리며 초록빛을 만들기 때문이다. 비교적 낮은 온도에서 연소하는 PVC와 염소를 넣은 고무 연료가 사용되고 나서야 강한 파란빛을 불꽃놀이에서 겨우 볼 수 있었다.

▷ 녹색 불꽃은 보통 바륨염으로 얻는다.

▷ 원자가 내는 강렬한 색의 빛을 보여주기에는 불꽃놀이가 최고다. 폭발하는 이 붉은빛은 스트론튬 원자로 얻는데, 아마도 탄산스트론튬 형태의 화합물일 것이다.(상업용 불꽃의 정확한 배합은 영업 비밀이지만, 스트론튬만은 꼭 들어갔을 것이다.)

불꽃놀이는 원자 방출 스펙트럼에 대한 좋은 예일 뿐 아니라, 폭발을 조절한 훌륭한 예이기도 하다. 나는 이 화학 반응을 고대 중국의 연속 화학 반응 예술이라고 부르고 싶다.

고대 중국의 연속 화학 반응 예술

화학자들은 화학 반응이 한 번에 하나씩 이루어진다고 생각하는 경향이 있다.(앞에서 모든 원소는 저마다 한 가지 색만을 낸다고 구별한 것과 마찬가지로). 불꽃놀이 설계자는 각각의 반응을 전체의 아름다운 그림을 만들 팔레트로 본다. 아름답고 짜릿한 광경을 만들기 위해 화학 반응들을 하나하나 정렬하고 순서를 정하는 것이 기술이다.

연속 화학 반응에 따라 불꽃놀이의 색상 분포가 나타난다. 하지만 그 시작은 일단, 도화선에서 일어난다.

▼ 아, 아래는 옛날에 팔던 병 로켓들이다. 내가 사는 일리노이주에서는 불법이지만, 동쪽으로 50킬로미터쯤 떨어진 무법의 땅이라고 부르는 인디애나주에서 몰래 팔고 있다. 가정용 불꽃놀이에서는 이런 로켓을 많이 사용하지만 전문가들은 사용하지 않는다.

▲ 화학자의 꽃밭 조경: 상세한 연구를 위해 모든 것이 깔끔하게 정렬되어 있다.

▶ 불꽃놀이 설계자의 꽃다발: 모든 화학이 마구 모여 있는 것 같지만 구성, 조화, 다양성이 예술적이다.

대형 불꽃놀이는 로켓이 아니라 더 안전하고 효율적인 포탄을 사용한다. 병 로켓을 파는 곳에서 여기 보이는 직경 5센티미터짜리 작은 불꽃놀이 포탄도 살 수 있다. 전문가들은 7.5, 10, 15, 20, 25센티미터짜리, 심지어는 30센티미터짜리도 쓴다. 모두 다 쉽게 살 수 없는 것들이다.

▼ 화약으로 만든 도화선에서 불꽃이 일어나기 시작했다.(이에 관해 6장에서 더 자세히 배울 것이다.)

왜 불꽃놀이에 포탄을 쓸까? 로켓은 계속 추진력을 내기 때문에 관중석으로 날아갈 위험이 있다. 불꽃놀이 포탄은 특정한 방향으로 향하는 관에서 발사되기 때문에 예기치 않은 방향으로 날아갈 위험이 없다. 그리고 불꽃놀이 포탄은 폭발하는 물체가 포탄 껍데기뿐이다. 그래서 무거운 추진제를 담고 있는 로켓이 관중 머리 위로 날아갈 위험도 없다.

여기에 내가 '인디애나급'이라 부르는 불꽃놀이 포탄의 해부도를 보여 주겠다.(기술적으로 1.4G급의 비전문가용 불꽃놀이다. 이 정도는 미국의 여러 주에서 합법이다. 어쨌든 중요한 것은 인디애나주에서 내가 이걸 살 수 있다는 점이다.) 여기에 불을 붙이면 관 안에서 무슨 일이 일어나는지 203쪽에서 볼 수 있다.

▼ 불꽃놀이 포탄의 가운데에는 화약보다 더 폭발력이 센 플래시 파우더로 만든 '불꽃 폭발용 화약'이 있다.(6장에서 다양한 폭발물을 볼 것이다.)

▼ 모든 구성품을 고정하기 위해 말린 쌀겨를 채운다. 폭발력은 법으로 제한되어 있어서(비용을 낮추기 위해서도) 남는 공간은 쌀겨, 목화씨 같은 마르고 압축된 물질로 채운다.

▼ 이 '별'처럼 보이는 것들은 작은 폭발물 덩어리들이다. 불꽃의 모습을 다양하게 만들기 위해 이 별들을 공중에 사방으로 퍼트린다. 별 하나하나에는 특정한 색으로 타도록 디자인된 연료와 원소들이 들어 있다. 가끔은 화학 물질을 번갈아 쌓아 반짝이게 하거나 색을 변화시키기도 한다. 이 별들이 모든 방향으로 펼쳐지는 아름다운 불꽃을 뿌린다.

▼ 도화선은 '발사용 화약'으로 이어진다. 이 발사용 화약이 불꽃놀이 포탄을 공기 중으로 쏘아 올린다.

▼ 불꽃놀이 포탄를 반으로 잘라 단면을 보면, 바닥에 있는 발사용 화약과 가운데에 있는 불꽃 폭발용 화약을 연결하는 도화선이 보인다. 이 도화선은 짧지만 영광스러운 여행의 최고점에 올라간 순간 불꽃놀이 포탄이 터지도록 적절한 연소 시간에 맞춘 길이로 되어 있다.

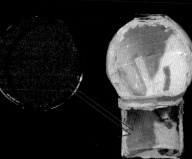

WARNING
FLAMING BALLS
DITIONAL CAUTIONS ON
ER TUBE AND BOX M
IN LAUNCHER TUBE

◀ 여러 가지 금속염의 알코올 용액을 목화솜에 적셔 불을 붙여보는 것은 불꽃놀이에서 어떤 색이 나는지 미리 알 수 있는 좋은 방법이다.

▶ 염료나 안료를 왁스에 섞으면 양초의 몸통을 쉽게 채색할 수 있다. 촛불의 불꽃이 양초의 몸통과 같은 색을 띠게 하기는 어렵다. 왁스에 섞은 안료의 색이 불꽃의 색이 되는 건 아니다. 그냥 타버리기 때문이다. 여기 보이는 예쁜 생일 양초들은 불꽃놀이에 사용하는 것과 같은 원소 혼합물을 써서 원자 방출 스펙트럼을 만든다. 이 원소들은 양초의 색을 바꾸지는 않지만, 불꽃의 열 속에서도 살아남아 양초의 색과 맞는 불꽃색을 낸다.

▼ 원소 6개 가운데 하나를 쓰거나 여러 원소를 조합하면 아래와 같은 거의 모든 색의 커다란 불꽃놀이를 만들 수 있다. 사람들은 때때로 불꽃놀이를 빛과 소리의 교향곡으로 묘사한다. 나는 그런 표현은 진부해서 하지 않는다. 하지만 이 묘사는 기술적으로 아주 정확히 맞는 말이다. 모든 불꽃은 저마다 빛의 진동수를 가지고 음표처럼 조합되어 교향곡을 만드는 악기와 같다. 그 결과로 말 그대로 본래 원소의 힘을 나타낸다.

5

지루한
이야기

이 이야기는 페인트가 마르는 것을 보는 것만큼이나 흥미롭다. 글쎄. 모두가 그렇게 재미있지는 않겠지. 예를 들어, 나는 풀이 자라는 것을 보는 동안 죽을 수 있는 방법 한 가지는 알고 있다. 물이 끓는 것도 치명적일 수 있지만, 그보다는 페인트가 건조되는 것이나 풀이 자라는 것이 훨씬 복잡하고 대단하고 흥미로운 일이다.

우선 페인트 건조를 살펴보자.

페인트 건조는 건조가 아니다. 그렇다. 건조라는 건 흔히 물(또는 다른 용매)이 증발하는 것을 포함한다. 그러나 여기서 중요한 건 용매가 거의 다 날아간 뒤에 무슨 일이 일어나는가이다. 페인트가 끈끈한 액체에서 단단한 고체로 변하는 마술을 부리면 비, 눈, 우박, 어린아이 그리고 가혹한 햇빛에 맞서 수년간 버틸 수 있다.

만약 페인트 건조에서 어떤 화학적 변화 없이. 말 그대로 건조 이상의 아무 일도 일어나지 않는다면 페인트는 쉽게 다시 녹을 것이다. 수성 페인트는 물만 묻으면 쉽게 녹을 것이고, 유성 페인트는 흔한 용제에도 녹아버릴 것이다.

그렇게 잘 녹는 페인트들도 있기는 하지만. 훨씬 더 영리하게 '건조'하는 페인트들이 있다.

페인트 건조

세탁 가능한 어린이용 페인트는 건조된 뒤에도 쉽게 옷에서 지울 수 있는 종류의 페인트로, 물만 증발하는 페인트 '건조'의 한 예다. 어린이용 페인트는 물에 적시면 즉시 씻겨 지워져야 하기 때문에 건조하는 동안 비가역적인 화학 반응이 일어나면 안 된다. 그래서 수용성 저분자량 폴리머에 안료 입자를 결합한 것이다. 이런 종류의 페인트는 진정한 페인트는 아니며 옷, 머리카락, 카펫, 테이블보, 작업복, 블라우스, 양말, 작은 강아지에 칠했다가 지울 수 있는 장난감일 뿐이다.('세탁 가능'이라는 말은 상대적이다. 세탁 가능한 페인트가 묻은 강아지는 다시 깨끗해질 수 있겠지만, 옷에 묻었을 때에는 완전히 깨끗해지지 않는다.)

래커

물은 앞으로 더 이상 좋은 것을 찾을 수 없을 정도로 뛰어난 용제다. 하지만 물이 아닌 유기 용제를 사용하면 진정한 진짜 페인트를 만들 수 있다. 유기 용제란 아세톤, 톨루엔, 벤젠 또는 그 밖의 냄새나고, 불이 잘 붙고, 발암성이며, 공해를 유발하는 물질을 가리킨다. 이런 유기 용제들은 당연히 공기 중으로 잘 휘발하기 때문에(원래 그런 목적으로 쓰는 것이므로) 그에 따라 생기는 부작용을 피할 수 없다. 그래서 이런 종류의 페인트(주로 래커와 셸락)는 전 세계적으로 여러 부분에 걸쳐 사용이 금지되어 있기도 하다.

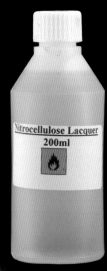

▶ 래커는 단순히 증발로만 건조하는 진짜 페인트 중 하나다. 그런데 래커에서 증발하는 용제는 물이 아니라 아세톤이나 톨루엔 같은 것들이다. 래커를 칠한 뒤 몇 년이 지났어도 표면에 이런 용제를 묻히면 녹아서 망가진다. 일부러 그렇게 하기도 한다. 손상된 래커 표면을 부분적으로 녹이고 새로 칠해서 수리할 수도 있다. 화학 경화 페인트는 그런 수리가 불가능하다.

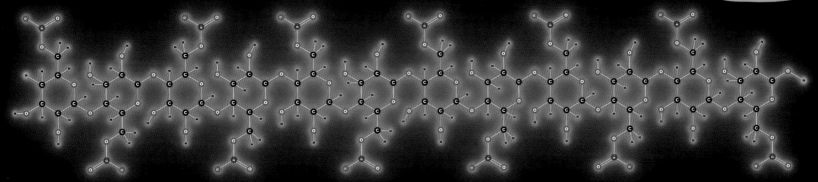

▲ 유기 용제를 아주 많이 한꺼번에 증발시키면 냄새가 많이 나고 환경이 오염된다. 그러므로 이런 종류의 페인트는 특수한 목적으로 조금만 쓰는 경우가 아니면 별로 좋은 재료가 아니다. 예를 들어, 나이트로셀룰로스 래커는 기타 같은 악기의 마감재로 많이 쓴다. 악기의 소리가 좋아진다고 한다. 사람들이 그렇게 믿고 있다.

▶ 나이트로셀룰로스는 불이 잘 붙는다. 단단한 표면에 칠해져 있을 때는 쉽게 타지 않지만, 그것만 따로 두꺼운 필름 형태로 있을 때는 상황이 전혀 달라진다. 옛날 '질산염' 영화 필름이라고 부르던 것이 유연성을 높이기 위해 캠퍼 오일(장뇌유. 이것 역시 불이 아주 잘 붙는다.)을 먹인 나이트로셀룰로스 래커 필름이라는 사실을 생각하면, 이 물질에 얼마나 쉽게 불이 붙을지 상상하기 어렵지 않다. 영사기의 아주 뜨거운 아크 등 앞에 이 질산염 필름을 놓으면, 그 조합은 종종 치명적인 폭발성 가연 물질이 된다. 이 질산염 필름 때문에 많은 사람이 영화관 대형 화재로 사망했다.

나이트로셀룰로스는 왜 그렇게 불이 잘 붙는 것일까? 그 이름의 '나이트로'라는 부분과 관련이 있다.

▶ 래그 페이퍼(면섬유로 만든 종이)와 면직물은 100퍼센트 일반 셀룰로스다. 이 둘은 셀룰로스 분자가 산소 분자와 반응하기 때문에 불에 타게 되며, 그 과정에서 이산화탄소(CO_2)와 물(H_2O)로 변해 뜨거운 불꽃을 일으키기에 충분한 에너지를 방출한다. 주위에서 산소를 공급하는 데 한계가 있기 때문에 반응 속도는 그렇게 빠르지 않다.(그래도 종이 정도는 태운다. 그래서 때때로 바람을 불어넣어 불을 더 지피기도 한다. 추가로 산소를 공급하는 것이다.)

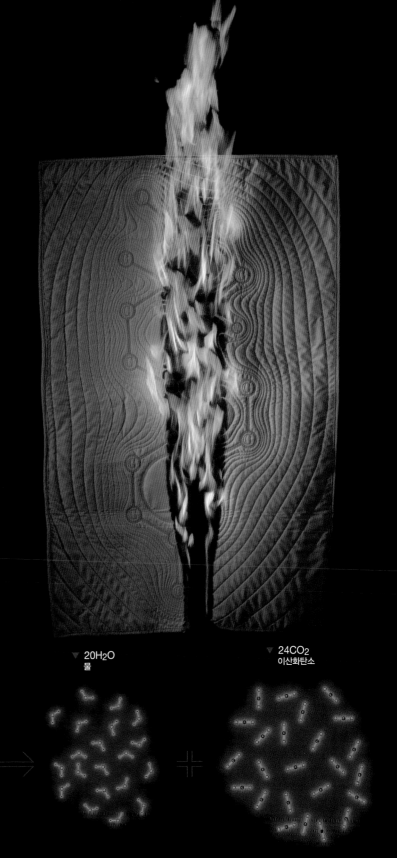

▼ $C_{24}H_{40}O_{19}$
셀룰로스

▼ $25O_2$
산소

▼ $20H_2O$
물

▼ $24CO_2$
이산화탄소

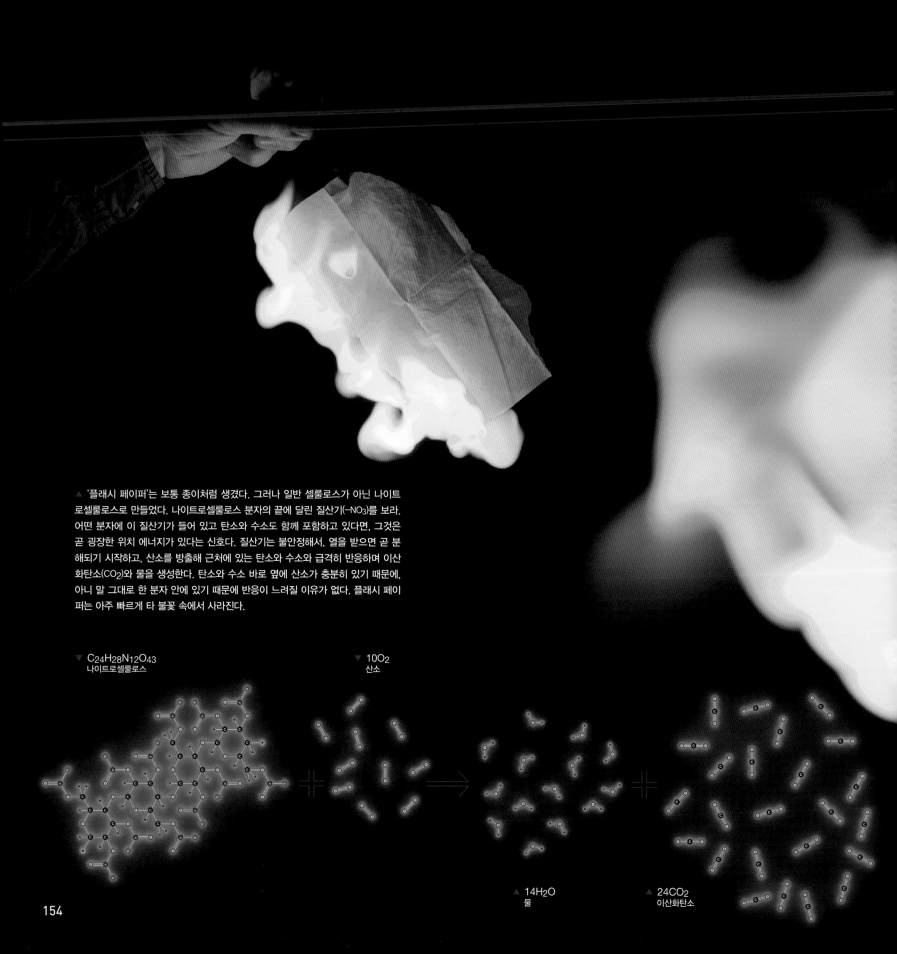

▲ '플래시 페이퍼'는 보통 종이처럼 생겼다. 그러나 일반 셀룰로스가 아닌 나이트로셀룰로스로 만들었다. 나이트로셀룰로스 분자의 끝에 달린 질산기($-NO_3$)를 보라. 어떤 분자에 이 질산기가 들어 있고 탄소와 수소도 함께 포함하고 있다면, 그것은 곧 굉장한 위치 에너지가 있다는 신호다. 질산기는 불안정해서, 열을 받으면 곧 분해되기 시작하고, 산소를 방출해 근처에 있는 탄소와 수소와 급격히 반응하며 이산화탄소(CO_2)와 물을 생성한다. 탄소와 수소 바로 옆에 산소가 충분히 있기 때문에, 아니 말 그대로 한 분자 안에 있기 때문에 반응이 느려질 이유가 없다. 플래시 페이퍼는 아주 빠르게 타 불꽃 속에서 사라진다.

▼ $C_{24}H_{28}N_{12}O_{43}$
나이트로셀룰로스

▼ $10O_2$
산소

▲ $14H_2O$
물

▲ $24CO_2$
이산화탄소

▲ $6N_2$
질소

▲ 마술사는 마술 공연에 이 플래시 페이퍼를 사용한다. 예를 들어 100달러짜리 지폐(물론 플래시 페이퍼에 인쇄한 가짜 지폐)를 불꽃 속에서 공기 중으로 사라지게 만든다. 대부분의 마술 기법과 달리 이것은 어쨌든 가짜는 아니다. 플래시 페이퍼가 탈 때는 이산화탄소(CO_2)와 물, 질소 가스만 생성된다. 이 셋은 모두 원래 공기의 성분들이다. 이로써 지폐는 말 그대로 공기가 되어 공기 속으로 사라진다.

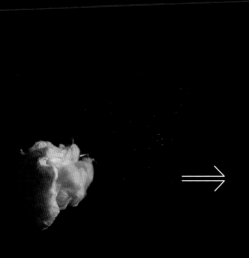

▲ 이 나이트로셀룰로스를 솜털 형태로 만들면 '솜화약'이 된다. 총열 안에서 갇힌 채로 폭발하면 화약처럼 충분한 폭발력을 낸다. 산소, 탄소, 수소가 반응해 에너지와 가스(CO_2)를 내는 반응을 할 뿐 아니라, 질산기의 질소 원자들이 질소 가스를 형성해서 더 많은 에너지와 가스를 방출해 총열 안에서 총알을 밀어내는 압력을 높인다. 나이트로셀룰로스 래커와 솜화약이 같은 것이라면 페인트를 가지고 총을 쏠 수도 있는 걸까? 글쎄, 나도 시도해보았지만 불가능한 것 같다. 셀룰로스를 '나이트로화'해서 나이트로셀룰로스로 만들 때, 셀룰로오스 분자에 나이트로기를 몇 개나 붙일지 조절이 가능하다. 솜화약은 나이트로기를 많이 붙여 만들지만, 나이트로셀룰로스 래커는 더 적은 수의 나이트로기를 붙여 만든다. 인화성은 생기지만 솜화약처럼 폭발적이진 않다. 마른 페인트로 총을 쏠 수 있다면 얼마나 좋을까! 하지만 총열에 총알을 끼워 넣을 때 좀 도움을 줄 수 있을까? 그 정도가 내가 할 수 있는 최선이었다.

▷ 진짜 대포에서는 추진제(스스로 타면서 추진력을 내는)가 포탄 안에 내장되어 있지 않고 포탄을 날리기 위한 화약통을 따로 사용하는 게 보통이다. 여기 이 사진은 155밀리미터 곡사포에 쓰는 화약통 중 하나다. 폭발물 입자를 담은 마분지처럼 보이는 이 화약통은 거의 순전히 나이트로셀룰로스로 만들었기 때문에 페인트와 관련이 있다고 할 수 있다. 마분지 화약통은 나이트로셀룰로스 종이(이것이 플래시 페이퍼다.)로 만든다. 왜 이 종이로 만드느냐고? 그래야 화약통을 포함한 모든 것이 폭발에 참여하게 된다. 발사된 뒤에 총열 안에는 아무것도 남지 않는다.(그런데 사실대로 말하면, 이 사진의 화약통은 전혀 작동되지 않는 모형인데, 정말 잘 만들어서 진짜처럼 보인다.)

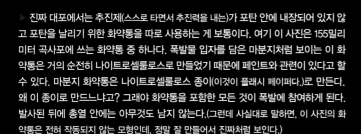

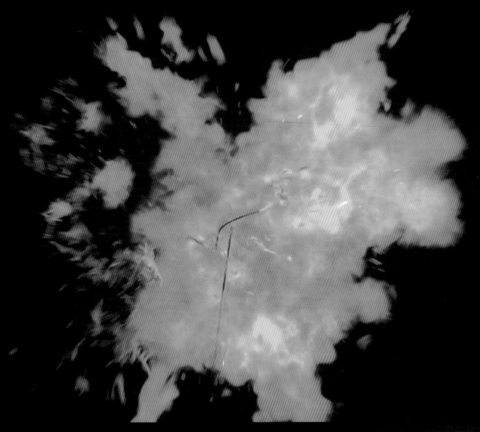

◀ 래커의 인화성은 아주 오래전부터 잘 알려져 있었다! 고대 인도의 산스크리트어로
쓴 유명한 라마야나 서사시와 락샤그라하 서사시에는 두료다나가 판두의 아들들이
살 집을 지었다는 이야기가 나온다. 그 집 전체를 래커로 칠했는데 그들을 집과 함께
불태우려고 계획했기 때문이다. 1920년대에서야 나이트로셀룰로스 래커가 발명되었
으므로 어떤 종류의 래커인지 정확히 기록되진 않았지만, 아마 구식 래커였을 것이
다. 어떤 서사시에는 집을 지을 때 초석을 썼다는 기록이 있는데, 이는 일반 셀락(니
스)의 인화성을 크게 높일 수 있는 효과적인 방법인 것은 확실하다. 초석은 질산포타
슘으로 화약을 만드는 원료이기도 하다. 201쪽을 보라.

▶ 셀락은 락깍지벌레가 분비하는 락(lac)이라는 수지
로 만드는데, 증발만 일으키는 페인트의 일종이다. 셀
락은 폭발물의 원료에 들어가지 않기 때문에 앞서 자세
히 다루지 않았다. 어떤 용제를 넣든지 간에 별로 치명
적인 인화성은 없다. 보통 이 사진처럼 쪼각 형태로 판
매한다. 어떤 용제에 녹여도 상관없다. '버튼 락'은 인도
의 공장에서 셀락 원료를 단추 모양으로 찍어낸 것이다.

라텍스 페인트

수성 라텍스 페인트는 가정에서, 건설회사에서, 취미 활동에서 단연코 가장 널리 쓰는 페인트다. 누구든지 대량으로 구매해서 쉽고 저렴하게 넓은 공간을 칠할 수 있다. 사용하기 쉽고, 냄새도 그리 나쁘지 않으며, 환경에도 거의 해가 없다.(종류에 따라 물보다는 다소 해가 있을 수 있겠지만.) 라텍스 페인트는 건조성 페인트이기는 하지만 무언가 특별한 기술이 들어가 있다.

◁ 책을 쓰는 일에서 아주 중요한 부분은 모든 사항을 아주 분명히 해야 한다는 것이다. 독자들은 잘못 인쇄하지 않기 위해 수년간이나 연구하는 귀찮은 일을 해야 할 수도 있다. 예를 들어, 라텍스 페인트에는 라텍스가 들어 있지 않다는 사실을 알고 있는가? 나는 몰랐다.

▷ '라텍스'라는 말을 들으면 나는 의료용 고무장갑이나 할로윈 가면을 만드는 종류의 고무 라텍스가 떠오른다. 그러나 고무 라텍스는 여러 가지의 라텍스 중의 하나일 뿐이다. 라텍스란 어떤 종류이든 중합체의 미세 입자가 물 속에 분산되어 있는 것을 말한다. 고무 라텍스는 그 분산되어 있는 입자가 중합체이며 천연 고무인 특별한 경우다. 그와 달리 라텍스 페인트는 아크릴, 비닐, 아세테이트비닐 등 여러 종류의 중합체를 분산한다. 고무 라텍스는 절대 페인트로 쓰지 않는다.

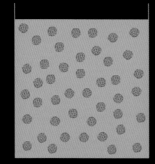

▲ 깡통에 들어 있는 라텍스 페인트는 잘 흔들면 이탈리안 드레싱과 비슷하다. 이탈리안 드레싱에서 올리브유의 기름방울이 수성 식초에 분산되어 있듯이, 라텍스 페인트에도 미세한 기름방울이 물에 분산되어 있다. 기름과 물은 섞이지 않기 때문에 이 기름방울은 물에 녹지 않는다. 이탈리안 드레싱과 달리 페인트에는 특별한 성분이 들어 있어서, 기름방울들이 서로 약간씩 밀쳐내도록 한다. 그래서 기름방울들은 자기들끼리 뭉쳐 있지 않고 하나하나 분리되어 있다.

이 작은 기름방울 속에 들어 있는 '기름'은 정확한 증발 속도를 갖도록 선택된 텍사놀이라는 용제다. 텍사놀 안에는 중간 정도 길이의 아크릴 중합체 사슬들이 녹아 있다. 이 중합체는 텍사놀에는 녹지만, 물에는 안 녹는다. 그래서 주변의 물에 분산되어 있는 기름방울들 안에 갇혀 있다.

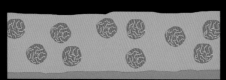

▲ 페인트를 칠한 직후에는 아직 대부분 물이고, 중합체를 갖고 있는 텍사놀 방울들이 물속에 떠 있다.

▲ 물이 증발하면서 텍사놀 방울들이 점점 서로 가까워지지만 서로 밀치기 때문에 아직 자기들끼리 붙지는 않는다.

▲ 물이 더욱 증발하면 결국 텍사놀 방울들이 서로 닿게 되고 합쳐진다.

▲ 물이 완전히 증발하고 나면 연속된 텍사놀 층이 생기며, 이 텍사놀은 훨씬 느리게 증발한다. 이때 중합체들이 서로 섞인다.

▲ 텍사놀이 천천히 증발하면서 중합체는 압축되고 서로 붙는다.

▲ 텍사놀이 다 증발하고 나면 서로 연결된 중합체만 남는다.(중합체에 결합된 안료와 함께.)

◁ 텍사놀을 페인트에 쓰는 이유는 물보다 훨씬 느리게 증발하기 때문이다. 물이 다 날아가고 나면, 훨씬 얇아진 페인트 층이 아직 액상인 채로 남는다. 그러나 지금은 수성 액체가 아니라 텍사놀의 유성 액체다. 기름방울 안에 갇혀 있던 아크릴 중합체가 방출되어 서로 연결되면서 텍사놀 층 전체에 넓게 퍼진다.

텍사놀이 천천히 증발하면서 텍사놀 층은 아크릴만 남아서 아주 얇고 단단하고 견고한 막이 된다. 아크릴 중합체 사슬들 간의 화학적 결합도 약하고, 어딘가에 강한 화학 결합이 새로 생성되는 것도 아니지만, 중합체 사슬들이 서로 가능한 한 최대로 얽혀 있기 때문에 견고한 플라스틱 막이 된다. 그래도 그 플라스틱 막을 녹일 수 있는 유기 용제가 여럿 있다. 그래서 라텍스 페인트는 가교성 페인트보다 내약품성이 떨어진다.(다음 절 참조)

만약 라텍스 페인트가 물의 증발만으로 건조가 된다면 세탁 가능한 어린이용 페인트처럼 물로 다시 녹일 수 있을 것이다. 이러면 별 쓸모가 없게 되어버리고 특히 야외에선 아예 쓰지를 못한다. 라텍스 페인트가 유기 용제에 취약한 것은 사실이다. 하지만 일반 가정집에서는 유기 용제를 흔히 쓰지 않으므로 쓰기에 적절하다.

다르게 말하면, 라텍스 페인트는 유기 용제가 증발한다는 점에서 옛날 나이트로셀룰로스나 셀락과 약간 비슷하다. 다만 라텍스 페인트는 부차적 매체로 물을 사용하는 좀 더 영리한 기술을 쓴다. 그래서 대량으로 도포할 때 사용하는 유기 용제의 양이 대폭 줄어들어 휘발성 유기 용제 사용을 제한하는 지역에서도 법적으로 허용이 된다.

▷ 물속에 분산된 텍사놀 방울은 예술적이다. 규모의 문제가 아니다! 그 방울 속에는 긴 중합체 분자(실제로는 엄청나게 길다.)들과 그보다는 작은 텍사놀 분자들이 함께 들어 있다. 실제 그 방울 안에는 수백만 개의 분자가 들어 있을 것이다.

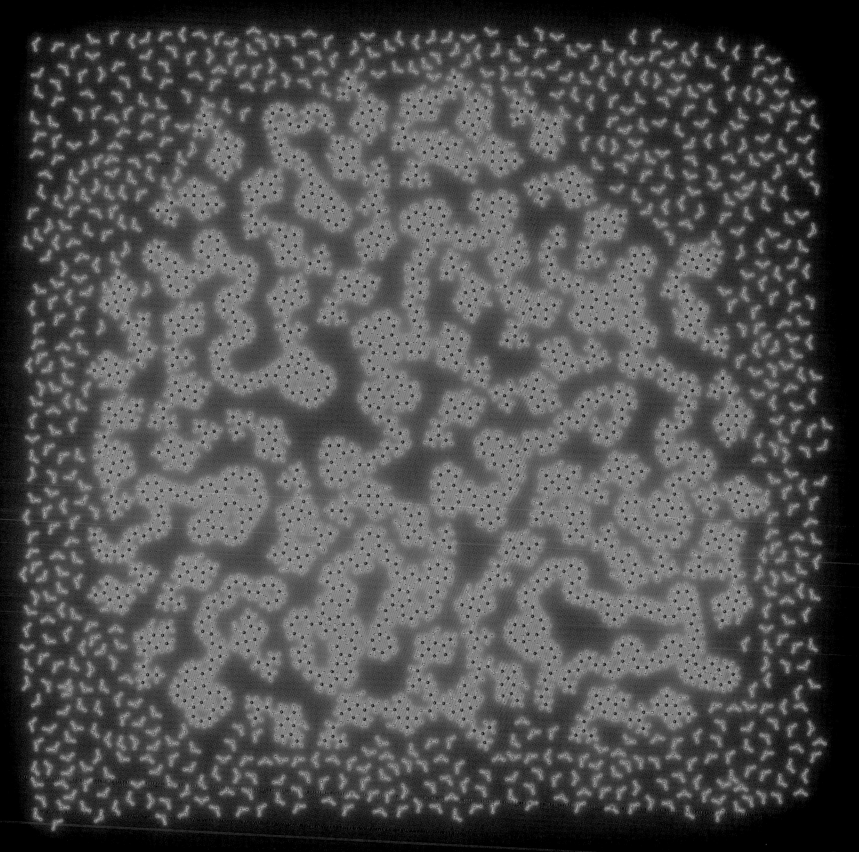

유성 페인트

말 그대로 건조만 일으키고 더 이상의 화학 변화는 일으키지 않는 페인트도 페인트이기는 하다. 그러나 진짜 견고한 도막(도료를 칠해서 생긴 막)을 얻기 위해서는 영구적으로 단단해지고 되돌릴 수 없는 화학 반응이 필요하다. 이런 종류의 페인트는 단순 건조가 아닌 '경화'라는 과정이 필요하다. 페인트의 가장 중요한 비밀 중 하나는 이러한 경화 반응이 깡통에 들어 있을 때는 일어나지 않고 칠한 다음에만 일어난다는 점이다. 기본적으로 두 가지 다른 방법으로 이런 효과를 얻을 수 있는데, 그 중의 하나는 가끔 심각한 화재를 일으키기도 한다.

유성 페인트(천연이든 합성이든)는 공기 중의 산소와 반응해 경화한다. 깡통 안에서는 경화하지 않는다. 증발을 못 해서가 아니라 페인트의 기름 성분과 산소가 만나서 반응하지 못하기 때문이다. 뚜껑을 닫아둔 깡통 안의 페인트 표면이 가끔 굳어 있는 것은 깡통 안의 위쪽에 있던 공기와 페인트가 반응하기 때문이다.

유성 페인트가 경화하기 위해서는 산소가 필요하다. 그래서 바깥에 노출되면 경화가 일어난다. 경화는 바깥층부터 시작하는데, 그러면 산소가 그 경화된 층을 투과하는 속도가 크게 느려지기 때문에 유성 페인트는 어느 이상 두껍게 칠할 수 없으며, 완전히 경화하는 데에는 거의 영원의 시간이 필요하다. 그래서 유성 페인트를 칠할 때는 한 번에 두껍게 칠하지 않고 얇게 여러 번 칠하는 게 더 빨리 건조된다.

▲ 린시드 오일(아마기름)은 1,500년 전부터 날로, 또는 '끓여서' 페인트에 써왔다.(아마라는 이 식물은 적어도 3만 년 전부터, 그 씨에서 짜낸 기름은 9,000년 전부터 알려져 있었다.) 오메가-3가 들어 있다고 해서 건강에 좋다고 알려진 식용 '유기농 아마기름'과 완전히 똑같은 것이다. 이 식물은 영어로 '플랙스(flax)'와 '린시드(linseed)'라는 두 가지 이름으로 부른다. 그래서 플랙시드 오일 즉 아마기름을 먹는다고 하면 페인트를 먹는다는 말과 같은 말이 된다.(그렇다고 미술용 린시드 오일을 먹지는 마시라! 여기에는 경화 반응을 빠르게 해주는 금속염이 약간 들어 있는데, 이 금속염은 건강에 나쁘다.)

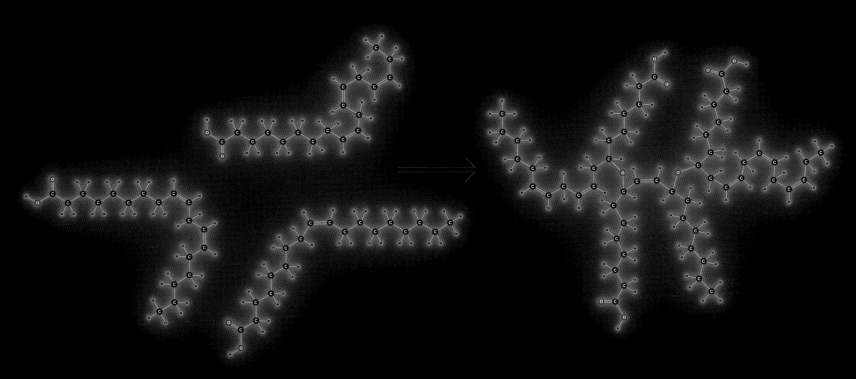

▷ 아마는 예쁘고 유용하다. 아마의 씨는 기름늘 짜서 먹기도 하고 페인트의 기름으로도 쓴다. 그 섬유는 실로 짜서 린넨(마직)이라는 옷감을 만든다.

◀ 유성 페인트의 기름에는 트라이글리세라이드와 지방산 분자가 들어 있는데, 이 분자들은 탄소의 이중 결합(분자 구조식에서 두 줄로 표시한다.)을 몇 개 가지고 있다. 이 이중 결합을 가진 기름을 '불포화 지방'이라고 한다.(트라이글리세라이드와 불포화 지방을 이야기하면 다이어트에 관한 충고로 들리는데, 그건 앞에서도 언급했지만 천연 유성 페인트를 우리가 먹는 식물성 기름으로 만들기 때문일 것이다. 또한 이 둘의 화학적 성질은 완전히 똑같다.)

유성 페인트가 '건조'될 때, 이중 결합은 산화되어(산소와 반응해) 단일 결합이 되면서 이웃한 분자들과 새로이 결합을 형성한다. 이렇게 서로 다른 분자끼리 결합('가교'라 부른다.)한 결과, 페인트 층 전체가 하나의 그물처럼 엮어져 거대한 분자가 생성된다. 일단 페인트가 가교되면, 더 이상 물이나 기름이나 어떤 일반 유기 용제로도 녹일 수 없다.

놀랍게도, 우리가 아마기름 같은 식물성 불포화 기름을 먹으면 몸속에서도 이와 비슷한 산화 반응이 일어난다. 우리 몸 안에서는 분자끼리 가교해 단단한 도막이 생기는 내신, 트라이글리세라이드가 분해되어 에너지를 방출한다 하지만 이런 차이에 속지 마라. 유성 페인트의 건조와 우리 몸에서의 식물성 기름의 반응은 같은 화학 반응으로 시작한다.

◀ 페인트가 건조되는 것을 지켜보는 것은 가끔 삶과 죽음의 문제가 된다. 예를 들어, 페인트가 건조되는 것을 제대로 살펴보지 않아 2005년부터 2009년까지 미국에서 7명이 사망했다. 실제로 우리 중 누구도 페인트가 건조되는 것을 살펴보지는 않는다. 페인트는 칠하자마자 불이 붙는 건 아니다. 그러나 위 통계는 실제 현실이다. 면 헝겊 조각에 아마기름이 들어 있는 유성 페인트를 흠뻑 적셔놓고 그 자리를 떠나면, 약 8시간 뒤에 저절로 불이 날 것이다.

이때 일어나는 일이 바로 산화 반응이다. 산화 반응은 경화를 일으키고, 에너지를 방출해서 페인트를 가열한다. 넓은 면적에 얇게 펴 바른 페인트에 발생한 열은 문제가 되지 않는다. 그 열은 느낄 수조차 없을 정도로 적다. 그러나 페인트를 흠뻑 적신 헝겊인 경우에는 발생한 열이 도망가지 않고 축적되기 시작한다. 그리고 늘 그렇듯이 따뜻해지면 모든 반응의 속도가 빨라지고, 또한 더 빨리 반응을 일으킨다. 그래서 경화 반응과 산화 반응이 점점 빠르게 진행되면서 더욱 빠르게 에너지가 방출되고, 결국 전체가 그을리다가 불이 붙는다. 이것이 기름에 젖은 누더기를 처리하는 전문가들이 내화 금속 용기를 사용하는 이유다!

▲ 이것은 고도로 안전하게 설계된 페인트 건조통이다.(기름에 젖은 섬유를 처리할 때도 쓴다.) 통의 바닥 부분에 통풍 장치가 있어서 열(내용물에 불이 붙었을 때 발생하는)이 건물 바닥으로 전달되지 않도록 차단한다. 내화 뚜껑에도 스프링이 달려서 내용물을 안전하게 차단한다. 페인트를 건조하는 것도 꽤 중요한 사업이다. 그렇지 않은가? 전혀 하찮은 일이 아니다.

▲ 골든게이트교(금문교)는 한쪽 끝에서 다른 쪽 끝까지 끊임없이 페인트를 칠한다고들 말한다. 맨 끝까지 칠하자마자 다시 처음부터 칠하기 시작해야 한다고 말이다. 몇 년이 걸리는 이 작업이 끝나면 컵케이크를 먹으며 작은 파티를 하면서 감독관이 "자, 이제껏 해왔듯이 내일은 저 반대쪽에서 작업을 시작하자"라고 말한다고 한다. 이 다리를 끊임없이 칠하는 건 맞지만 사실 꼭 그렇지는 않다. 현재는 일손이 가장 많이 필요한 부분에 도장공 28명, 보조공 5명, 수석 도장공 1명, 개 3마리가 동원되고 있다고 한다. 다리 전체를 완전히 한 번 칠하는 데 1968년부터 1995년까지, 그러니까 27년이 걸렸다.(개 3마리는 내가 덧붙인 말이고, 나머지는 믿어지지 않지만 사실이다.)

▲ 골든게이트교를 비롯한 다른 모든 다리를 끊임없이 칠하고 또 칠하는 이 산업은 철이 녹슨다는 불행한 사실 때문에 존재한다. 만약 가장 싸고, 강하고, 다루기 쉬운 금속인 철이 녹슬지 않는다면, 엄청난 비용을 들여서 다리를 칠할 필요가 없을 것이다. 순수한 금속만으로 안전할 것이다. 세계적으로 유명한 주황색 골든게이트교가 마음에 든다면, 철의 부식 때문에 매년 전 세계에서 약 1조 달러(1,000조 원)라는 비용이 발생한다는 사실을 명심하라.

▲ 골든게이트교는 1937년에 준공되었는데 처음에는 68퍼센트의 연단(사산화납 가루로 만듦)을 포함하는, 아마의 씨로 만든 유성 페인트로 칠했다. 그 당시엔 납으로 만든 연단을 꼭 써야 했다! 하지만 그런 종류의 페인트는 지금은 쓰지 않는다. 오늘날 골든게이트교는 규산아연으로 밑칠을 하고 아크릴 페인트로 도장한다. 아연이 부식을 방지하고 그 위에 칠한 아크릴 페인트가 색을 입히며 밑칠을 보호한다.

▲ 현대의 진정한 페인트와 바니시는 모두 기본적으로 아마기름을 화학적으로 변형한 것이다. 실제로 산업에서 대부분의 페인트와 바니시는 아마기름이나 그와 비슷한 종류의 식물성 기름을 원료로 제조된다. 식물성 기름을 단순히 끓이는 것이 아니라 여기서 추출한 지방산을 여러 가지 다른 성분과 반응시켜 용도에 맞는 정확한 물성을 갖는 수지로 만든다.

에폭시 페인트

에폭시 페인트보다 에폭시 접착제에 더 익숙
할 것이다. 그러나 이 둘은 완전히 같은 방식
으로 작용한다. 둘 다 사용 전에 'A제'와 'B제'
를 섞어야 한다. 이 두 제제가 화학 반응을 해
서 에폭시가 경화된다. 따라서 "깡통 안에서
경화되면 안 된다"는 문제는 두 제제를 따로
보관해 서로 만나 반응하지 못하게 함으로써
해결한다.

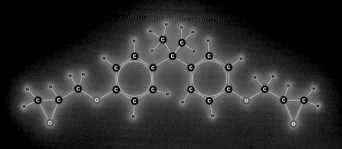

보통 A제에는 이름이 아름다운 비스페놀 A라는 다
양한 길이의 글리시딜 에터가 들어 있다. 또한 반응성
높은 에폭사이드기가 양쪽 끝에 달려 있다. 이 말은 이
분자가 무언가와 반응해 더 긴 사슬을 만들 깃이라는
사실을 암시한다.

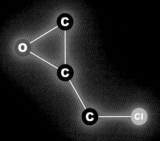

▲ '에폭시'라는 용어는 에폭시 접착제나 페인트에 들어
있는 에폭사이드라는 화학 구조로부터 왔다. 에폭사이
드는 매우 반응성이 높은 고리 화합물이다. 고리 구조
는 화학에서 흔한 구조이며, 특히 6각 고리 구조가 많
다. 고리가 더 커지면 헐렁해지고, 고리가 더 작아지면
결합 간 각도들이 편안한 각도에서 벗어나 더 긴장된
다. 가능한 가장 작은 고리는 물론 3각 고리이고 긴장도
가 매우 높아 반응성도 아주 높다. 3각 고리를 가진 화
합물은 언제나 고리를 깨고 무언가와 반응하려는 열정
을 가지고 있다. 에폭사이드도 산소 1개와 탄소 2개로
이루어진 3각 고리. 그중의 한 구체적인 예가 에폭시
접착제와 페인트의 원료로 많이 쓰는 에피클로로히드린
이다.[이름은 비슷하지만 에피클로로히드린은 미디클로린(스
타워즈에 나오는 생명력의 근원_옮긴이)과는 아무 관계도 없
고 텔레파시 능력도 없다.]

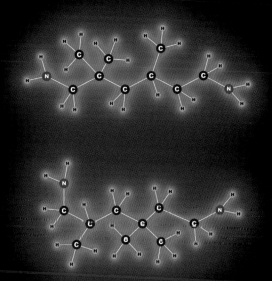

◀ 보통 B제에는 트라이메틸헥사메틸렌디아민과 아이
소포론디아민 같은 두 가지 물질이 들어 있다. 이 두 가
지 물질은 그 이름이나 구조가 무엇이든지간에 모두 아
민(—NH$_2$)기가 붙어 있다. 아민은 A제의 에폭사이드기
와 연결될 수 있다.

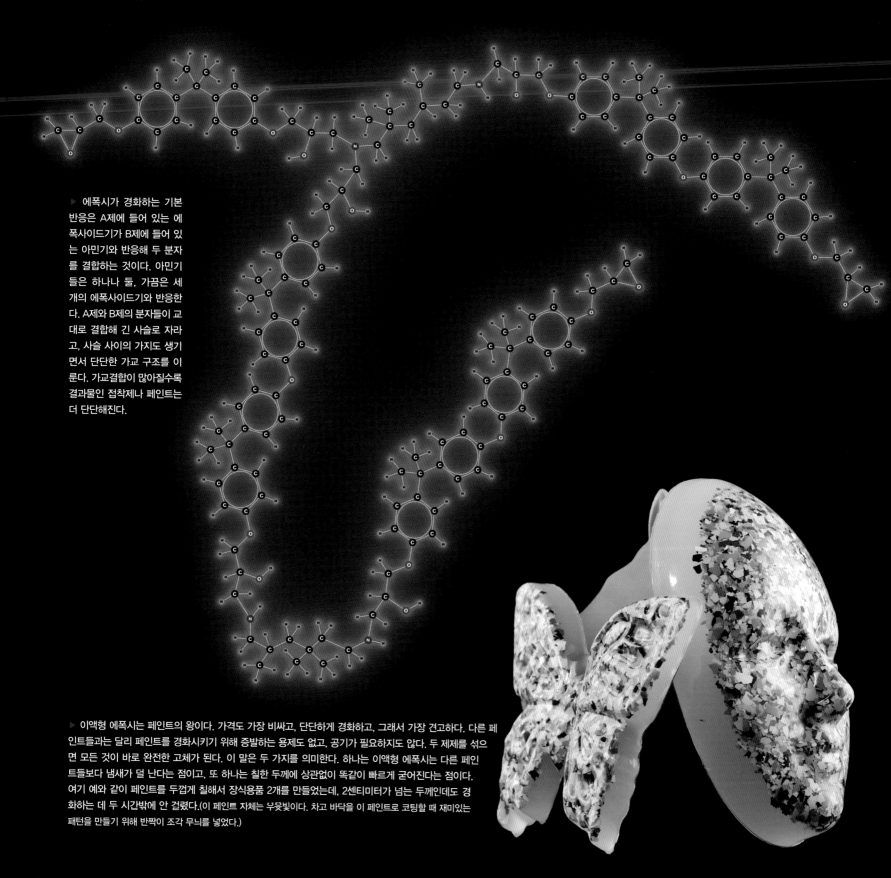

▶ 에폭시가 경화하는 기본 반응은 A제에 들어 있는 에폭사이드기가 B제에 들어 있는 아민기와 반응해 두 분자를 결합하는 것이다. 아민기들은 하나나 둘, 가끔은 세 개의 에폭사이드기와 반응한다. A제와 B제의 분자들이 교대로 결합해 긴 사슬로 자라고, 사슬 사이의 가지도 생기면서 단단한 가교 구조를 이룬다. 가교결합이 많아질수록 결과물인 접착제나 페인트는 더 단단해진다.

▶ 이액형 에폭시는 페인트의 왕이다. 가격도 가장 비싸고, 단단하게 경화하고, 그래서 가장 견고하다. 다른 페인트들과는 달리 페인트를 경화시키기 위해 증발하는 용제도 없고, 공기가 필요하지도 않다. 두 제제를 섞으면 모든 것이 바로 완전한 고체가 된다. 이 말은 두 가지를 의미한다. 하나는 이액형 에폭시는 다른 페인트들보다 냄새가 덜 난다는 점이고, 또 하나는 칠한 두께에 상관없이 똑같이 빠르게 굳어진다는 점이다. 여기 예와 같이 페인트를 두껍게 칠해서 장식용품 2개를 만들었는데, 2센티미터가 넘는 두께인데도 경화하는 데 두 시간밖에 안 걸렸다.(이 페인트 자체는 우윳빛이다. 차고 바닥을 이 페인트로 코팅할 때 재미있는 패턴을 만들기 위해 반짝이 조각 무늬를 넣었다.)

▶ 에폭시가 경화할 때는 열이 나고, 열은 또 반응을 빠르게 하므로, 에폭시를 두껍게 바르면 더 빨리 경화시킬 수 있다. 하지만 너무 두꺼우면 문제가 될 수 있다. 통에 남은 에폭시는 손가락을 데일 정도로 뜨거워질 수 있고, 그 결과 여기 보는 것처럼 통 안에서 단단히 덩어리로 굳어진다. 일단 두 제제를 섞으면 모두 써야 한다. 아무리 단단히 밀폐해도 보관했다가 나중에 다시 쓸 수는 없다.

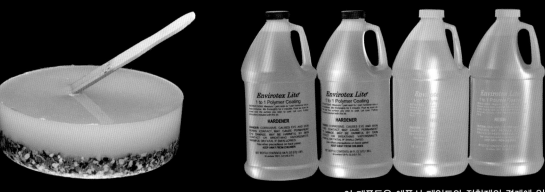

▲ 이 제품들은 에폭시 페인트와 접착제의 경계에 있다. 안료를 넣지 않은 순수한 에폭시 수지는 완전히 투명하게 경화한다. 어떤 면으로는 바니시와 같지만, 바니시와는 달리 전체를 똑같이 경화시킬 수 있기 때문에 두껍게 칠해도 된다.

◀ 나는 오래되고 틈들이 벌어진 나무줄기를 잘라서 탁자를 만들었다. 5센티미터가 넘는 틈새를 메우기 위해 무색 에폭시를 이 작업의 '바니시'로 썼다. 표면을 3밀리미터 두께로 칠하고 나무줄기의 틈새를 메우는 데 약 4리터의 무색 에폭시가 들었다. 그만한 가치가 있다. 그렇게 생각하지 않나? 다른 어떤 것으로도 이렇게 아름다운 효과는 낼 수가 없다.

▼ '탄소 섬유'로 프레임을 만든 자전거는 값이 매우 비싸다. 에폭시 수지에 미세 탄소 섬유가 들어 있는 구조이므로 우리는 실과 페인트를 타는 셈이다.

풀의 성장

내가 사는 곳에서는 사람들이 풀을 키우는 데 많은 시간을 할애한다. 풀 키우기에 몇 조 원의 돈이 들어가고 세계 인구의 상당수가 매달려 있다. 여름에는 풀이 자라는 상황을 다루는 라디오 프로그램이 매일 방송되고, 이를 듣고 날씨를 알아보는 사람들은 불만을 토로한다.

심지어 매년 풀들이 얼마나 빨리 자라는지를 두고 "7월 4일 무릎 높이까지"라는 말도 한다. (사실 이런 말은 옛날에나 썼다. 육종을 신중하게 선택한다면 더 빨리 자라서 "7월 4일 눈높이 이상"이라는 말도 가능할 것이다.)

평범한 미국 시민의 상당수는 중서부 지역에 광대하게 펼쳐진 풀밭이 공기와 물을 광합성해서 만든 탄소와 산소와 수소로 살고 있다.

옥수수는 3~5미터로 자라는 중간 크기의 한해살이풀이다. 대나무는 풀 중에서 가장 커서 50미터까지 자라며, 살아 있는 유기체 중 가장 빨리 자라서 하루에 30센티미터나 자라기도 한다. 그러나 풀의 가치는 엄청난 재배 규모나 성장 속도, 경제적 중요성에만 있는 게 아니다. 하찮은 잔디라도 그 내부는 원자 하나하나를 쌓아서 거대한 분자를 만들어내는, 상상할 수 없을 만큼 복잡한 기계다.

우리가 앞에서 본 페인트는 대부분 식물성 기름으로 만든다. 이 기름은 무생물이고, 페인트에서 아주 단순한 화학 반응을 일으킨다. 실제로 풀의 성장은 약간의 공기로부터 이런 종류의 화학 물질들을 만들어 쌓아가는 과정이다. 동시에 화학 물질뿐 아니라 화학 물질을 만드는 기계 장치도 계속 만들어 쌓아놓는다. 상처나 감염에 대비하고 먹히지 않기 위해 새로운 기계 장치가 계속 필요하기 때문이다.

풀잎 하나의 내부에도 자동차 공장에서 일어나는 것보다 더 복잡한 일이 일어난다. 컴퓨터 시뮬레이션의 도움 없이는 볼 수 없을 만큼 작은데도 말이다.

◁ 보통의 잔디는 자라기도 하고 동시에 죽기도 하는데, 공기에서 가져온 이산화탄소와 비에서 얻은 물을 가지고 셀룰로스를 만들고 이것으로 잎과 줄기와 뿌리를 자라게 한다. 잔디의 이런 일은 풀의 세계에서 보면 빙산의 일각이다.

▷ 지난 7월 20일 내 친구인 사진작가 닉은 미국 중서부의 대표 산물인 멋진 옥수숫대 하나를 슬쩍해 왔다. 키가 3미터가 넘는다! 여기에 달린 옥수수자루는 1개뿐이지만, 2개나 그 이상 달린 것도 있다.(너무 크게 이야기하지 말자. 옥수수는 이런 일을 기분 나빠하며, 우리보다 키도 더 크다.) 모든 잎이 줄기 양쪽에 정확한 대칭을 이루며 달려 있는 것을 보라. 줄기에 잎이 달리는 것에도 규칙이 있다는 뜻이다. 식물이 햇빛을 얼마나 잘 모을 수 있는지는 잎들이 어떻게 배치되는가에 달려 있다. 실제로 씨앗마다 방향을 달리해 심으면서 연구한 결과, 다 자란 식물 잎의 방향을 예측할 수 있다고 한다. 이것을 전체 밭에 적용하면 연간 수확량을 10~20퍼센트 늘릴 수 있다는 보고가 있다. 한꺼번에 전체 밭에 이를 적용할 수 있는 장치를 사용한다면 그 경제 효과는 엄청날 것이다. 작물을 진짜 잘 키우고 싶어 하는 사람들에게 내가 허황된 이야기를 하는 것이 아니다, 타당한 근거를 가지고 이야기하는 것이다!

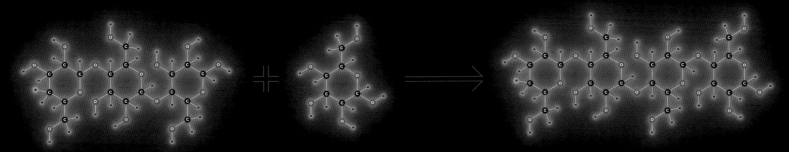

▼ 셀룰로스 사슬   ▼ 글루코스 분자   ▼ 길어진 셀룰로스 사슬

2장에서 본 것처럼 식물은 햇빛으로부터 에너지를 포착해 화학 에너지로 바꾸는 탁월한 능력을 가지고 있다. 이런 식으로 많은 에너지를 사용해 식물이 크게 자란다.(가장 빠르고 가장 높이 자란 식물이 햇빛을 더 잘 받을 수 있기 때문에 다른 식물들과 경쟁하는 경우가 많다.) 식물이 자랄 때에는 세포, 빛을 흡수하는 엽록소, 모든 것을 함께 연결하는 셀룰로스 섬유를 새로 만들며 커진다. 나무, 잎, 줄기, 뿌리는 대부분 셀룰로스로 만든다.

특이하게도 셀룰로스는 전부 설탕, 즉 글루코스로 되어 있다. 글루코스는 작은 분자지만 수만 개가 서로 연결되어 거대한 셀룰로스 분자를 이룬다. 수십억 개의 셀룰로스 분자는 모여서 얇은 섬유를 형성한다. 수십억 개의 섬유는 모여서 전체 식물을 이룬다.

이러한 공정은 단백질 기계가 가득 찬 복합 공장에서 이루어진다.

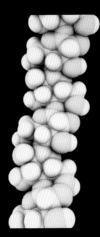

◁ 단백질 기계가 셀룰로스 생산 반응을 어떻게 수행하는지 보려면, 3D 보기로 전환해야 한다. 그러면 이 그림처럼 셀룰로스 사슬(셀룰로스에 글루코스 단위체가 추가되어도 같은 셀룰로스다.)이 3D로 어떻게 보이는지 알게 될 것이다.

▼ 식물 내부에서, 글루코스 단위체가 효소에 의해 셀룰로스 사슬에 첨가되며 사슬이 길어진다. 이때 효소는 새로운 글루코스 분자에 붙어서 서로를 결합하는 반응을 일으켜 셀룰로스 사슬을 길어지게 한다.(효소가 생명체에서 어떻게 화학 작용을 하는지에 대한 설명은 94쪽에 있다.)

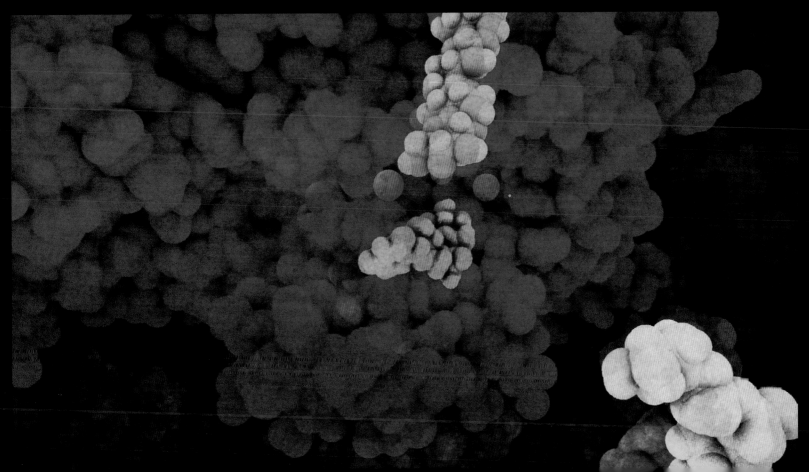

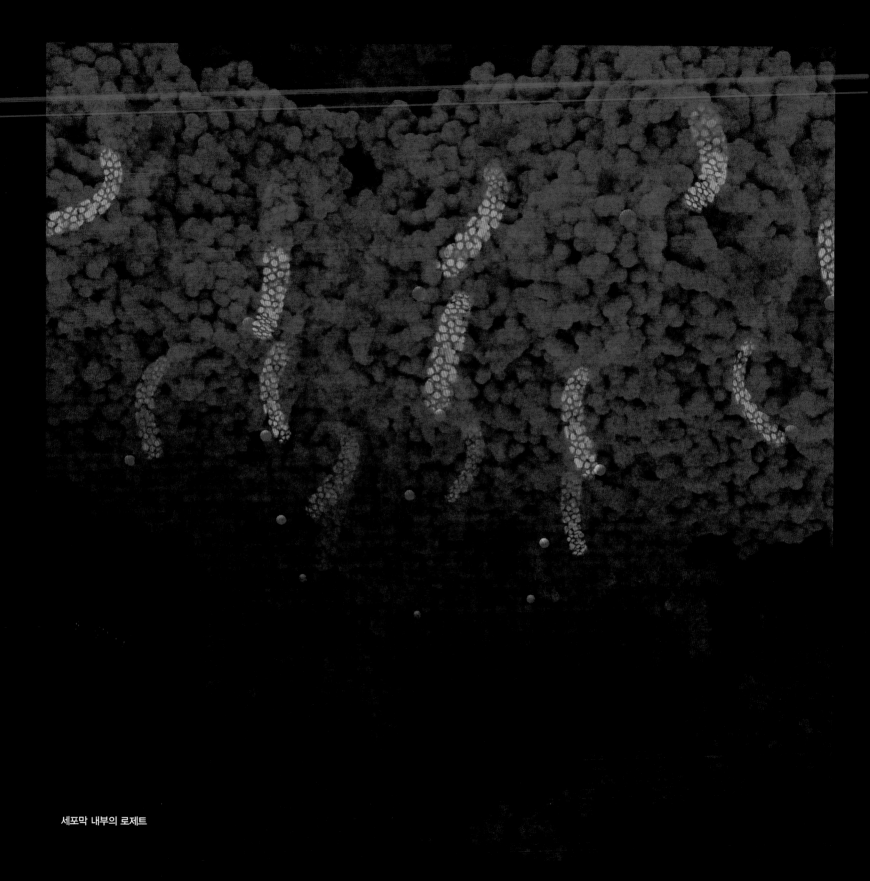

세포막 내부의 로제트

◀ ▶ 셀룰로스 분자 하나의 성장은 하나의 분자가
자라서 큰 나무가 되는 다단계 과정의 시작일 뿐
이다. 다음 단계는 '로제트'(매듭이라는 뜻의 식물 기
관_옮긴이)라고 부르는 단백질이 한다. 로제트는
셀룰로스를 만드는 제조 장치 여러 개를 묶는 일
을 한다. 로제트는 세포막에 들어 있으며, 천천히
돌면서 세포 내부에서 글루코스 단위체를 꺼내어
셀룰로스 섬유를 세포 밖으로 뽑아낸다고 알려져
있다. 그 결과 일반적으로 셀룰로스 분자 18개로
이루어진 섬유 다발(피브릴이라고 부름)을 만든다.

세포막 외부의 로제트

한꺼번에 로제트 여러 개가 작업해서 셀룰로스 수백 개 또는 수천 개로 이루어진 섬유 가닥을 만든다.(그래도 아직 맨눈으로는 볼 수 없을 만큼 가늘다.) 몇몇 식물 세포의 로제트는 지금까지 발견된 초미세 장치 중에서 가장 크게 관심을 받고 있다. 로제트는 아주 작고 아주 복잡한 '궤도'를 따라 돌아다니며 일을 한다. 그 궤도의 패턴에 따라 섬유의 '직조' 형태가 결정된다. 이런 이유 때문에 식물의 섬유들은 놀랄 만큼 다양한 형태를 보인다. 인공 섬유로는 이 같은 세련된 수준 근처도 가지 못한다.

◁ 가는 섬유가 형성되기 시작하는 것을 고성능 현미경으로 직접 보려면 분자 하나하나를 볼 수 있는 수준을 완전히 넘어야만 한다.

◀ 분자 하나를 볼 수 있는 고성능 현미경으로 보면, 세포마다 그 둘레에 견고한 셀룰로스 벽을 가지고 있는 것을 알 수 있다. 눈을 크게 뜨고 자세히 보면 세포 하나하나를 겨우 알아볼 수 있다.

▶ 풀잎 하나에도 세포는 수백만 개가 들어 있다. 세포 하나에만도 로제트가 수천 개씩 들어 있고, 로제트 하나는 셀룰로스 가닥을 10여 개씩 만든다. 이를 계산해 보면, 지금 이 순간에도 우리가 보는 풀잎 한 장에서 셀룰로스 분자가 수십억 개 만들어지고 있는 것이다. 이 셀룰로스 분자 하나에 1초마다 글루코스 분자 약 10개가 새로 결합한다. 따라서 풀잎 한 장에는 초당 글루코오스 수십억 개가 결합하는 셈이다. 풀잎 한 장에, 단지 한 장에.

◀ 이 풀밭 안에서 깜짝 놀랄 만큼 엄청난 수의 활동이 일어난다. 수백조 개의 세포가, 셀 수 없이 많은 분자 기계가 모두 함께 셀룰로스 제국을 건설하기 위해 움직이고 있는데, 이것을 우리가 지루하다고 할 수 있을까? 아직 덜 놀랐나? 좀 더 생각해보자. 여기 이 기계들은 엄청나게 효율적이다. 가장 효율이 좋은 식물(광합성 박테리아의 일종)은 단지 10시간 동안 받은 햇빛만 가지고도 필요한 모든 부수 장치를 포함해 빛을 모으는 기계 장치 전체를 완전히 새로 만들 수 있다. 단 몇 일간 햇빛에서 얻은 에너지만 가지고 똑같은 태양 전지 장치 전체를 만들어낼 정도로 성능이 뛰어난 태양 전지가 존재한다고 상상할 수 있을까? 불가능하다! 오, 참깐, 우린 이미 여기서 그런 걸 만났다. 바로 풀이다.

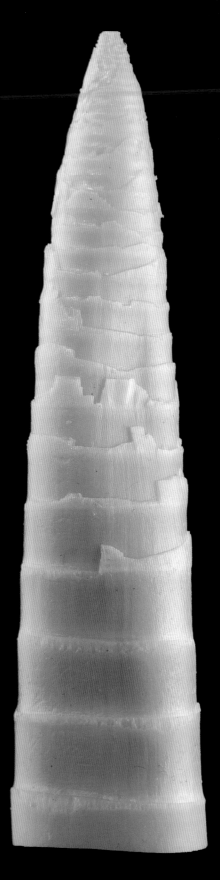

사람을 어린 죽순 위에 묶어놓고 며칠 동안 대나무가 자라게 두었다는 이야기를 들은 적이 있을 것이다. 베트남 전쟁 중 베트콩들이 이러한 고문 방법을 썼다는 소문이 끊이지 않았지만 실제로 그랬다는 직접적인 증거는 없다.(전혀 다른 곳에서 야자수를 사용해 이와 비슷한 일을 저질렀다는 조금 더 확실한 증거가 있기 하지만, 야자수는 풀이 아니고 우리는 여기서 풀에 대해 이야기하고 있으므로 그냥 넘어갈 것이다.)

시험을 해보면 그게 고문이 될 수 있다는 것을 알 수 있다. 대나무는 사람의 살을 뚫고 자랄 것이다. 풀의 성장을 이용해 사람을 죽일 수 있다는 게 믿기지 않지만, 지금 이야기한 이 방법보다 더 확실한 방법은 없을 것이다. 한 가지 명백한 것은 풀이 사람 뱃속을 뚫고 자라는 모습을 바라보는 것은 전혀 지루하지 않을 것이다. 아, 잠깐 기다려라. '뚫고 들어갈' 것이다. 이게 핵심이다. 하지만 그 모습을 '뚫어지게 바라볼' 동안 '지루하진' 않을 것이다.('구멍을 뚫다', '뚫어지게 바라보다', '지루하다'는 영어로 모두 'bore'다. 저자는 이 한 단어로 언어유희를 하고 있다. _옮긴이)

죽순은 고문으로 활용해도 좋겠지만 볶아서 먹으면 맛있다. 여기 보는 것처럼 잘라서 깡통에 넣은 것이나 통째로 냉동한 것을 살 수 있다.

미국에서 파는 대부분의 청량음료는 옥수수 과당 시럽으로 단맛을 낸다. 청량음료의 칼로리는 옥수수에서 온 칼로리고, 다시 말하면 풀을 먹는 셈이다. 단맛이 나는 맛있는 소다 캔디라면 무엇을 먹든지 사탕수수를 먹는 것이고, 이 또한 풀이다. 풀을 먹지 않는 딱 한 가지 방법은 다이어트 음료를 마시는 것뿐이다. 어쨌든 그게 건강에 좋다.

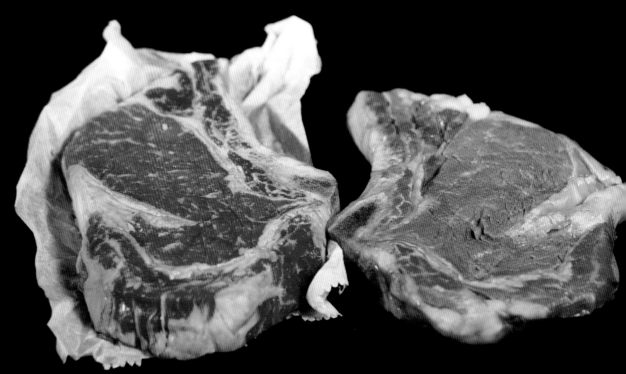

식용 소는 풀이나 옥수수를 먹여서 키운다. 즉, 소는 풀을 먹는다. 그러니까 쇠고기를 먹는다는 것은 간접적으로 풀을 먹는 것이다. 우리 인간은 옥수수를 알갱이(씨)만 먹는데, 옥수수 알갱이에는 셀룰로스만 있는 게 아니라 녹말과 설탕과 단백질이 들어 있기 때문이다. 우리는 풀이나 옥수수의 나머지 줄기는 먹을 수가 없다. 우리의 위는 풀의 잎이나 줄기에 들어 있는 셀룰로스를 음식 에너지로 변환하는 화학 반응을 할 수 없다. 소도 그런 반응은 하지 못한다. 그러나 소의 되새김위 안에 사는 공생 박테리아가 그 일을 해주기 때문에 풀을 소화할 수 있다.

물이 끓다

역사상 시대의 이름에 금속이나 합금이나 화합물이 들어간 경우는 여럿 있는데(철기 시대, 청동 시대, 석기 시대) 물에 관한 이름은 2개가 있다. (빙하 시대, 증기 시대. 둘 다 물의 상태를 말한다.)

그렇다. 상대적으로 짧은 증기 시대는 다른 시대들과 같은 범주는 아니지만, 역시 인류 역사상 아주 중요한 시기였다. 전 시대를 통틀어 가장 아름다운 기계 장치라고 할 수 있는 멋진 증기 기관은 200년 후에 스팀펑크(증기 기관 같은 과거 기술이 발달한 가상의 세계를 배경으로 하는 SF 장르_옮긴이)라는 첨단 유행 스타일에 영감을 주었다. 모두 끓는 물에 기반을 둔 것이다.

액체 상태인 물이 기체 상태인 증기(수증기)로 변하는 것은 화학 변화라고 하지 않는 게 일반적이지만, 나는 확실히 화학 변화라고 하고 싶다. 액체인 물에 있던 수소 결합이 깨지고 낱낱의 분자가 되어 모여 있던 곳에서 빠져 나와 공중으로 각자 자유를 찾아 떠난다.(증발이라고 부름) 놀랍게도 분자 차원에서 이런 일이 어떻게 일어나는지 확실하게 규명되어 있진 않다. 최첨단 컴퓨터로 시뮬레이션을 해보면 그런 일이 정확히 어떻게 일어나는지에 대한 가장 기본적인 문제와도 상반된 결과가 나온다.

하지만 이것만은 확실하다. 이 증기의 압력을 그 온도의 '증기압'이라고 하는데, 이러한 증기압은 물이 차가울 때는 낮고 열을 가하면 높아진다. 이 증기압이 물 주변의 기압과 정확히 같아지게 되는 온도가 바로 끓는점이다.

이 온도에 이르면 물의 표면 아래에 수증기 기포들이 생기고 충분한 힘이 되면 물을 밀어 올리며 표면 위로 증기 거품들이 솟아오른다. 이것이 끓는 것이다.

▶ 우리가 '수증기'라고 생각하는 하얀 연기(김)는 과학적 의미에서 진짜 수증기가 아니다. 진짜 수증기가 액체 상태로 응축한 아주 미세한 물방울이다.(다시 말해서, 우리가 눈으로 볼 수 있다면 그건 이미 수증기가 아니다.) 그 물방울 하나에는 지구 인구수의 두 배쯤 되는 많은 물 분자가 들어 있으나 너무 작아서 맨눈으로는 보이지 않는다.

◀ 섭씨 100도에서 기체 상태의 물(수증기). 진짜 수증기는 눈에 보이지 않는 기체이다. 우선 물의 표면 아래에 기포로 생겼다가 표면 위로 솟아오른다.

◀ 섭씨 100도보다 약간 낮은 온도에서 액체 상태의 물.

◀ 섭씨 100도에서 액체 상태인 물. 바닥에 열이 가해지기 때문에 바닥에 있는 물이 윗부분보다 조금 더 뜨거워서 기포가 바닥에서 생겨 위로 상승한다. 더운 물이 위로 오르며 대류하기 때문에 위아래의 온도 차는 몇 도를 넘지 않는다.

▼ 이것은 혼자 사는 사람들이 차 한 잔을 마시려 할 때 간단히 쓰는, 컵에 담그는 휴대용 히터(물 끓이기)다. 정말 서글픈 기구다. 그러나 이것으로 물을 끓이면 기포가 어떻게 형성되는지 잘 볼 수 있다. 여기서 보듯이 물의 증기압이 물을 누르고 있는 기압을 넘어서는 온도에 도달해야만 기포가 생긴다. 증기압이 약하면 기포가 생기자마자 압축되지 못하고 부서진다. 온도가 충분히 높아지면 압력이 임계값을 넘게 되고 기포가 생기기 시작한다. 어느 정도 규모에 이르면 기포들은 히터를 떠나 물 표면으로 달려가 탁탁 튀는 소리를 내며 고독한 주인이 차를 마실 수 있는 시간이 되었음을 알린다.

▼ 기포가 생기는 온도에 도달했다고 해서 바로 기포가 생기지는 않는다. 근처에 씨앗 같은 무언가가 있지 않으면 기포는 생기지 않는다. 아주 작은 먼지라든가 냄비의 거친 표면이라든가 뭔가가 있어야 한다. 아주 깨끗하고 매끈한 냄비에 아주 깨끗한 물을 끓인다면 끓는점보다 더 높은 온도에서 기포가 생길 수 있다. 이렇게 과열된 물은 굉장히 위험할 수 있다. 결국 무언가에 의해 방아쇠가 당겨질 것이고 아주 큰 기포가 갑자기 생길 것이다. 이를 '범핑'이라고 한다. 냄비 근처에 손을 대고 있다가는 큰 사고가 날 수 있다. 화학자들은 완전히 깨끗한 유리 기구에서 고순도의 물을 끓일 때가 많은데, 범핑은 정말 위험하다. 범핑을 막으려면 물 끓이는 용기에 비석(액체를 끓일 때 넣는 비표면이 큰 다공성 돌이나 입자로, 실리카나 테프론으로 되어 있다._옮긴이)을 몇 개 넣어주어야 한다. 비석의 유일한 임무는 거친 표면을 가지고 있어서, 액체의 온도가 끓는점에 도달하자마자 되도록 빨리 기포가 생기도록 돕는 것이다.

비석 ——

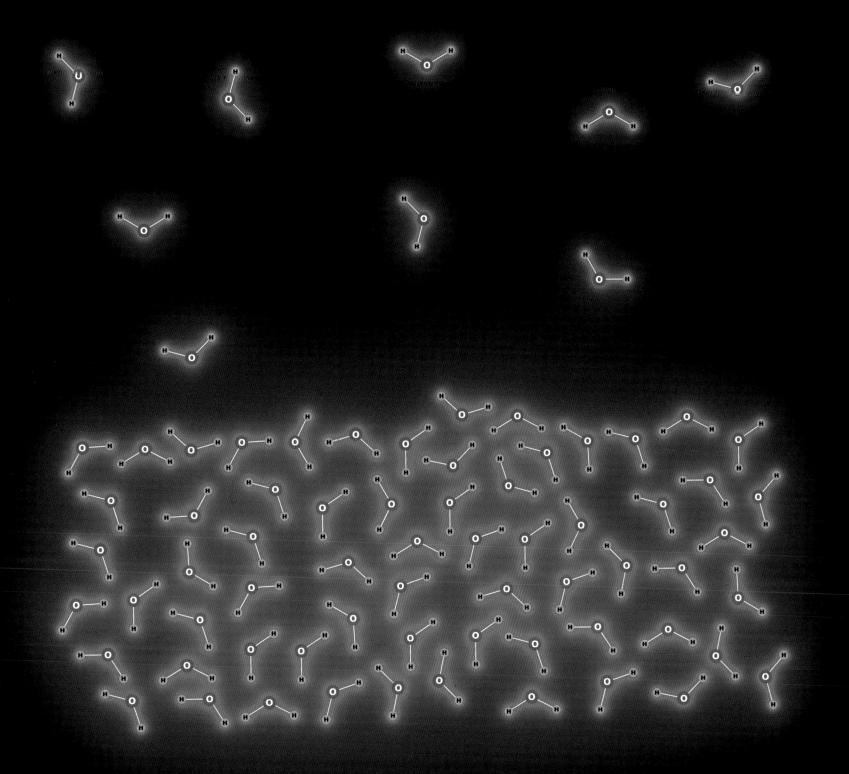

▲ 물은 분자 구조는 간단하지만 매우 복잡한 액체. 물 분자 사이의 수소 결합(211쪽 참조)은 몇 나노초(나노초는 10억 분의 1초) 동안 니노 규모의 연결 구조를 여기저기에 만든다. 표면에 가까운 물 분자들은 너 조직직으로 연결되어 '표면 잔력'을 형성해 벌레들이 물 위를 걸을 수 있게 해준다. 그래도 물 분자들이 마구잡이로 충돌하는 것은 피할 수 없기 때문에, 동료들을 떠나 질소와 산소로 이루어진, 우리가 공기라고 부르는 잔인한 세계로 튀어 나가는 것까지 막을 수는 없다. 이를 증발이라 한다. 온도가 높으면 분자들의 움직임은 속도도 더 빨라지고 횟수도 더 많아진다. 감당할 수 없을 만큼 심해질 때, 이를 끓는다고 말한다.

▶ 물이 끓는 현상을 이론적으로 시뮬레이션해보면 한 가지 문제점이 나타난다. 실제 관찰해보면 이론적인 계산 결과보다 더 낮은 온도에서 물이 끓기 시작한다. 물 분자들을 묶어놓고 있는 수소 결합은 그 낮은 온도에서는 쉽게 깨지지 않을 만큼 강하다. 여기에 대해 입증되지는 않았지만 흥미로운 이론이 하나 있다. 표면에서 분자 크기의 파동이 열에너지를 집중시켜, 그 파동이 마루(파동의 가장 높은 부분_옮긴이)에 있을 때 물 분자가 표면을 박차고 날아가도록 부추긴다는 이론이다. 우리가 이 세계를 과학적으로 꽤 잘 이해하고 있다는 것을 생각하면, 왜 우리가 물을 끓일 때 오래 기다릴 필요가 없는지 정도도 전혀 모른다는 것은 이상한 일이다.

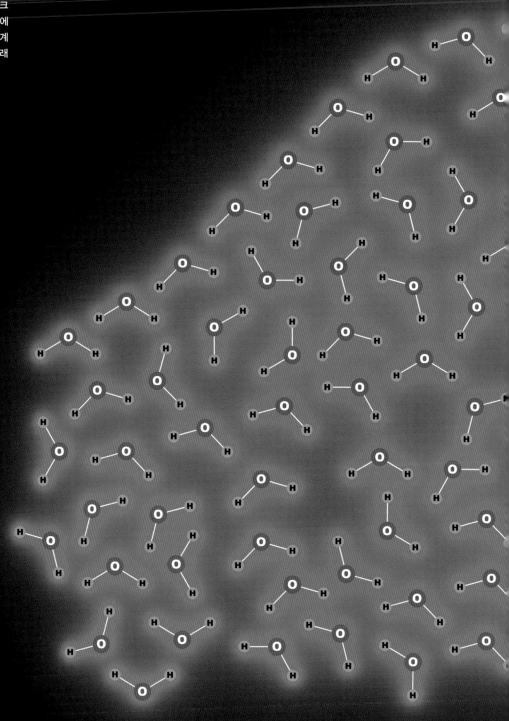

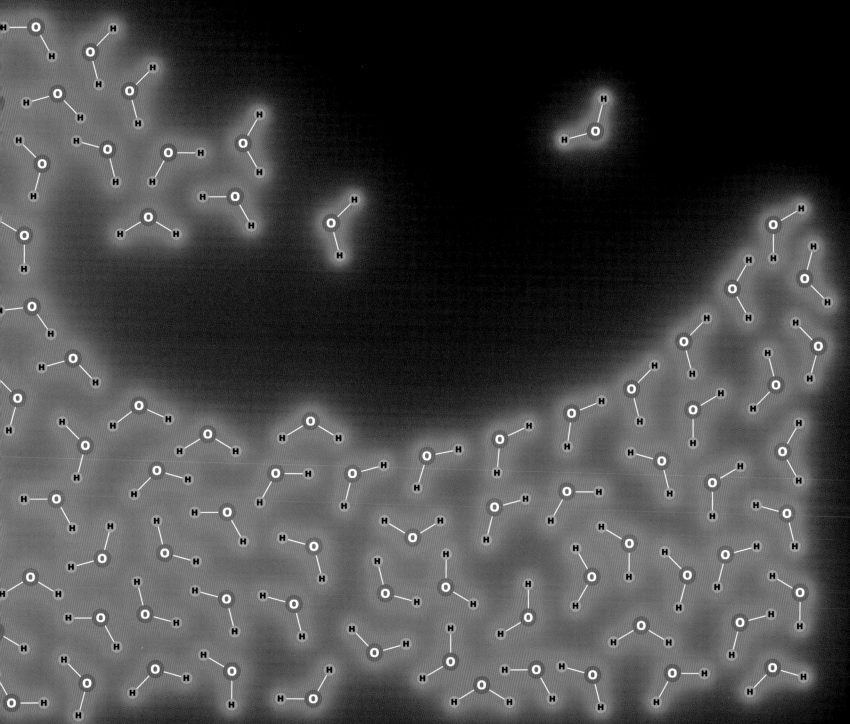

◀ 고지대에서 요리할 때는 더 오래 끓여야 한다고 요리책에 쓰여 있는 것을 본 적이 자주 있을 것이다. 고지대에서는 기압이 낮기 때문에 증기압이 더 낮은 온도에서 기압과 같아진다.(다시 말하면 고지대에서는 물의 끓는점이 낮아진다.) 따라서 낮은 온도에서 물이 끓기 때문에 음식이 천천히 익어서 더 오래 끓여야 한다. 이 현상은 꽤 복잡하다. 고도가 1,600미터나 되는 미국의 덴버에서는 해수면과 비슷할 정도로 고도가 낮은 뉴욕보다 섭씨 5도나 낮은 온도에서 물이 끓는다.

극단적인 경우로 진공 용기에서는 상온에서 압력을 낮추는 것만으로도 물을 끓일 수 있다. 이런 이유로 우주복을 입지 않고는 우주에 나갈 수 없다. 눈이나 살갗에 있는 물도 진공에서는 빨리 끓기 시작하므로 큰 상처를 입을 수 있다.

▲ 뜨거워진 프라이팬에서는 물이 더 천천히 끓는가? 가끔은 맞는 소리다. 아주 뜨거운 프라이팬의 표면에는 물이 순간적으로 증발해 만든 아주 얇은 증기 막이 열을 막아주기 때문에, 물방울들이 자유로이 미끄러지며 돌아다닐 수 있다. 덜 뜨거운 프라이팬에서는 증기 막이 물방울을 보호할 만큼 충분히 생기지 않아서 물이 금속 표면에 닿자마자 곧바로 증발해버린다. 이처럼 뜨거운 물체 표면에서 물방울들이 자유로이 돌아다니는 것을 '라이덴프로스트 효과'라고 한다.

▶ 내가 손을 담근 액체는 끓는 물이 아니라 엄청나게 차가운 액체 질소다. 뜨거운 프라이팬에 물방울이 닿지 않도록 보호하던 라이덴프로스트 효과가 내 손을 얼지 않도록 보호한다. 액체 질소는 영하 195.79도에서 끓으므로 여기서 내 손은 시뻘겋게 달군 부지깽이인 셈이다.

이 사진들은 아폴로 11호가 발사되는 장면을 16미리 필름 카메라로 초당 500장씩 근접 촬영해서 찍은 것이다. 39A 발사대의 이 냉각 장치는 초당 최대 3톤이나 되는 물을 퍼부어서 F-1 엔진 5개가 초당 4.5톤이 여료를 여소하며 발사대에 집중시킨 열을 식힌다. 이 물은 거의 대부분이 끓어서 즉시 증기가 되는데, 증기는 기체이므로 보이지 않는다. 로켓이 날아간 뒤에야 얼마나 많은 물이 이곳에 투입되었는지 알 수 있다.

▶ 로켓이 막 발사되기 시작했고, 엔진은 발사대 상부를 제거하는 중이다.

1. 엄청난 열기! 우리는 지금 역사상 가장 강력한 기계인 새턴 달 탐사 로켓을 보고 있다.

2. 초당 수 톤의 물을 여기에 퍼붓는다. 즉시 증기로 변하기 때문에 아무것도 보이지 않는다.

3. 로켓이 좀 멀어지면 물을 약간 볼 수 있다. 물이 고정 장치를 덮어서 보호한다.

4. 고정 장치는 까맣게 탔고,(아래의 금속 부분을 보호하기 위해 의도된 것이다.) 물이 보이기 시작한다.

5. 로켓이 날아간 뒤에도 잠시 동안은 물을 계속 부어 비싼 장치들을 화재로부터 보호한다.

6. 30초가 채 지나기 전에, 믿을 수 없을 정도로 엄청난 양의 물을 볼 수 있다.

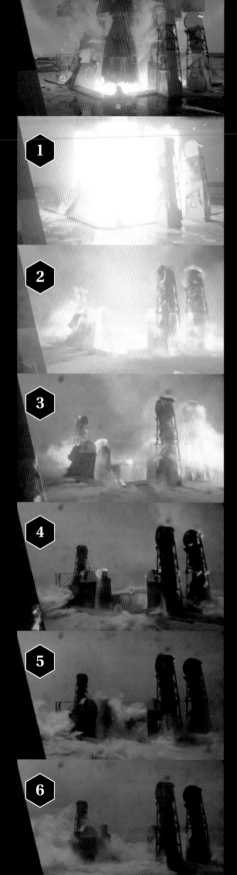

⊿ 이 장치는 모든 기계가 푸푸 소리 내며 씩씩 거칠게 뜨거운 힘을 내던 시대의 잔재물로, 엄청난 괴성을 내는 짐승이었다. 증기 시대는 현대의 기계와는 다른 순수한 기계 장치들의 시대였다. 주요 부품들을 볼 수 있고, 어떻게 작동하는지도 일상처럼 이해할 수 있었다. 우리가 지금 이 아름다운 기계를 사용하지 않는 이유는 그렇게 효율이 좋은 엔진이 아니기 때문이다. 100톤이나 되는 버스만 한 크기의 이 괴물의 힘은 현대의 소형 승용차만도 못하다.

⊿ 보일러 폭발은 웃을 만한 일이 아니다. 보안 카메라 덕분에 이런 장면은 여러 번 기록되었다. 그 피해는 치명적이어서 사망자도 많고 건물 전체가 파괴되기도 했다. 증기압의 힘을 과소평가하면 안 된다.

▶ 증기 시대의 기계들은 너무 아름다워서 150년이 지
난 지금도 이를 본뜬 장식품이 애호가들을 유혹할 정도
다. 이런 스타일을 스팀펑크라고 하는데, 실제 작동하
는 것이 아니기 때문에 닳아 없어지지도 않는다. 이것
들은 마치 건반이나 현을 결합하거나 석고로 만든 아름
다운 악기와 같다. 곡면의 기어가 실린더를 감싼다고?
그냥 보기만 하는 것은 아깝다.

◀ 단순한 애호가가 아
닌, 전혀 다른 부류의 사
람들이 있다. 이들은 새것
처럼 증기로 움직이는 예
스러운 기계를 좋아한다.
나도 은퇴하면 이런 취미
를 갖고 싶다. 그리고, 이
제 이 장이 끝나가니까 멀
지 않았다.

6

반응 속도

화학 물질을 다른 것으로 변화시키는 것이 반응이다. 모든 일은 시간이 걸린다. 반응 시간의 변화 폭은 엄청나게 크다. 오랫동안 거의 변화가 없는 것같이 느리게 느껴지는 지질 시대부터 눈 깜짝할 순간까지, 더 나아가 눈 깜짝할 순간이 산맥이 풍화되는 것만큼 느리게 느껴질 정도로 빠른 반응까지.

반응 속도의 변화 폭은 놀랄 만큼 넓다. 이 장에서 다루는 반응들은 10의 25승 이상의 차이를 보인다. 10배 더 빠르고, 다시 10배 더 빠르고, 또다시 10배 더 빠르게 하는 일을 스물다섯 번 반복한다는 뜻이다. 종합하면 이 장의 반응들 중 가장 빠른 반응은 가장 느린 반응보다 무려 10,000,000,000,000,000,000,000,000배 (1조의 10조 배) 빠르다.

우주나 머나먼 별처럼 다른 행성의 심층부에서가 아니면 분자는 항상 매우 빠르게 움직이고 있다. 1세기 이상 걸리는 느린 반응에서조차 각각의 분자는 매우 빠르게 움직인다. 따라서 가장 먼저 할 질문은 '그런데도 어떻게 반응이 느릴 수 있는가'이다.

나도 말 그대로 느리게 설명하겠다. 지구 깊숙한 속에서와 마찬가지로 우주에는 느리게 움직이는 것이 있다. 그러나 나는 만질 수 있고 볼 수 있는 것을 좋아한다. 그래서 지구 위에서 볼 수 있는 가장 느린 반응. 즉 풍화로부터 시작하겠다.

풍화

풍하아 침식은 서로 다른 두 가지글 나나내는 기술 봉어다. 침식은 바위를 기계적으로 두들겨 부셔서 모래로 만들거나. 모래와 흙을 씻어내는 과정이다. 이러한 침식은 비나 얼음이나 바람. 또는 물이 흐르는 힘에 의해 일어난다. 예를 들어 그랜드캐니언은 비. 바람. 그리고 콜로라도강에 의해 바위가 침식된 것이다. 침식은 오랜 시간이 걸려서 강력

하지만 이 책에서 다룰 내용은 아니다.

한편. 우리가 이야기한 식으로라면 풍화도 화학 변화다. 대개 풍화는 물과 이산화탄소의 작용으로 일어나기 때문에 이들 화학 물질이 어떻게 서로 작용하는지 살펴볼 것이다.

◭ 우리가 볼 수 있는, 지구에서 일어나는 가장 느린 반응은 지구상에서 가장 오래된 것과 자연히 연관된다. 즉 산맥. 옛날 산맥이었던 언덕. 옛날 언덕이었던 평야. 옛날 평야였던 협곡이다. 나는 우리 아이들이 뛰어놀던 산이, 아이들이 어른이 된 것과는 달리 변함이 없기 때문에 특히 산을 좋아한다. 그동안 나와 내 아이들은 시간을 따라 늙었지만 산은 거의 변하지 않았다. 지금은 빙하가 거의 없어져서 바위들이 그대로 드러났다. 산도 자라고 늙는다. 하지만 아주 천천히 늙는다.

◭ 우리 아이들이 뛰놀던 스위스 알프스는 한창 젊기 때문에 아직 날카롭고 가파르다. 산도 우리처럼 나이를 먹어감에 따라 더 둥글둥글해지고, 경관은 더 부드러워지고 그 나름대로 더 안정된다. 수십억 년 이상이 되었다는, 세계에서 가장 오래된 지형 중의 하나인 블루 리지 산맥도 젊었을 때는 날카로웠을 것이다.

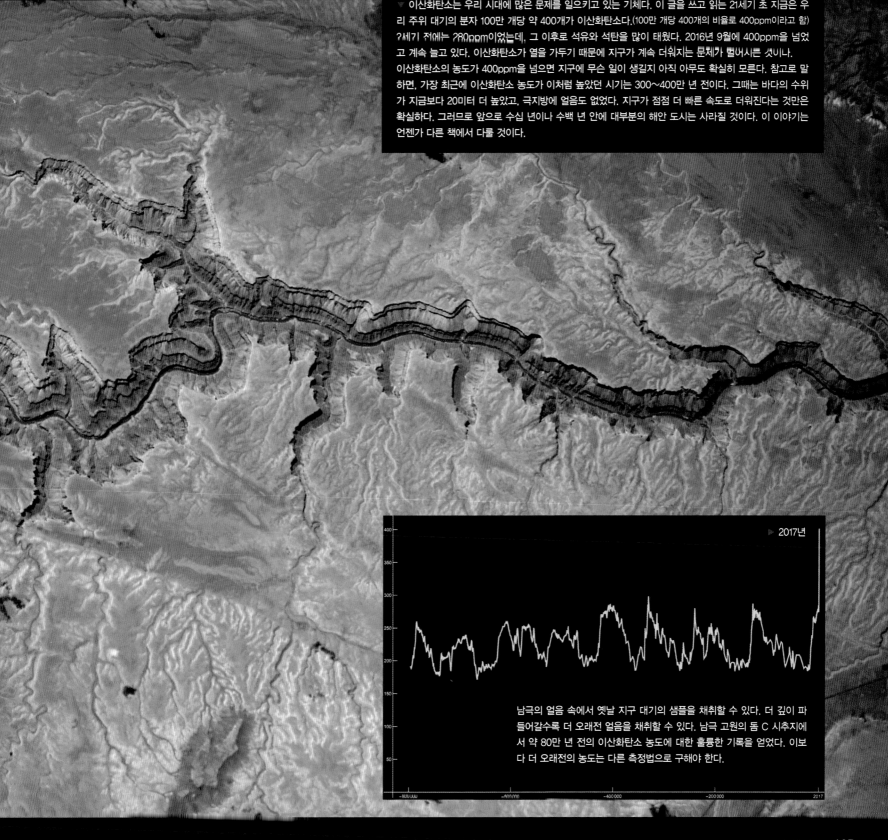

▼ 이산화탄소는 우리 시대에 많은 문제를 일으키고 있는 기체다. 이 글을 쓰고 읽는 21세기 초 지금은 우리 주위 대기의 분자 100만 개당 약 400개가 이산화탄소다.(100만 개당 400개의 비율로 400ppm이라고 함) 2세기 전에는 280ppm이었는데, 그 이후로 석유와 석탄을 많이 태웠다. 2016년 9월에 400ppm을 넘었고 계속 늘고 있다. 이산화탄소가 열을 가두기 때문에 지구가 계속 더워지는 문제가 벌어시른 것이나.

이산화탄소의 농도가 400ppm을 넘으면 지구에 무슨 일이 생길지 아직 아무도 확실히 모른다. 참고로 말하면, 가장 최근에 이산화탄소 농도가 이처럼 높았던 시기는 300~400만 년 전이다. 그때는 바다의 수위가 지금보다 20미터 더 높았고, 극지방에 얼음도 없었다. 지구가 점점 더 빠른 속도로 더워진다는 것만은 확실하다. 그러므로 앞으로 수십 년이나 수백 년 안에 대부분의 해안 도시는 사라질 것이다. 이 이야기는 언젠가 다른 책에서 다룰 것이다.

▷ 2017년

남극의 얼음 속에서 옛날 지구 대기의 샘플을 채취할 수 있다. 더 깊이 파들어갈수록 더 오래전 얼음을 채취할 수 있다. 남극 고원의 돔 C 시추지에서 약 80만 년 전의 이산화탄소 농도에 대한 훌륭한 기록을 얻었다. 이보다 더 오래전의 농도는 다른 측정법으로 구해야 한다.

◀ 탄산음료의 기포는 이산화탄소가 빠져나가는 것이다. 압력을 주면서 이산화탄소를 물속에 강제로 넣으면 약간의 이산화탄소 분자가 물 분자와 결합해서 곧바로 수소와 함께 배출된다, 그 결과 탄산이 되는데, 중탄산 이온(HCO_3^-)과 수소 양이온(H^+)이 물에 녹은 것이다. 수소 양이온이 있으면 산성이 된다. 이것이 탄산음료의 톡 쏘는 맛을 낸다.

이 반응은 반대 방향으로도 쉽게 일어난다. 중탄산 이온과 수소 양이온이 재결합해 다시 물 분자와 이산화탄소 분자로 분리된다. 이산화탄소 분자가 충분히 축적되면 기포를 만들고 밖으로 탈출한다.

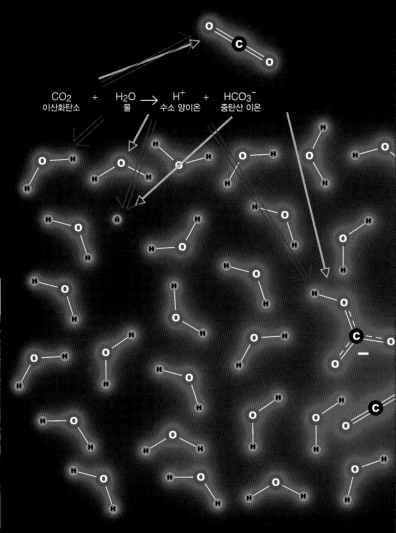

$$CO_2 \;+\; H_2O \;\longrightarrow\; H^+ \;+\; HCO_3^-$$
이산화탄소   물   수소 양이온   중탄산 이온

▲ 석회암을 만드는 탄산칼슘($CaCO_3$)은 칼슘 이온(Ca^{2+})과 탄산 이온(CO_3^{2-})이 교대로 쌓여서 이루어진 결정이다. 빗속에 존재하는 탄산은 약하긴 하지만, 천천히 반응하면서 석회암의 탄산 이온(CO_3^{2-})을 중탄산 이온(HCO_3^-)으로 변화시킨다. 이 반응 때문에 물에 남은 수소 양이온이 충분하지 않게 되므로 중탄산 이온이 모두 이산화탄소로 변화하지 못하며, 기체 상태로 빠져나가지도 못한다. 결국 탄소와 칼슘은 물에 갇힌 채로 바다로 흘러간다. 이런 식으로 산맥 전체가 녹아서 없어진다.

▼ 대기 속에 존재하는 이산화탄소와 물속에 녹아 있는 이산화탄소(일부는 탄산을 형성) 사이에는 항상 중간 지점에 평형이 이루어진다. 탄산음료는 과잉의 이산화탄소를 공기 중으로 잃어버리지만, 순수한 물도 공기 중의 이산화탄소 일부를 흡수한다. 따라서 빗물을 비롯해 공기 중에 노출된 순수한 물은 탄산 때문에 약간 산성을 띤다.

▼ 이제 우리가 처음 했던 질문으로 돌아가자. 이 반응은 왜 이렇게 느릴까? 왜 수백만 년이나 걸릴까? 산성을 띤 빗물에 젖은 바위를 상상하자. 그 바위 표면에서, 칼슘 이온은 이웃에 있는 탄산 이온에 강하게 끌린다. 이들 원소 사이의 이온 결합이 강하기 때문에 바위는 단단하다. 이러한 단단한 결합에 수소 이온이 침투해야 한다. 보통 빗물 입자 100만 개 중에 1개 정도만 수소 이온이기 때문에, 칼슘 이온이나 탄산 이온이 공격받고 성공적으로 붕괴되어 바다를 향한 여정을 시작하게 되기까지는 오랜 시간이 걸린다.

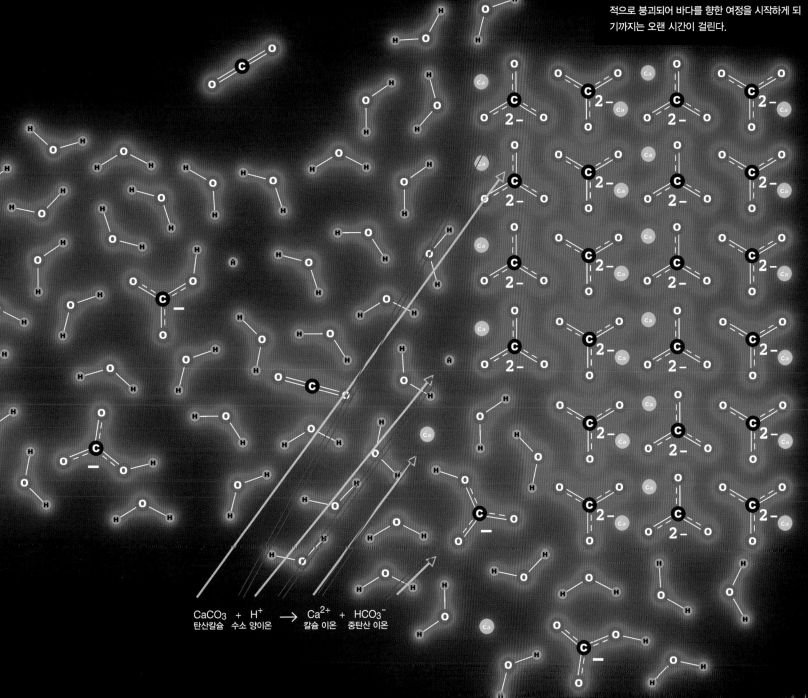

$$CaCO_3 + H^+ \longrightarrow Ca^{2+} + HCO_3^-$$
탄산칼슘　수소 양이온　　　칼슘 이온　중탄산 이온

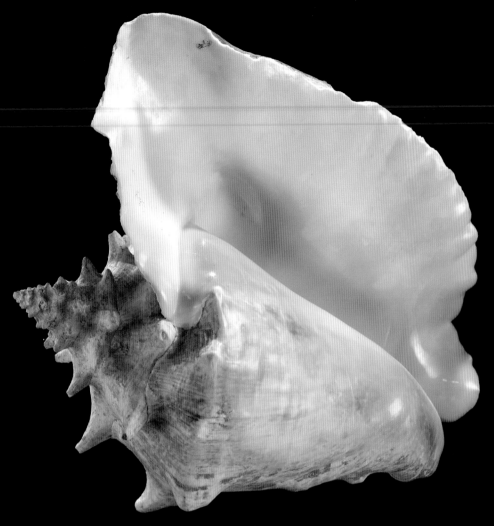

석회암이 빗물에 노출되면 빗물이 공기 중으로부터 흡수한 이산화탄소가 만든 탄산 때문에 늘 풍화가 일어난다. 늘 그래왔고 그것을 불평할 수는 없다. 그러나 도시에서는 그 풍화 속도가 훨씬 더 빠르게 가속된다. 탄산보다 훨씬 더 강한 산인 황산과 질산 때문인데, 이 산들은 빗물이 공기 중에 있는 황산화물과 질소 산화물을 흡수하면서 생성된다. 이건 순전히 우리 잘못이다. 이런 산화물들은 대부분 인간이 만든 공장이나 발전소나 자동차에서 나온다. 이렇게 생긴 산성비는 조각품, 건물, 비석, 그 밖에 석회석으로 만든 모든 것을 자연만 작용할 때보다 훨씬 더 빠른 속도로 풍화한다.

일단 바다로 씻겨 내려가면, 바다 생물들이 중탄산 이온을 먹고 이들의 껍질…… 탄산칼슘을 만든다! 석회암이 녹아서 중탄산 이온이 되듯이 석회암과 같은 성분으로 이루어진 조개껍질도 마찬가지다.

그렇다면 석회암은 맨 처음 어디에서 만들어질까? 바다 밑바닥(해저)에 수백만 년 동안 쌓인 바다 생물들의 탄산칼슘 골격으로부터 시작된다. 이 덩어리는 지구를 덮은 판의 움직임에 따라 솟아올라 거대한 산맥을 만들기도 한다. 그렇게 조개껍질이 산맥이 되고, 산맥이 조개껍질이 된다.

이 순환은 세계에서 가장 광대하고 가장 느린 '탄소 순환'인 셈이다. 산맥이 바다가 되었다가 다시 산맥이 되는 한 회전에 약 2억 년이 걸린다. 전 세계 탄소의 대부분을 차지하는 수백만 세제곱 킬로미터의 석회암이 이렇게 순환하고, 순환하고, 순환한다.

탄소 원자 하나가 대기에서 바다로, 또 바다 생물의 아름다운 무늬 속으로 가는, 놀랍고도 역동적인 세계의 순환에 수백 년이 걸린다. 그러고는 깊은 바닷속에, 깊은 땅속에 수억 년 이상 잠들어 있다가, 부서지고, 쪼개지고, 구부러지면서 결국 물 위로 솟아올라 빛을 받으며 새로운 춤을 추기 시작한다.

풍화 중에서 수백만 년에 걸친 석회암의 화학적 풍화는 아주 중요하다. 지형을 변화시키기 때문만이 아니라 대기 중 이산화탄소 농도를 조절하는 상호 연결 순환 고리에서 가장 중요한 열쇠이기 때문이다. 장기적으로 모든 탄소의 운명을 결정하는 것은 바위와 바다다. 그러나 장기적으로 말하면 우리도 모두 죽는다. 수만 년 이하의 짧은 시간 동안 대기 중 이산화탄소의 양이 얼마나 될지는 우리에게 달려 있다.

▼ 극단적으로 말해서, 이 작은 석회암 조각상을 진한 산에 담그면 단 몇 분 만에 비참한 상태로 침식된다. 미친 과학자의 실험실에서나 일어날 일이지만, '가속 수명 시험'이 무엇인지 보여주기 위해서 수행했다.(맞다. 기술적으로, 나는 무슨 일이 일어날지 보고 싶었기 때문에 이 시험을 했다. 가속 수명 시험 결과를 이 책에 실었고, 그로써 세금 공제도 받았다.)

속도의 규모를 좀 바꾸면, 평범한 녹슮도 화학 풍화 중 하나에 속한다. 하지만 그 속도가 너무 빨라서 자연에서 일어나는 것을 보기는 어렵다. 쇠로 된 산맥(실제 철로 만든 산)이 있었다고 해도 녹스는 속도가 워낙 빠르고, 또 그 녹슨 쇠가 자연적으로 순수한 쇠로 되돌아오는 일도 없기 때문에 오래전에 이미 녹슬어 없어졌을 것이다.

녹슮은 산화의 한 예다. 쇠가 산과 반응해 산화철이 되는 과정이다. 산화가 빠른 속도로 일어나면 많은 열을 내는데, 우리는 이것을 연소라고 부른다. 나무 같은 유기물이 연소한다는 것은 탄소가 탄소 산화물이 되는 것이다.(더 정확히 이야기하면, 이산화탄소가 되는 것이다. 이산화탄소의 화학식은 CO_2이고 산소 2개와 탄소 1개가 만든 화합물이란 뜻이다.) 쇠가 연소라고 부를 수 있을 정도로 빠르게 산화한다는 점이 흥미롭다.

자연적 녹슮이 그렇게 흔한 일은 아니지만, 자연이 아닌 곳에서는 녹슮이 상당히 많이 일어난다. 길이나 뒷마당에 방치한 다리, 자동차, 철도, 그 밖에 쇠로 만든 수없이 많은 덧없는 구조물을 보면 녹슮의 피해가 얼마나 큰지 알 수 있을 것이다. 거기 있는 그 어느 것도 이 녹슮을 피할 수 없다. 이런 녹슨 것들은 곧 사라지지만, 알로거스리가 부른 불멸의 노래에 나오는 "녹슨 자동차의 묘지"라는 가사는 이런 광경을 오래 기억하게 해줄 것이다.

가속 수명 시험이 무엇인가? 우리가 의자를 만드는 기술자고, 고객이 20년 넘게 써도 될 만큼 의자가 튼튼하다는 것을 증명하고 싶다고 상상해보자. 그러나 그것을 확인하기 위해 20년을 기다릴 수는 없다. 그럼 자동 기계를 하나 만들어서 그 기계가 누군가 하루에 세 번씩 앉았다가 일어났다 하는 일을 20년간 반복하도록 할 수 있다. 1분에 세 번씩 시키면 15일만 시켜도 20년 치의 결과를 얻을 수 있다.

마찬가지로, 몇 년 동안 또는 몇 세기 동안 산에 노출된 석회암의 가속 수명 시험 결과를 예측하고 싶다면, 그리고 그 결과를 증손자가 태어나기 전에 알고 싶다면, 훨씬 더 강한 산으로 실험을 해서 그 결과를 추정해야 한다. 물론 농도가 속도에 미치는 영향을 더 주의 깊게 이해해야 한다. 산의 강도를 반으로 줄이면 속도도 반이 될까, 아니면 4분의 1이 될까? 산의 농도가 영향을 미치지 않는 하한 값이 존재하는 건 아닐까? 이런 모든 질문에는 답이 있기 마련이고, 이러한 지식을 갖게 되면, 이런 종류의 시험을 통해 정확한 장기 예측을 할 수 있다.

▲ $3O_2$
산소

▲ $2Fe_2O_3$
산화철

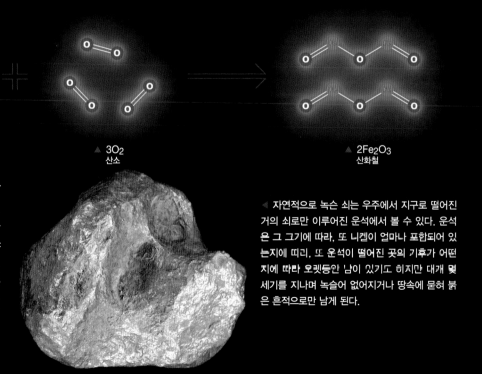

◀ 자연적으로 녹슨 쇠는 우주에서 지구로 떨어진 거의 쇠로만 이루어진 운석에서 볼 수 있다. 운석은 그 크기에 따라, 또 니켈이 얼마나 포함되어 있는지에 따라, 또 운석이 떨어진 곳의 기후가 어떤지에 따라 오랫동안 남아 있기도 하지만 대개 몇 세기를 지나며 녹슬어 없어지거나 땅속에 묻혀 붉은 흔적으로만 남게 된다.

▶ 조건만 맞으면 몇 초 만에 눈앞에서 쇠가 녹스는 것을 볼 수 있다. 이 철수세미는 말 그대로 불에 타듯이 녹슨다.(강철이라고 부르지만 쇠가 95퍼센트나 되는 합금이다.) 이 책에서 여러 번 말했듯이 온도를 높이면 반응은 빨라진다. 이 반응은 열을 내는 반응이기 때문에 스스로 반응을 가속하는 잠재력이 있다. 그래서 뜨거워지면, 반응이 더 빨라지고, 반응이 빨라지면 더 열이 나고, 열이 더 나면 더 빨라지는 것이 계속되면서…… 결국 불이 붙는다. 쇠가 두꺼우면, 쇠가 녹슬면서 열을 발생하는 속도보다 쇠 덩어리로 열이 흡수되는 속도가 훨씬 빨라서 열이 쌓이기 전에 식는다. 그러나 철수세미는 아주 가는 쇠로 되어 있기 때문에 열이 식지 않는다. 성냥으로 불을 붙이면 아주 빨리 녹슬어서 열을 내며 빨갛게 탄다.

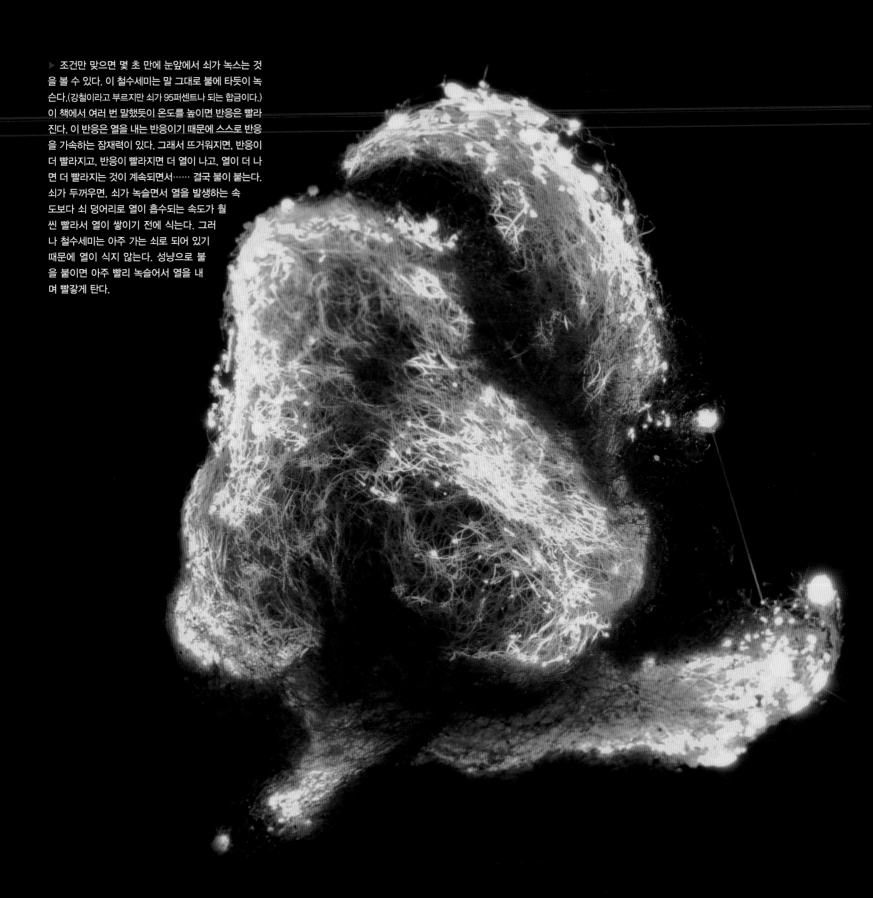

▲ 미세하게 분쇄한 마그네슘 가루는 옛날에 사진기 플래시로 썼다. 나는 이 금속 가루를 장난감 총에 넣어 방아쇠를 당겼다.(뭔가 그럴듯해 보이도록 카우보이 옷을 입었다.)

한 가지 덧붙이자면, 천천히 시작했지만, 우리는 이제 화학 반응 속도의 모든 것 중 마지막 단계인 불까지 왔다.

◀ 마그네슘은 잘 타는 금속으로 유명하다. 특히 하얀 불꽃을 내며 '녹슨다', 즉 산화한다. 수많은 화학 교사가 섬뜩하고, 강렬하고, 밝고, 깜짝 놀라게 하는 불꽃을 학생들에게 보여주려고 이 금속에 불을 붙인다.

불(연소)

앞으로 화학자가 될 꿈나무들이 화학에 흥미를 갖도록 불을 댕기는 것이 바로 불이다. 세상이 불타거나 적어도 일부가 불타는 것을 보는 것은 짜릿한 일이다.

보통 연소라고 정의하는 모든 반응에는 나무, 가스, 석탄, 몇몇 금속 같은 연료와 산소라는 특별한 원소가 필요하다. 나무숲이 불타든, 엔진 속에서 기름 한 방울이 불타든 모든 연소에서 가장 중요한 요소는 바로 산소다. 우리가 연료에 대해 많은 이야기를 하는 것은 연료가 이것도 될 수 있고 저것도 될 수 있는, 다양해질 수 있는 요소이기 때문이다. 하지만 연료보다 더 중요한 산소는 당연히 있는 것으로 생각한다.

모든 연소의 속도와 운명은 산소가 얼마나 가깝게 있는가에 달려 있다. 산소가 없으면 불도 없다. 산소가 적으면 불도 작아진다. 산소가 많으면 불도 커진다.

공기 중에 산소가 얼마나 존재하는지가 생명체의 세계 전체를 좌우한다. 지금 현재는 공기의 부피 가운데 약 20퍼센트가 산소(O_2)다. 이보다 많이 적다면 우리 포유류는 생명을 유지하기 힘들 것이다. 우리의 고에너지 대사 활동은 불만큼이나 산소에 밀접한 영향을 받는다.(우리 몸도 연소처럼 작동한다는 것은 112쪽에서 보았다.)

우리에게는 공기 중에 산소가 충분히 있어야 하지만, 산소가 너무 많이 있어도 여러 이유로 어려움에 처하게 된다.

공기의 대부분이, 거의 80퍼센트 정도가 산소가 아닌 질소(N_2)라는 사실이 중요하다. 질소는 특별한 경우만 아니면 어떤 것과도 반응하지 않는 특징을 가졌다. 특히 공기 중에 있는 산소가 무언가를 연소시킬 때에도 질소는 그 연소 반응에 참여하지 않는다. 거의 완전 불활성인 질소는 연소를 방해하고 모든 것을 식힌다. 공기와 관련된 모든 종류의 연소를 느리게 하고 약화한다.

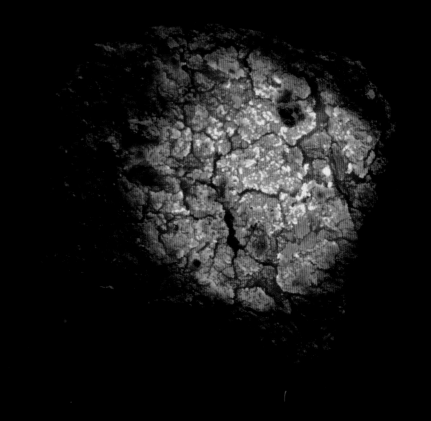

▲ 마른 풀밭이 무섭게 타고 있다. 이 사진은 우리 집 뒷마당에 있는 수천 제곱미터 넓이의 풀밭에 난 화재일 뿐인데도 마치 온 세계의 종말이 온 것 같다! 숲 전체가 불타면 정말 무서운 결과를 낳는다. 공기 중에 질소가 거의 80퍼센트를 차지하지 않는다면 지구에는 엄청난 불이 날 것이고 지금의 상태를 유지하지 못할 것이다. 공기 중 산소의 농도가 지금보다 높으면 지구에 남아 있는 숲은 없을 것이다.(적당한 산소 농도를 유지하기 위해 녹색 식물들이 산소를 공기 중으로 방출한다는 것을 생각하면 아이러니하다.)

▷ 숯은 1시간 넘게 천천히 조용히 탄다. 여기에 산소를 불어넣어 주면, 즉시 탁탁거리며 불꽃을 내고 격렬한 빛을 내는 활동을 시작한다. 산소를 계속 불어넣으면 조개탄은 1분도 안 되어 다 타서 사라질 것이다.

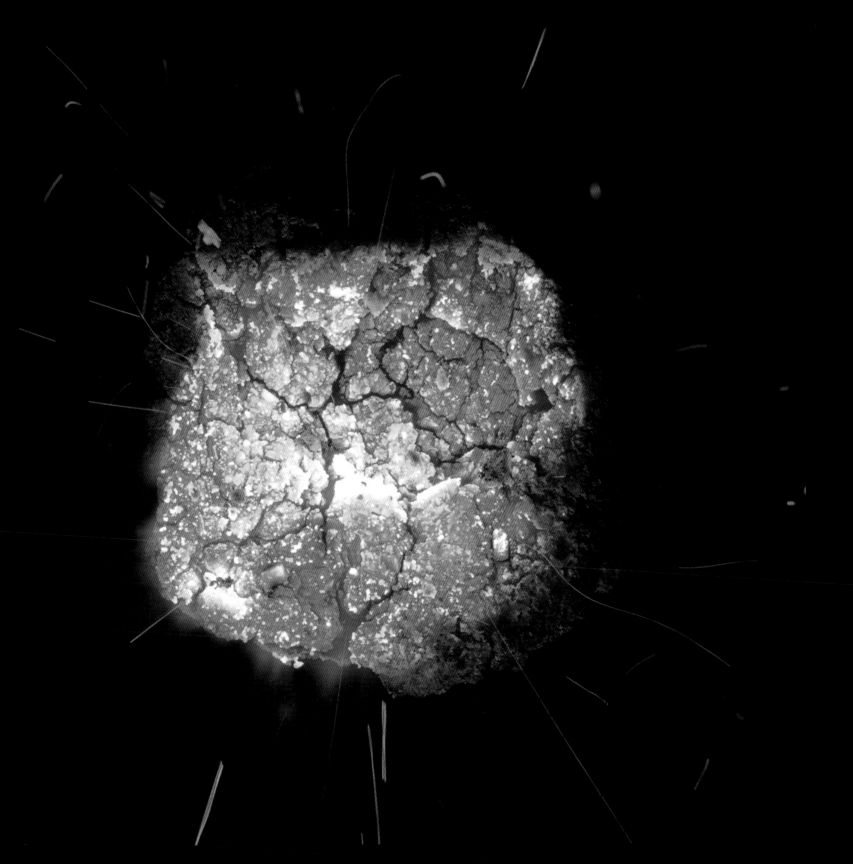

▶ 산소로 채운 플라스
크에 석탄 가루를 떨어
뜨리면 아름다운 불꽃을
내며 탄다.

194

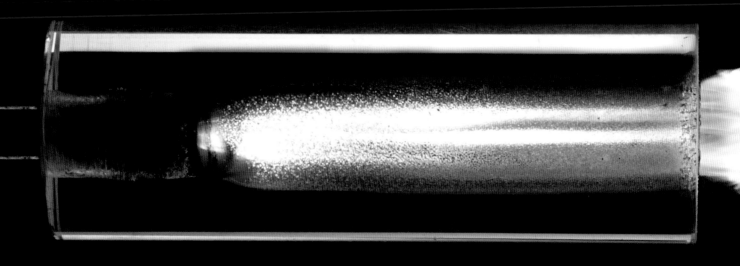

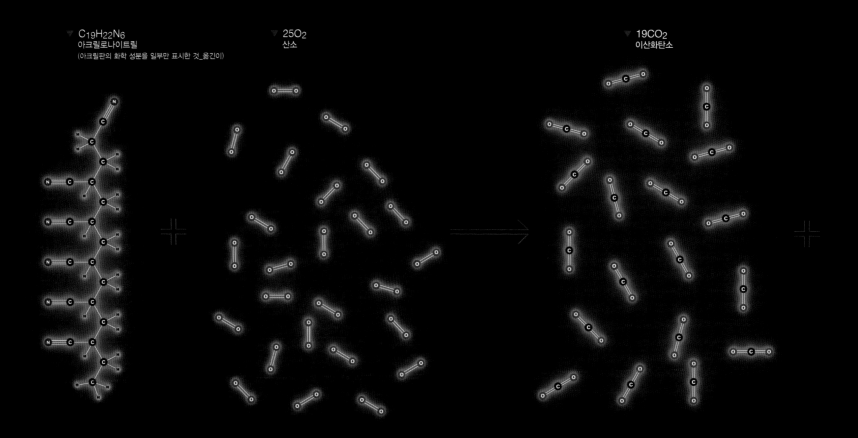

C₁₉H₂₂N₆
아크릴로나이트릴
(아크릴판의 화학 성분을 일부만 표시한 것_옮긴이)

25O₂
산소

19CO₂
이산화탄소

196

◀ 산소가 20퍼센트인 것과 100퍼센트인 것은 어떤 차이가 있을까? 보통 공기에서 투명한 아크릴 플라스틱판은 쉽게 타지 않는다. 토치를 사용해 한곳에 집중해 불을 대면 조금은 태울 수 있다. 그러나 순수한 산소를 계속 불어넣으면 아크릴 실린더는 마치 로켓 연료처럼 타게 된다. 말 그대로다. 전체를 투명한 아크릴로 만들었기 때문에 연소하는 동안 로켓 엔진의 내부를 볼 수 있다. 진짜 로켓은 연료 주위가 금속으로 둘러싸여 있고, 연료는 기본적으로 고무나 플라스틱의 형태로 되어 있다. 연소에서는 농축 산소가 훨씬 더 중요하며 연료가 정확히 어떤 물질인지는 그렇게 중요하지 않다.

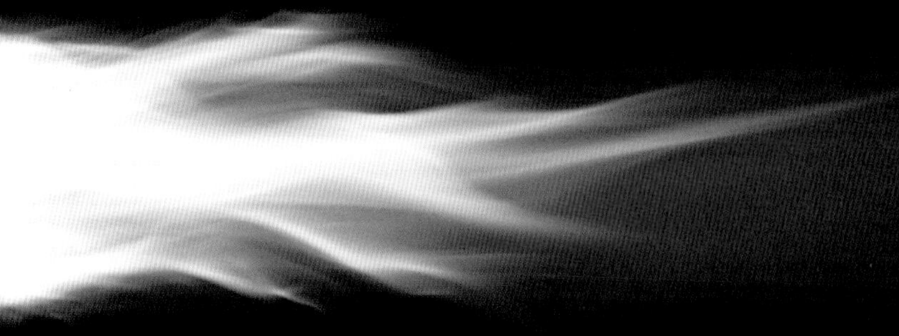

▼ $11H_2O$
물

▼ $3N_2$
질소

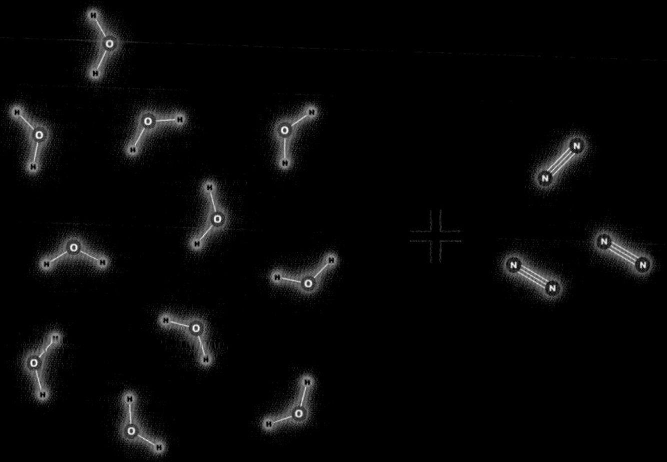

▶ 인간을 달로 쏘아 올린 새턴 V 로켓은 디젤 연료를 사용했다.(기술적으로 정제된 등유를 썼는데 값은 매우 비싸지만 일반 등유와 그렇게 다른 것은 아니다.) 달까지 갈 정도의 힘을 낸 것은 특별한 연료를 썼기 때문이 아니라 등유를 태우는 데 쓴 순수한 액화 산소 때문이다. 재미있는 사실 하나. 이 로켓에는 5만 5,000마력짜리 가스터빈 엔진인 로켓다인 F-1 엔진(미국의 로켓다인사가 1955년 개발한 고성능 로켓 엔진_옮긴이)이 5개 장착되어 있는데, 이는 사실 엔진이 아니라 단순히 연료와 산소를 전달하는 열류 펌프일 뿐이다. 로켓다인 F-1 엔진은 모든 분야를 통틀어서 이제까지 만든 엔진 중 가장 강력하다. 이 로켓의 엔진 5개가 소모하는 연료와 액화 산소의 양은 초당 15세제곱미터나 되며 3,400톤의 출력을 낸다.

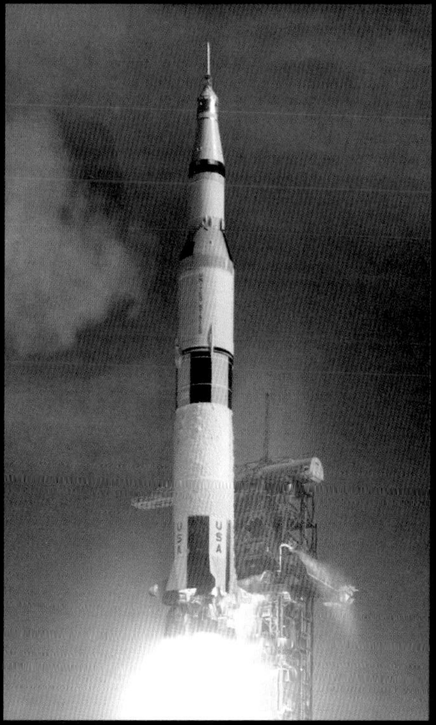

불은 자연적이고, 역동적인 과정이다. 불에 의해 발생한 열이 불을 계속 지피고, 그 불이 열을 내는 순환이 계속되기 때문에 불은 급격히 일어날 수 있다. 나는 제임스 본드가 나오는 영화를 보고, 직접 그 장면을 재현해보고 싶었다. 악령이 풀어놓은 치명적인 뱀을 죽일 때 007 요원이 사용한 것은 헤어스프레이와 라이터였다. 아무도 나를 죽이려고 하지 않았기 때문에 나는 그냥 사진기 앞에서 그 장면을 재현했고, 불이 스스로 계속 타는 것을 사진으로 남겼다.

많은 영화 스턴트와 달리, 스프레이는 광고와 똑같이 작동한다. 헤어스프레이는 될 수 있는 대로 가연성이 낮고 덜 위험하도록(보통은 뱀보다 불이 더 위험하기 때문에) 만들지만, 그래도 충분히 좋은 볼거리를 만들 수 있을 만큼 가연성이 있다. 자동차 시동을 걸 때 쓰는 에테르 스프레이도 가연성이 아주 높기 때문에 엔진 실린더 내부의 불을 지필 수 있다.

★ 분명히 말하는데, '충분한 준비 없이는 이 실험을 하지 마라.' 이 실험은 큰 방의 반대쪽으로 불길이 붙기도 하고 불길이 되돌아와서 우리를 태워버릴 수도 있다.

▼ 노즐에서 나온 추진제와 에터가 아직은 차갑다.

▼ 불의 열기가 차가운 연료와 부딪힌다.

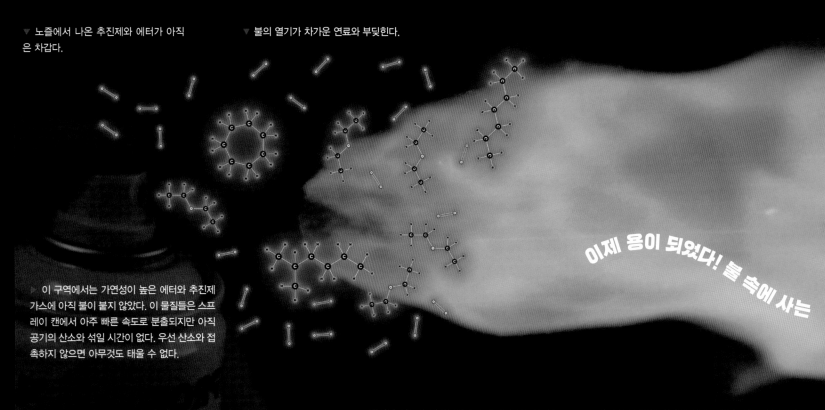

▶ 이 구역에서는 가연성이 높은 에터와 추진제 가스에 아직 불이 붙지 않았다. 이 물질들은 스프레이 캔에서 아주 빠른 속도로 분출되지만 아직 공기의 산소와 섞일 시간이 없다. 우선 산소와 접촉하지 않으면 아무것도 태울 수 없다.

이제 용이 되었다! 불 속에 사는

▲ 여기서 전투가 격렬해진다. 불에서 나온 열기가 오른쪽으로 옮겨 가면서 연료에 불을 붙이려고 하지만, 연료가 너무 빠르게 지나간다. 마구잡이 난류가 이리저리 균형을 잡듯이 전선이 앞뒤로 흔들린다. 불꽃이 '꺼진다'면, 그 이유는 연료와 공기가 불에 의해 가열되고 반응을 지속하기에는 너무 빠르게 지나가기 때문이다.

▲ 여기 모든 것이 끝나고 불만 남았다. 연료와 공기가 뒤섞여 격렬하게 타고 있다. 결과는 뻔하다.

대부분의 불은 공기 중의 산소로 일어나기 때문에 항상 가까이에서 불이 날 수 있다. 공기 중의 거의 80퍼센트가 질소이기 때문에 메탄이나 프로판 가스가 아무리 가연성이 높다 해도 간신히 자신의 불을 유지할 정도밖에 안 된다. 1815년 영국의 화학자 험프리 데이비는 지하에서 일하는 광부들을 폭발의 위험으로부터 어떻게 안전하게 보호할 수 있는지를 보여주었다. 그는 가스 폭발 사고를 억제하는 데 가는 철망이면 충분하다는 것을 발견했다.

▼ 불이 꺼지고 남는 것은 이산화탄소, 물, 그리고 타지 못하고 남은 연료와 부분적으로 안 탄 연료의 분자 조금뿐이다. 그리고 상당한 양의 열이다. 이 반응으로 생기 무든 격과목이 여기에 열을 낚기다 (그래서 이 바유을 이용해 치명적인 뱀을 쫓아낼 수 있는 것이다.)

▼ 맹렬한 불꽃 회오리와 소용돌이 속에는 남은 연료와 함께 산소뿐만이 아니라 질소도 많이 섞여 있다.

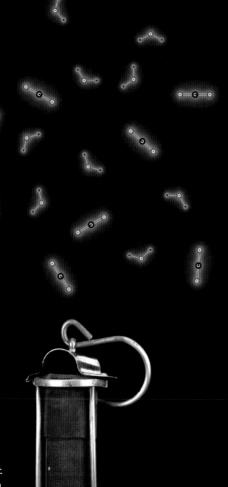

▶ 불 속의 화학은 엄청나게 복잡하다. 작은 불꽃 속에서도 순간적으로 생겼다 없어지는 수백 개의 다양한 화학 물질이 발견되고 연구되었다.

아주 이상하고 멋진 화학 창조물인 용!

데이비 안전등(▷)의 구조는 기름 등불을 가는 철망(모기장과 같은)으로 감싼 구조다. 대기가 공기와 메탄(불행하게도 탄광에선 자연적으로 축적된다)의 혼합물로 채워지면 그 혼합물이 폭발성이 있기 때문에, 기름 등불의 불꽃이 철망통 안에서 혼합물을 발화해 빛나는 후광을 만든다. 그러나 그 불은 구멍이 수천 개 숭숭 뚫려 있는 철망을 통과하지 못한다. 철망 근치에서 일어나는 약간의 냉각 효과만으로도 구멍을 통과하는 불을 진압하기에 충분하다.

공기 중의 불이 사납게 보일지 모르지만, 실제로는 섬세하고, 커다란 약점을 하나 가지고 있다. 그 약점이란 계속 타려면 산소를 바로바로 공급해주어야 한다는 점이다. 불이 타는 속도를 높이려면 연료와 함께 산소를 세내도 공급해야 한다.

빠른 연소

연소를 빠르게 하기 위한 첫 단계는 산소의 접근성을 높이는 것이다. 우리는 이미 플라스틱 로켓에서 이 단계를 보았다. 그러나 그런 종류의 연소도 연료와 산소가 함께 모이고 섞이는 속도의 제한을 받는다. 연소를 정말 빠르게 하려면, 연료와 산소를 미리 섞어야 한다.

얌전한 불과 격렬한 폭발 사이의 유일한 차이는 속도뿐이다. 난방과 요리도 하지만 가스 폭발도 일으키는 프로판 가스가 이 차이를 자주 보여준다.

▲ 프로판 가스가 공기와 혼합되기 전에 불을 붙이면 부드럽게 조리하는 불꽃이 된다. 반응 속도는 연료와 공기가 혼합되는 속도의 제한을 받는다.

▲ 앞에서(80쪽) 순수한 수소로 가득 찬 기포와 수소, 산소의 혼합물로 찬 기포에 불을 붙였을 때 무슨 일이 일어나는지를 보았다. 미리 혼합한 기포는 단순히 타지 않고 폭발했다. 탈 때보다 폭발할 때의 에너지가 더 많이 나는 것은 아니다. 폭발은 속도가 빠를 뿐이다.

▲ 가스 폭발이 얼마나 강력할 수 있는지는 산소를 기체 형태(O_2)로 좁은 공간에 얼마나 많이 집어넣을 수 있는가에 달려 있다. 여기 이 가루는 순하게 보이고 쉽게 구할 수 있지만 완전히 새로운 차원의 세계로 우리를 인도한다. 질산포타슘(질산칼륨)은 옛날에 초석이라고 불렀으며, 효율적인 고체 산소다.(순수한 산소는 아니지만 거의 비슷하다.) 불이나 폭발에는 산소가 필요한데, 질산포타슘은 보통 대기압에서 자연적으로 산소가 공급될 때보다 약 700배나 더 많은 부피의 산소를 공급할 수 있다.(같은 부피의 공기와 비교하면 3,600배나 되는 셈이다.)

앞에서 보았듯이, 질산포타슘을 어떤 다른 가연성 물질과 섞으면 훨씬 더 가연성이 높아진다. 톱밥과 섞으면 불꽃신호기(104쪽)가 만들어진다. 또한 종이에 넣으면 순식간에 타버리는 마술 종이(22쪽)가 된다. 석탄과 황과 섞으면 화약(23쪽, 201쪽)을 만들 수 있다.

▶ 그러나 프로판 가스가 무겁고 천천히 흐르기 때문에 집의 낮은 부분에 고여 있다가 공기와 섞이면, 그러다 잘못해서 불이 당겨지면, 결국 천둥 같은 폭발을 일으켜, 난방하고 요리하던 집 전체를 완전히 폭파한다. 가스는 요리를 도와주다가 화재를 낼 수도 있는, 이러한 두 얼굴을 가지고 있다. 이 반응은 연료 분자가 산소 분자 바로 옆에 있기 때문에 얌전한 불꽃 대신 폭발을 일으키는 것이다. 반응을 시작하기에 충분한 열을 공급하자마자 즉시 반응을 시작한다.

화약은 아주 천천히 타는 도화선부터 초당 300미터 이상을 날아가는 탄환까지, 아주 넓은 폭의 속도 변화가 가능하다. 어떻게 같은 물질이 이렇게 다른 속도로 탈 수 있을까?

▼ 8C
탄소

▲ 10KNO₃
질산포타슘

▲ 이미 보았듯이 화약은 황(원소), 초석(질산포타슘, KNO₃), 석탄(거의 다 탄소이고 약간의 수소들)을 섞어 만든다. 간단하고 오래된 조성이지만, 천년이 지나도록 불꽃놀이와 총에서 가장 많이 쓰는 폭발성 가루다. 간단하고, 싸고, 여러 곳에 유용하고, 확실하다.

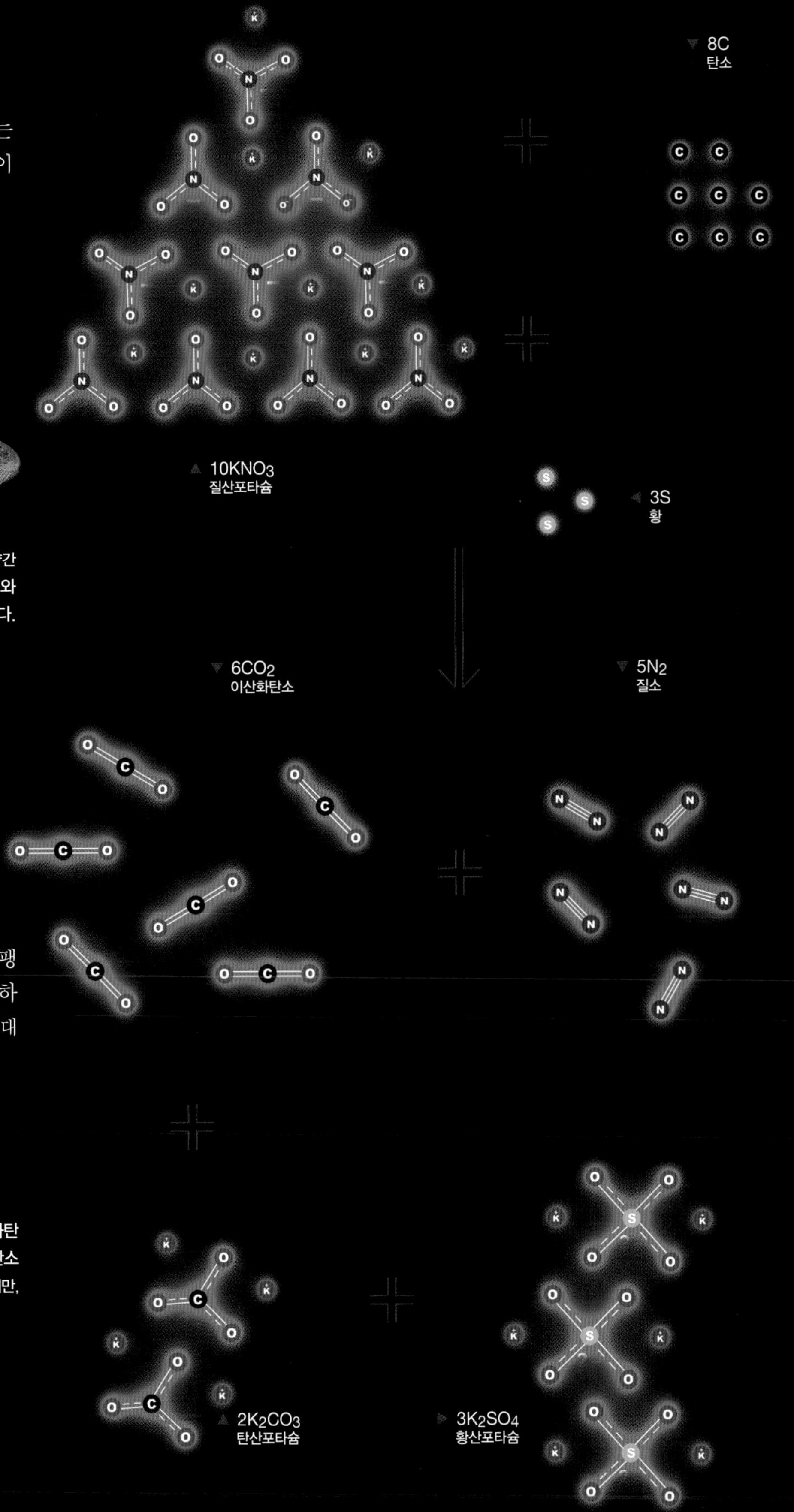

▲ 3S
황

▼ 6CO₂
이산화탄소

▼ 5N₂
질소

폭발물의 핵심은 '팽창의 속도가 빠른' 물질이라는 것이다. 어떻게 팽창하는가? 바로 가스가 됨으로써, 아주 뜨거운 가스가 됨으로써 가능하다. 가스는 고체보다 훨씬 더 큰 공간을 차지한다.(어림짐작으로, 보통 대기압에서 1,000배 정도 더 큰 공간을 차지한다.)

▶ 화약이 타면, 석탄에 있던 탄소 원자가 초석에 있던 산소 원자와 결합해 이산화탄소(CO₂)를 만들고, 초석에 있던 질소 원자는 질소 가스(N₂)가 된다. 황도 초석의 산소와 만나 연소하며 열을 내 반응 속도를 높인다.(보통은 대략 이런 반응들이 일어나지만, 실제로는 불완전한 반응들과 복잡한 부반응들이 함께 일어난다.)

▲ 2K₂CO₃
탄산포타슘

▶ 3K₂SO₄
황산포타슘

화약이 타는 반응이 얼마나 빠를지는 두 가지 핵심 요소가 결정한다. 연료가 되는 분자와 산소가 들어 있는 분자가 얼마나 가까운지, 그리고 한 지점에서 반응에 의해 발생한 열이 이웃한 혼합물을 점화하는 데 얼마나 오래 걸리는지가 그것이다. 헤어스프레이를 뿌렸을 때나 종이에 불이 붙었을 때와 마찬가지로, 화약에 붙은 불에서 생성되는 열이 다음 반응을 당기는 연쇄 반응을 일으킨다.

첫 번째 문제부터 시작하자. 연료가 산소에 가까이 간다.

▼ 화약은 세 가지 고체 입자 성분의 혼합물이다. 오래 미세하게 분쇄해 가루가 가늘수록, 연료 분자들 간의 평균 거리는 짧아진다. 가루가 가늘수록 연료 분자가 산소와 만나서 반응하는 데 더 적은 시간이 걸리고, 더 빨리 탄다.

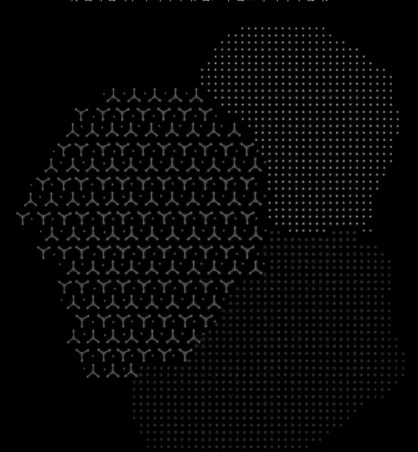

◀ 화약 분쇄는 대단한 사업이다. 델라웨어강을 따라 늘어선 역사 깊은 화약 공장들은 가벼운 나무 벽으로 강을 면하고 있고, 나머지 세 면은 단단한 돌벽으로 지었다. 화약이 사고로 폭발했을 때(당연히 그런 일이 생길 수 있다고 가정하고) 강을 향한 나무 벽 쪽으로 폭발하고, 단단한 돌벽은 나머지 공장을 보호하게 되어 있다. 사고가 나면 나무 벽만 새로 고치고 또 작업을 계속할 것이다.

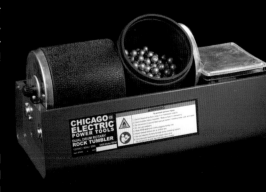

▶ 집 가까이에서 화약을 분쇄하는 평범한 실험가는 이 같은 작은 전동 볼 분쇄기를 사용한다. 30미터 이상 떨어져서 모래주머니를 놓고 전선도 길게 한다. 멀리서 전선 코드를 뽑아서 분쇄기를 멈출 수 있게 설치하고, 폭발의 위험에 대비해서 안전 거리를 확보한다.

다음 문제는, 열을 빨리 전달해 가능한 한 짧은 시간 안에 모든 반응이 끝나도록 하는 것이다. 그리고 연소 반응이 모두 끝날 때까지 화약을 한곳에 가두는 게 중요하다.

▼ 만일 얇은 나무 접시에 보통 화약을 한 더미 놓고 불을 붙이면, 폭발이 일어나지는 않고 그릇에 가득 찬 불꽃을 볼 수 있을 것이다. 쾅 소리도 없고 그냥 쉭 하며 탈 것이다. 이 반응은 불을 붙이자마자 화약이 넓게 퍼지기 때문에 비교적 천천히(폭발에 비해) 일어나서 열전달이 매우 비효율적이다. 1미터가 넘는 높이의 불덩어리가 생기는 것을 보면 화약이 매우 넓은 지역에 퍼지며 연소한다는 것을 알 수 있다.

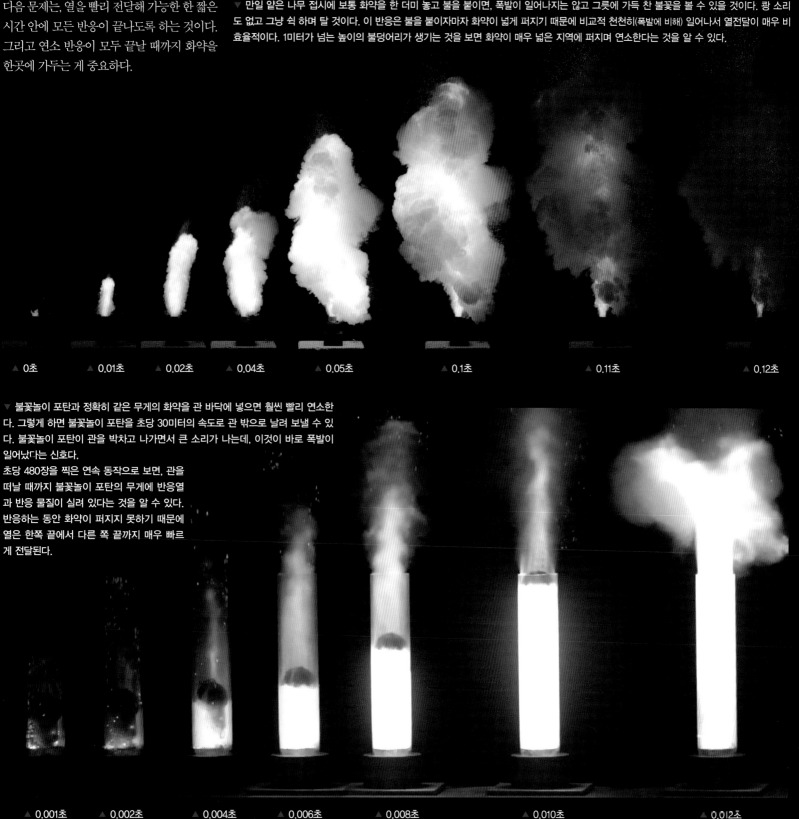

▲ 0초　　▲ 0.01초　　▲ 0.02초　　▲ 0.04초　　▲ 0.05초　　▲ 0.1초　　▲ 0.11초　　▲ 0.12초

▼ 불꽃놀이 포탄과 정확히 같은 무게의 화약을 관 바닥에 넣으면 훨씬 빨리 연소한다. 그렇게 하면 불꽃놀이 포탄을 초당 30미터의 속도로 관 밖으로 날려 보낼 수 있다. 불꽃놀이 포탄이 관을 박차고 나가면서 큰 소리가 나는데, 이것이 바로 폭발이 일어났다는 신호다.

초당 480장을 찍은 연속 동작으로 보면, 관을 떠날 때까지 불꽃놀이 포탄의 무게에 반응열과 반응 물질이 실려 있다는 것을 알 수 있다. 반응하는 동안 화약이 퍼지지 못하기 때문에 열은 한쪽 끝에서 다른 쪽 끝까지 매우 빠르게 전달된다.

▲ 0.001초　　▲ 0.002초　　▲ 0.004초　　▲ 0.006초　　▲ 0.008초　　▲ 0.010초　　▲ 0.012초

▲ 화약을 쓰는 이유는 총열이나 불꽃놀이 포탄의 관 바닥에 화약이 있을 때 바로 연소시키지 않고 필요한 속도로 연소시키기 위해서다. 예를 들어, 여기 보이는 화약은 불꽃놀이 포탄의 '추진제'로 사용하는 특별한 종류다. 이 화약은 불꽃놀이 포탄을 찢지 않고 포대에서 밀어올리기에 적당한 속도로 연소시킨다.

◀ 표준 불꽃놀이 포탄 발사관은 강철이 아니라 판지로 만들어져 있다. 그래서 강한 압력이 발생하는 폭발이 내부에서 일어나면 안 된다. 달리 말하면, 폭발이 너무 빨리 일어나지 않아야 한다는 말이다. 글쎄, 이것도 인간의 시간 개념으로는 빠른 거지만, 폭발의 시간 개념으로는 아주 느린 것이다. 불꽃놀이 포탄은 0.01초, 즉 10 밀리초 만에 포대를 떠난다. 그 시간은 폭발의 시간 개념으로는 거의 영원만큼 긴 시간이다.

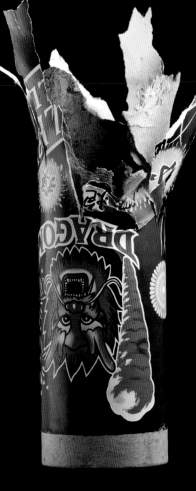

◀ 플래시 파우더는 분말 알루미늄과 과염소산포타슘의 혼합물이며, 밀폐된 상태에서 매우 빠르게 반응한다. 그러나 플래시 파우더조차도 화약의 범주에서는 느린 폭발물일 뿐이다. 진짜 빠른 폭발물에 비하면 낮은 급이다.

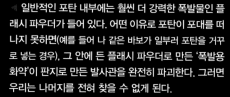

▲ 운동 경기에서 신호용 축포를 쏘기 위해 화약과 플래시 파우더를 쓰다가 잘못해서 끔찍한 사고가 난 적이 있다. 화약을 점화하기 위해 터진 플래시 파우더가 포의 방향을 돌렸기 때문에, 근처에 있던 사람들을 향해 뜨거운 금속 조각을 몇 백 개나 날린 것이다.

◀ 일반적인 포탄 내부에는 훨씬 더 강력한 폭발물인 플래시 파우더가 들어 있다. 어떤 이유로 포탄이 포대를 떠나지 못하면(예를 들어 나 같은 바보가 일부러 포탄을 거꾸로 넣는 경우), 그 안에 든 플래시 파우더로 만든 '폭발용 화약'이 판지로 만든 발사관을 완전히 파괴한다. 그러면 우리는 나머지를 전혀 찾을 수 없게 된다.

이 사고가 일어난 이유는 폭발용 화약의 총 에너지가 발사용 화약의 에너지보다 크기 때문이 아니라, 폭발용 화약의 폭발이 발사용 화약보다 더 빨리 일어났기 때문이다. 반응이 너무 빠르면, 생성된 가스가 엄청난 압력이 되기 전에 발사관을 떠날 시간이 없다.

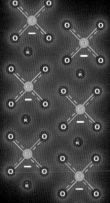

◀ 6KClO$_4$
과염소산포타슘

◀ 14Al
알루미늄 가루

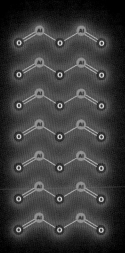

▲ 7Al$_2$O$_3$
산화알루미늄

▲ 3Cl$_2$
염소

▲ 3K$_2$O
산화포타슘

정말 빠른 연소

나이트로글리세린은 오래전부터 써온 강력 폭발물의 표본이다. 화려하고 무서운 분자 구조에 잠깐 경의를 표하겠다. 한 분자 안에 연료(탄소와 수소)뿐 아니라 필요한 산소까지 한꺼번에 넣었다. 나이트로글리세린은 두 화합물(연료와 산소)의 혼합물이 아니다. '한 분자'에 연료와 산소가 함께 들어 있다.

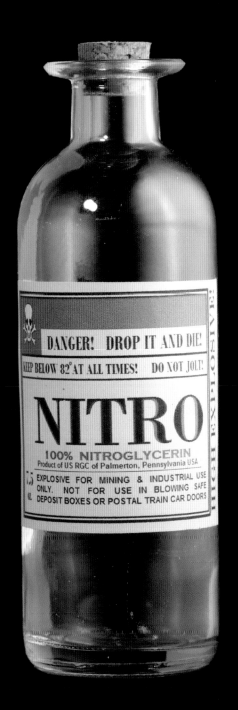

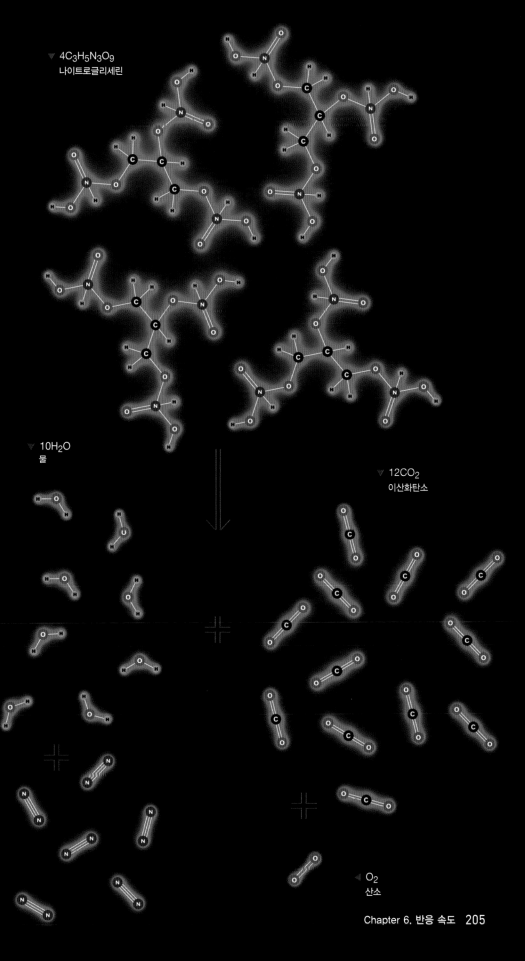

▼ 4C₃H₅N₃O₉
나이트로글리세린

▼ 10H₂O
물

▼ 12CO₂
이산화탄소

▶ 6N₂
질소

◀ O₂
산소

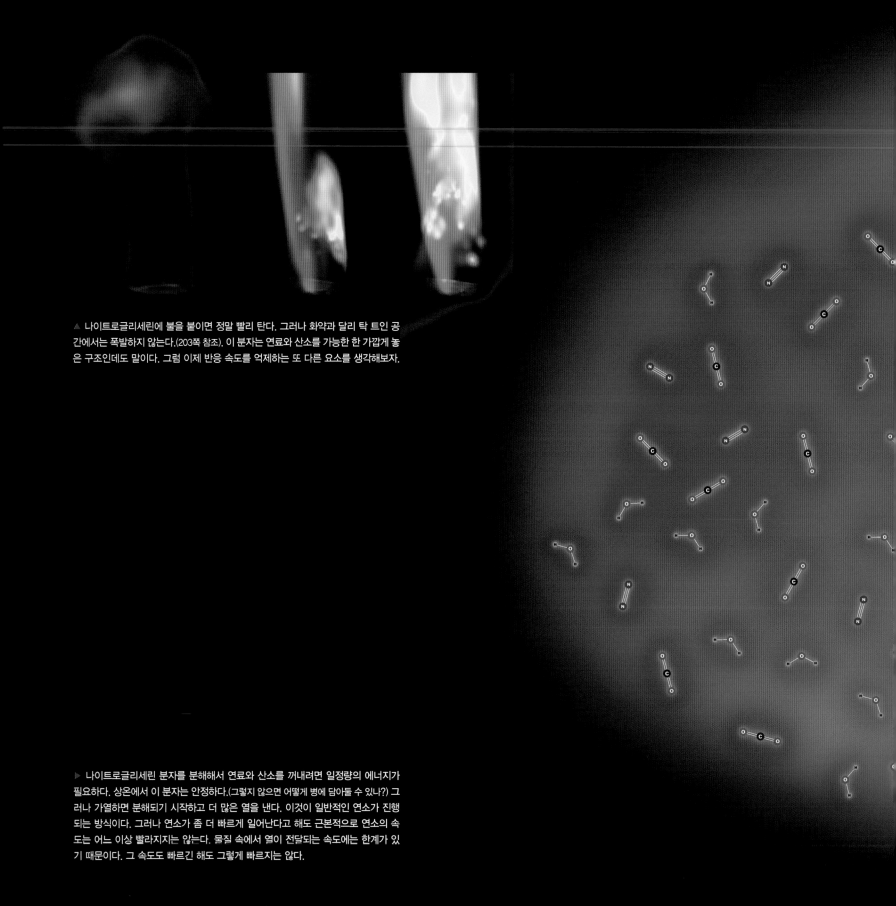

▲ 나이트로글리세린에 불을 붙이면 정말 빨리 탄다. 그러나 화약과 달리 탁 트인 공간에서는 폭발하지 않는다.(203쪽 참조). 이 분자는 연료와 산소를 가능한 한 가깝게 놓은 구조인데도 말이다. 그럼 이제 반응 속도를 억제하는 또 다른 요소를 생각해보자.

▶ 나이트로글리세린 분자를 분해해서 연료와 산소를 꺼내려면 일정량의 에너지가 필요하다. 상온에서 이 분자는 안정하다.(그렇지 않으면 어떻게 병에 담아둘 수 있나?) 그러나 가열하면 분해되기 시작하고 더 많은 열을 낸다. 이것이 일반적인 연소가 진행되는 방식이다. 그러나 연소가 좀 더 빠르게 일어난다고 해도 근본적으로 연소의 속도는 어느 이상 빨라지지는 않는다. 물질 속에서 열이 전달되는 속도에는 한계가 있기 때문이다. 그 속도도 빠르긴 해도 그렇게 빠르지는 않다.

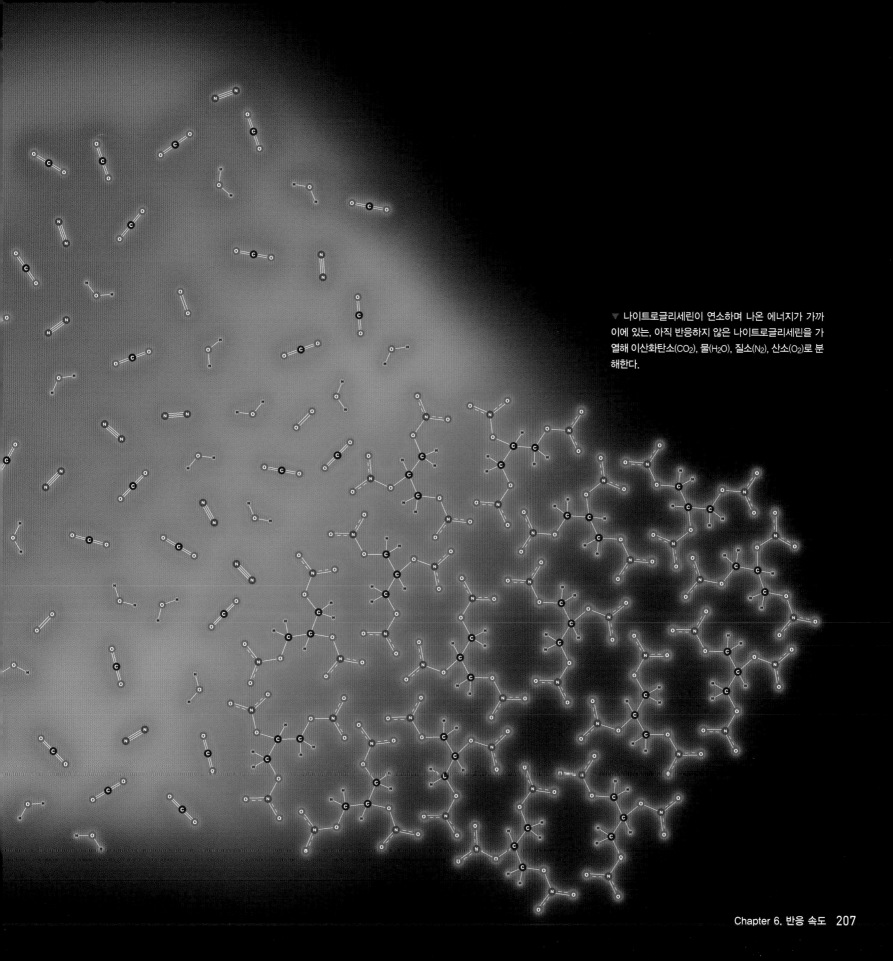

▼ 나이트로글리세린이 연소하며 나온 에너지가 가까이에 있는, 아직 반응하지 않은 나이트로글리세린을 가열해 이산화탄소(CO_2), 물(H_2O), 질소(N_2), 산소(O_2)로 분해한다.

나이트로글리세린은 매우 빨리 연소한다. 그러나 감춰진 음모가 있으므로 조심해야 한다. 올바른 조건에서도(재미있게만 볼 수도 있으나) 나이트로글리세린은 쉽게 폭발한다. 폭발은 보통 연소와는 완전히 다른 종류다. 나이트로글리세린의 폭발에서는 열이 천천히 전달되지 않고 초당 약 7.5킬로미터의 믿을 수 없는 속도로 초음속파가 물질을 통과하며 거의 순간적으로 분자를 분해한다.

얼마나 빠를까? 만일 약 10센티미터쯤 되는 나이트로글리세린 한 병을 실수로 바닥에 떨어트렸다고 하자. 병이 바닥을 치자마자, 폭발파는 액체가 담긴 병의 바닥에서 시작해 13마이크로초(마이크로초는 100만분의 1초) 만에 병의 윗부분에 다다르고, 병에 있던 나이트로글리세린은 모두 가스 형태로 바뀐다. 이 가스는(13마이크로초가 지난 뒤에 병 안에 있는 가스) 섭씨 약 5,000도가 되어 2만 배의 부피로 팽창한다.

겨우 13마이크로초 만에 병은 먼지가 되고, 1밀리초(1,000분의 1초) 뒤엔 우리도 그렇게 된다. 그리고 그것도 엄청 빨리! 옛날부터 써왔지만 나이트로글리세린은 여전히 가장 빠르고 강력한 폭발물이다.

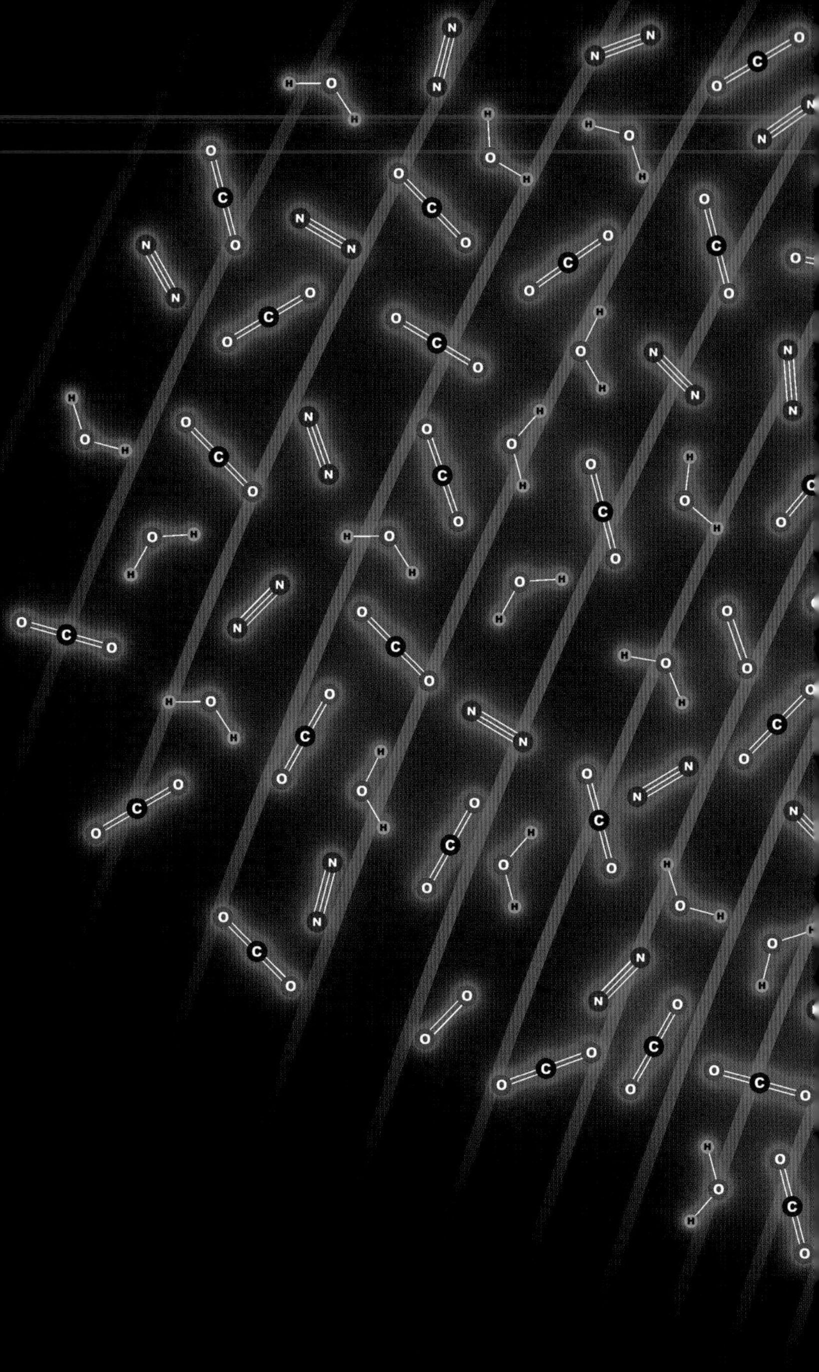

▷ 분해가 너무 빨라서 새로 생긴 가스가 미처 퍼질 시간이 없다. 믿을 수 없을 만큼 큰 압력을 발생시켜 폭발파를 지속한다.

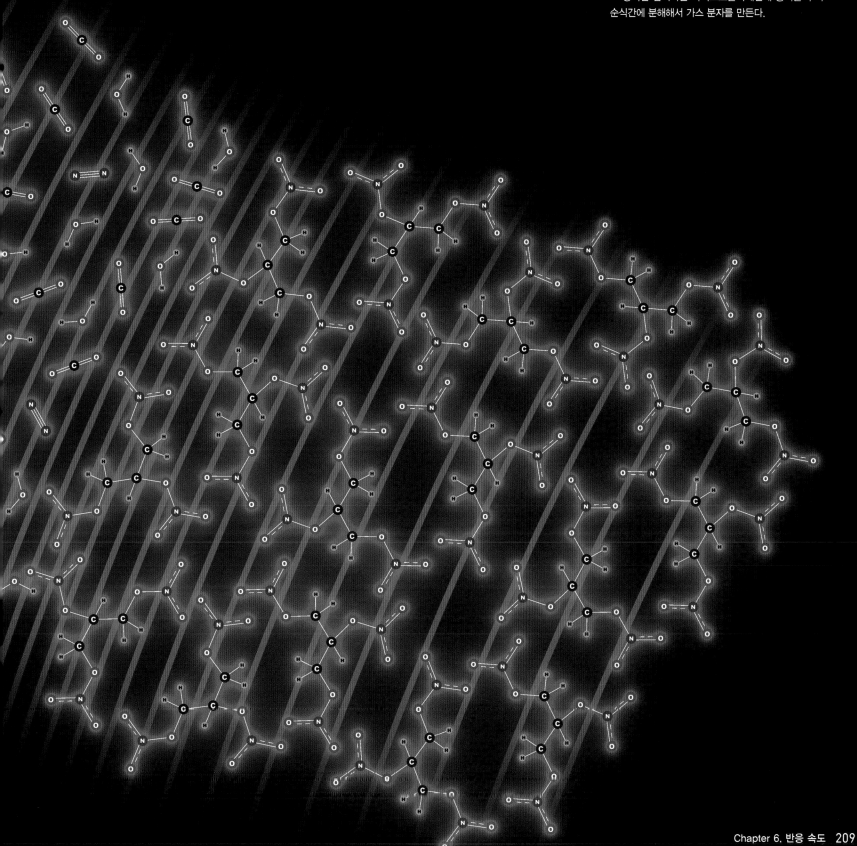

▼ 강력한 압력파는 나이트로글리세린에 충격을 주며
순식간에 분해해서 가스 분자를 만든다.

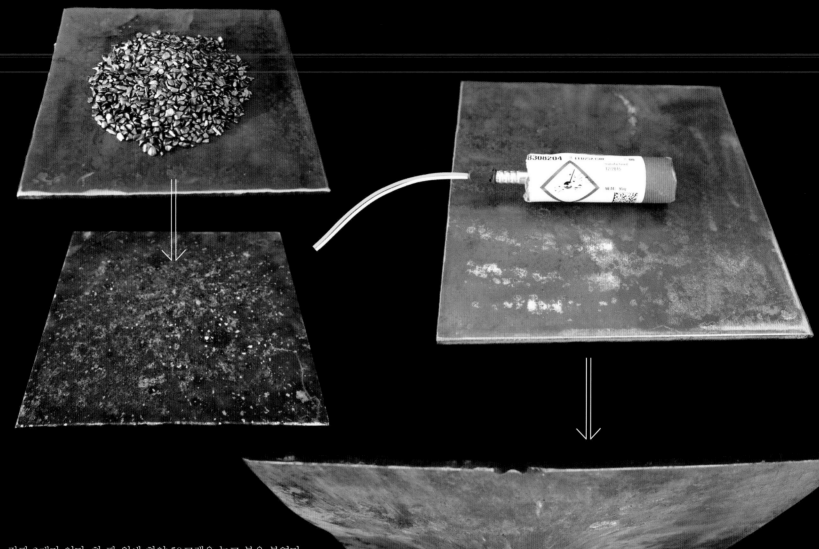

강판 2개가 있다. 한 판 위에 화약 50그램을 놓고 불을 붙였다. 이 강판으로 캠핑을 즐길 수 있다. 애처로울 정도로 약한 폭발의 힘을 간신히 느낄 뿐이다.

다른 판에는 그 위에 약 20그램의 나이트로글리세린(다이너마이트를 반쪽으로 자른 형태)을 놓고 점화했다. 이 강판은 험한 꼴을 당했다. 나이트로글리세린이 화약보다 1,000배는 더 빠르게 반응하는 강력한 폭발물이기 때문이다.

화약같이 폭발성이 낮은 폭발물이 트인 공간에서 연소하면 단순히 공기를 밀어낼 뿐이다. 그 근처의 압력은 높아지겠지만 전체가 그런 것은 아니다. 주변의 공기가 소리의 속도(공기가 압력파에 의해 자연적으로 이동하는 속도)보다 더 빠르게 움직일 수는 없기 때문이다.

강력한 폭발물은 이 소리 속도의 한계를 넘는다. 주변의 공기가 그곳을 완전히 빠져나올 수 없을 만큼 빠르게 가스가 생성된다. 강력한 폭발물 주변의 공기 분자가 터져 나가려는 힘은 실제로 강철보다 더 강한 벽을 만든다.

어떻게 공기벽이 강철보다 더 강할 수 있을까? 움푹 팬 강판을 보라. 폭발성 가스가 강판 위로 나가는 것보다 강판을 밀어 굽히는 게 훨씬 더 쉬웠을 것이다.

이것이 연소와 폭발, 약한 폭발물과 강력한 폭발물의 차이다.

세상에서 가장 빠른 반응

우리의 반응은 점점 더 빨라지고 있다. 이제 대단원의 마지막에 왔다. 세상에서 가장 빠른 반응이다. 아마도 슈퍼 초강력 폭발물이겠지? 블랙홀 붕괴일까? 아니다. 그냥 물이다.

사람들은 "제일 빠르다"거나 "제일 크다"거나 "제일 높다" 같은 말을 하며 법석들을 떤다. 건물도 꼭대기에 첨탑을 달고 그건 단순 장식이어서 건물 높이에서 빼야 한다느니, 실제 건물 부분만으로는 내 것이 더 크다느니 하지 않는가? 빛으로 여기된 상태(빛을 받아 에너지 수준이 정상 상태보다 높아진 상태_옮긴이)도 반응으로 볼 수 있는가? 나는 여기서 그런 논란을 계속할 생각은 없다. 왜냐하면 나는 그 반응이 전체적인 상황으로 볼 때 세상 그 어떤 것보다 가장 빠르고 훨씬 더 중요한 반응이라고 생각하기 때문이다.

내가 가장 빠르다고 생각하는 화학 반응은 두 물 분자 사이에서 일어나는 수소 양이온의 교환이다.

우리는 이미 물에 설탕을 녹이는 일을 설명하며(110쪽) 수소 결합이라는 개념을 배웠다. 그림으로 보았듯이, 물은 스스로 수소 결합으로 물 분자들을 엮어 가교 그물 형태를 이룬다. 이 그물 구조는 상당히 중요하다. 이것이 물의

화학에 수많은 교묘한 효과를 만든다. 그중에 정말 확실한 것 중 하나가 물에 뜨는 얼음이다.

물의 온도를 상온 이하로 점점 낮추면, 물이 차가워질수록 다른 물질들과 같이 밀도가 점점 더 높아진다. 그러나 섭씨 4도에 이르면 내부 구조가 특별하게 바뀌면서 전세는 역전된다. 온도가 내려가면서 차가워질수록 밀도가 오히려 작아지는 것이다. 물이 얼어 얼음이 되면, 그 특별한 구조가 물 전체를 덮게 되고 그러면 밀도는 큰 폭으로 낮아진다. 이 현상은 다른 물질에서는 거의 없는 특별한 것이다.

이 현상을 실제로 볼 수 있는 예가 바로 물에 뜨는 얼음이다. 그뿐만 아니라 아주 차고 거의 얼기 직전의 물도 덜 차가운 물 위에 뜬다. 이러한 이유로 호수는 겨울 동안 다른 곳보다도 더 춥다. 또한 얼어붙은 물속에서 생태계가 생존할 수 있는 것도 이러한 이유 때문이다.

왜 물 분자들은 이렇게 모여서 단단한 구조를 이룰까? 역설적이게도 물 분자들은 끊임없이 서로 떨어져 나가기 때문이다.(관점에 따라 다르게 이해할 수도 있을 것이다.)

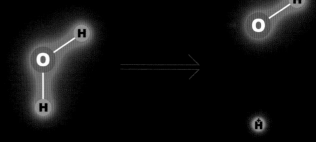

▲ 이 상황에 대한 일반적인 설명은 물 분자가 이온 2개로 나누어질 수 있다는 것이다. 하나는 양전하를 띤 수소 이온(H+)이고, 다른 하나는 음으로 하전된 수산 이온(OH-)이다. 순수한 물을 측정하면 언제나 물 분자 1,000만 개 중의 1개씩은 이렇게 분리되어 있다.
그러나 이것은 상황을 너무 도식적이고 단순하게 설명하는 것이다. 물 분자들은 간단한 그림처럼 그렇게 헤어지지 않는다. 그들은 좀 더 복잡하다.

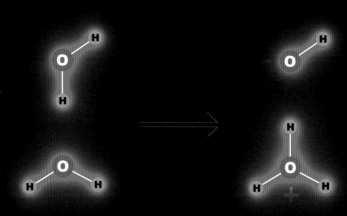

▲ 이 그림이 사실에 좀 더 가까운 표현이다. 이 그림을 보면, 수소 양이온 1개가 물 분자에서 다른 분자로 이동해 수산 이온(OH-)과 하이드로늄 이온(H3O+)을 만든다. 많은 교과서가 이러한 표현을 쓴다. 교사들은 H+를 쓰지 않아도 물에 존재하는 수소 양이온을 표현할 수 있다고 주장할 것이다. 사실 수소 양이온이 독립적으로 떠도는 것이 아니라는 것을 강조하기 위해 H3O+로 표현하는 것이 더 좋을 것이다.
완전한 진실을 나타내는 것은 아니지만, 이 표현은 수소 결합의 존재 이유를 보여준다. 수소 양이온이 한 물 분자에서 다른 분자로 한 번만 이동하는 것이 아니라 매우 빠른 속도로 왔다 갔다 하는 것을 상상해보라. 수소 원자가 산소 원자 하나를 당기고, 즉시 또 다른 산소 원자 하나를 당김으로써 수소 양이온이 교대로 그 둘을 끌어당긴다. 이 이동은 '엄청나게 빠르다.' 수소 원자는 모든 원자 중에서 가장 가벼운 원자다. 그래서 다른 원소보다 빨리 움직일 수 있다. 수소-산소 결합은 강하기 때문에 가벼운 수소 원자는 잘 끌려간다. 수소 원자가 한 산소 원자에서 다른 산소 원자로 이동하는 속도는 0,000,000,000,000,05초(50펨토초)다. 이 속도는 화학 반응 중에서는 가장 빠른 것이다. 이 반응의 속도가 엄청나게 빠르기 때문에 물이 화학적으로 아주 특출할 수 있는 것이다.

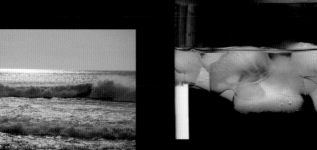

▲ 물의 힘과 권위는 무시할 수 없을 만큼 엄청나다. 광대한 바다에 첫발을 대보는 어린아이부터, 젊은 날 추억이 파도 소리를 듣는 노인에 이르기까지, 우리 모두는 본능적으로 물을 소중하게 생각한다.

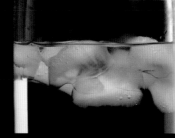

▲ 물 분자에서 수소 원자는 늘 두 산소 원자의 사이에 들어가려는 경향이 있다. 높은 온도에서 이러한 결합은 곧 깨진다. 그러나 물이 차가워지면, 이러한 결정 비슷한 고리 형태를 부분적으로 좀 더 오래 유지할 수 있다. 이렇게 고리 구조가 되면 그렇지 않은 물보다 밀도가 더 낮아진다.(108쪽에서 이 모양을 그림으로 볼 수 있다.)

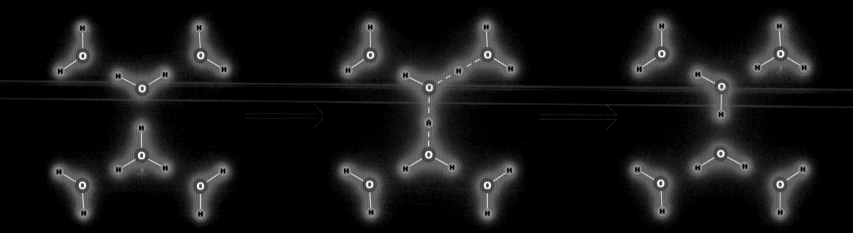

앞에서 보여준 하이드로늄 이온(H_3O^+)은 실재하는 것처럼 보인다. 대부분의 교과서에서도 이러한 표현이 나온다. 그러나 하이드로늄 이온은 실제로 존재한다고 말할 수 있을 만큼 그 수명이 길지 않다. 수소 양이온의 교환은 수소-산소 결합의 진동 주기만큼이나 빠르다. 다른 말로 하면, 수소 양이온은 물 분자들 사이를 아주 빠른 속도로 왔다 갔다 한다.

이것은 단지 두 물 분자 사이에서만 일어나는 일이 아니다. 한 수소가 두 번째 물 분자로 갔다가 원래 있던 분자로 되돌아오지 않고 옮겨간 물 분자의 다른 수소 중 하나를 건드려 그 수소를 튕겨낼 수 있다. 이렇게 바뀐 수소는 세 번째 물 분자로 갈 것이다.

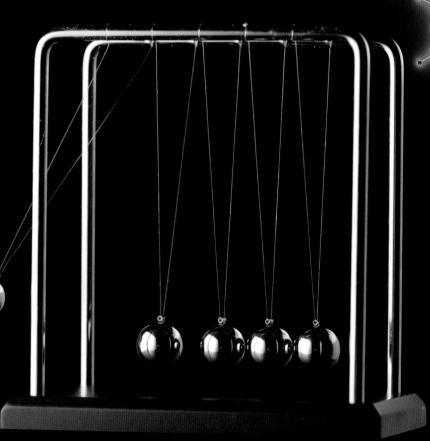

▶ '뉴턴 크래들'이라는 장난감은 '충돌 에너지'가 어떻게 한쪽 끝의 공에서 다른 쪽 끝의 공까지 거의 즉시 전달되는지를 보여준다. 오른쪽 끝의 공을 들었다가 떨어뜨리면 왼쪽 끝의 공 하나가 튄다. (이 장난감이 실제로 움직이는 것을 본 적이 없다면, 온라인에서 동영상을 찾을 수 있을 것이다. 이전에 본적이 없다면 정말 재미있고 신기할 것이다.) 수소 양이온의 이동도 이와 비슷하게 일어난다.

▲ 물 분자 여러 개가 일렬로 정렬하면, '양성자 고속도로'라는 것을 형성해 거의 순식간에 수소 양이온들을 운반할 것이다. 양성자 고속도로 한 끝에 수소 양이온 1개가 들어가 다른 쪽 끝에서 수소 양이온 1개가 나왔다고 해서, 실제로 한 수소 양이온이 고속도로 전체를 계속 이동한 것은 아니다.

이것은 뉴턴 크래들과 같다. 한쪽 끝에 있는 공 하나를 튕기면 다른 쪽 끝에 있는 공 하나가 튄다. 그러나 다른 공들은 움직이지 않는다. 컴퓨터 시뮬레이션으로 이러한 양성자 고속도로의 존재, 길이, 수명을 연구했고, 실제로도 입증했다. 이와 같은 이유로 물속에서 이 같은 중요한 반응들은 흔히 예상하는 것보다 훨씬 빠른 속도로 일어난다.

수소 원자

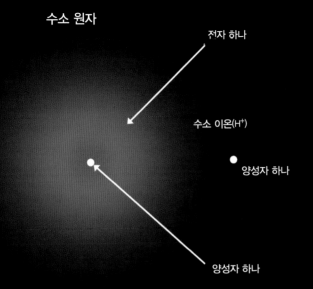

전자 하나

수소 이온(H⁺)

양성자 하나

양성자 하나

◁ 앞에서 나온 양성자 고속도로를 이야기하면서 화학자들이 수소 이온(H⁺)을 '양성자'라고 부르는 것을 종종 들었을 것이다. 이는 사실 그대로다. 중성 수소 원자는 원자핵에 양성자 1개(+1 전하)를 가지고 있고, 그 주위에 전자 1개(−1 전하)가 있다. 전자 1개를 떼어내어 H⁺로 만들면, 중심에 양성자 1개만 남는다. H⁺는 실제로 단 하나의 아원자 입자다. 따라서 그것은 다른 어떤 원자나 이온보다 작고 가볍다.

▽ 이미 말했듯이, 1,000만 개의 물 분자 중 1개는 언제든지 H⁺와 OH⁻로 분리되어 있다. 이것은 순수한 물에서도 H⁺가 어느 일정 농도로(1,000만 분의 1) 존재한다는 말이다. H⁺가 들어 있는 용액은 산성으로 정의한다. 그러면 물은 산성인가? 잠깐, 그 같은 순수한 물에는 정확히 같은 양의 OH⁻도 존재한다. OH⁻를 가진 용액을 염기성(산성의 반대)이라 정의하니까 물은 염기성인가?
순수한 물은 산성이며 동시에 염기성이다. H⁺와 OH⁻가 같은 농도로 들어 있다. 산성이라고 할 수도 없고 염기성이라고 할 수도 없기 때문에 '중성'이라고 부른다. 그러나 혼동하지 마라. 순수한 물은 이것도 저것도 아닌 의미에서 중성이 아니다. 양쪽이 모두 똑같은 정도이기 때문에, 산성이라고도 염기성이라고도 못 하고 중성이라고 부르는 것이다.

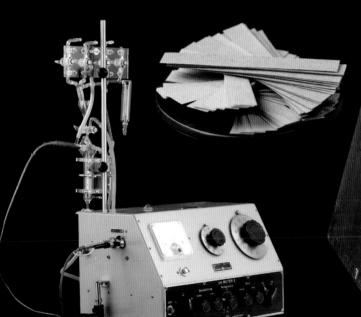

▷ 리트머스 종이나 전자 pH미터는 물 시료의 수소 이온 농도(pH)를 재는 데 쓴다. 농도의 상용로그(밑이 10인 로그)의 음수 값을 시료의 산성도로 표시한다. 이게 무슨 말인지 모르겠다면 괜찮다. 걱정하지 마라. pH의 'p'가 무엇을 의미하는지 알 것이다.(potential of hydrogen, 즉 액체의 수소 이온 농도를 뜻한다._옮긴이) 순수한 물의 수소 이온 농도는 1,000만 분의 1이므로 log(0.000,0001)는 −7이다. 따라서 순수한 물의 pH는 7이다.(요즘의 pH미터는 싸구려 플라스틱으로 만든 조악한 것이라서, 골동품 같은 기구를 2개 구했다. 과학 기구는 과학 기구 같아야지 게임기 같아서야 되겠는가?)

▼ 산과 염기는 물에서 수소 양이온(H+)의 농도를 높이거나 낮추는 화학 물질이다. 산은 물에 녹았을 때 수소 양이온을 방출해 그 농도를 증가시킨다. 반면, 염기는 직접 반응해 수소 양이온을 흡수하거나 또는 수산 이온(OH−)을 방출해 수소 양이온과 반응함으로써 수소 양이온의 농도를 감소시킨다.

정확히 같은 양의 산과 염기를 같은 용액에 넣으면 서로를 '중화'한다. 예를 들어, 같은 수의 염화수소(HCl) 분자와 수산화나트륨(NaOH) 분자를 물에 녹이면, 산에서 나온 H+와 염기에서 나온 OH−가 약간의 물을 생성한다. 그리고 약간의 Cl−와 Na+가 남는다. 이것은 산과 염기 대신 소금(NaCl)을 녹였을 때와 완전히 똑같은 용액이다. 다른 말로 하면, 위험한 부식성 화학 물질을 사용해 무해한 소금물을 만든 것이다.

나는 "산에서 나온 H+와 염기에서 나온 OH−가 반응했다"고 말했지만, 정확히 그렇게 작동하는 것은 아니다.

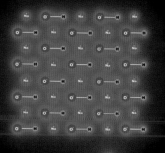

◀ 수산화나트륨(NaOH)은 상온에서 고체이므로, 이 그림은 현실에 가깝다. 물론 이 책에 있는 모든 그림과 같이 고체는 모두 3차원이지만 평편하게 표시했다.

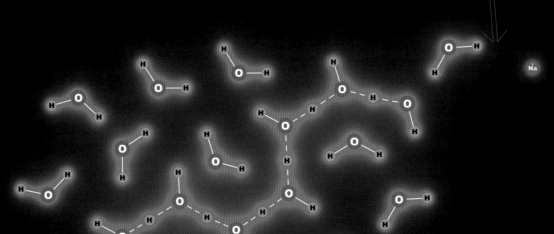

▶ 순수한 염화수소(HCl)는 실제로는 가스다. 염화수소는 물에 용해했을 때에만 상온에서 액체가 된다.(이것을 염산이라 부른다.) 따라서 이 그림을 보이는 그대로 받아들여서는 안 된다.

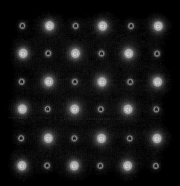

▲ 양성자 고속도로는 두 물질이 직접 만나지 않고 멀리 떨어져서도 산과 염기의 중화 반응이 일어날 수 있다는 것을 알려준다. HCl에서 나온 과잉의 수소 양이온들이 고속도로 한쪽 끝에 들어오면 순식간에 반대쪽 끝에 과잉의 수소 양이온들이 생겨서 수산 이온들과 중화되는데, 그 수소 양이온이 고속도로를 직접 이동한 것은 아니다. 이러한 식으로 산과 염기는 더할 나위 없이 빠르게 수백 번씩 서로 중화된다.

물 분자끼리와 물과 다른 분자 간의 수소 결합이 만든 그물 구조의 수명은 생물학적 반응에서 너무나 중요해서, 수소 결합이 중요한 역할을 하는 경우를 세는 것보다 수소 결합이 중요한 역할을 하지 않는 경우(만일 그런 경우가 있기나 한다면)를 나열하는 것이 더 쉬울지도 모른다.

이제 물의 화학 반응에 대한 우리의 탐구를 끝낼 때가 왔다. 우리의 몸, 우리의 생각, 우리의 예술에 물만큼 깊이 연관되어 있는 것은 없다. 모든 문화에서 생명의 원천으로서 또 유지자로서 존경받고 숭배받는 이 물질이 본질적으로 매우 화학적이라는 사실은 얼마나 멋진 일인가!

기술적 의미에서 물은 산이면서 염기다. 물은 강력한 용매다. 물은 반응물로서, 생성물로서, 그리고 용매로서 생명의 모든 반응에 관여한다. 물은 화학 물질이라고 할 수 있는 것들의 가장 근본이 되는 물질이다. 그 화학 물질을 우리가 매일 마실 수 있고 또 반드시 마셔야만 한다는 것은 얼마나 놀라운 일인가! 물은 우리가 물 덕분에 존재하고, 물에 의존하며, 우리가 삶의 모든 면에서 화학 물질과 그 경이로운 반응을 즐긴다는 사실을 증명하는 궁극적인 증거다.

옮긴이의 말

어둠 속의 불꽃들! 이 책의 첫 느낌이다. 저자의 이름은 그레이, 회색! 뭔가 색색의 불꽃놀이 장관이 펼쳐질 것 같은 느낌이 들지 않는가? 그의 멋진 책들은 불꽃과 색으로 춤추는 마법의 공간이다. 마법 같은 효과를 보여줄 뿐 아니라 진짜 마법을 다루고 있다.《세상을 만드는 분자》에 이어 또 하나의 마법을 우리에게 건다. 그의 진짜 마법은 화학을. 그 지루하고 어려운 화학을 세상 어느 장난보다 더 재미있게 만드는 마법이다. 그의 말대로 화학은 정말 마법이다. 화학이 마법이 될 수 있는 것은 화학이 벌이는 수많은 반응 덕분이다. 그의 마법이 진짜 멋있게 펼쳐지는 세계, 반응의 세계로 들어가서 재미있게 화학을 즐겨보자.

이 책《세상을 바꾸는 반응》은《세상을 만드는 분자》와 마찬가지로 수많은 신기한 그림과 사진으로 우리 눈을 끈다. 그래서 글 읽기를 싫어하고 책을 잘 안 보는 사람들도 재미나게 펼칠 수 있다. 그러나 그 사진들과 그림들이 전해주는 지식은 결코 녹록지 않다. 아주 중요한 기초 화학 지식부터 아주 깊은 화학의 첨단 이론까지 마치 동영상처럼 화려하게 보여준다. 마지못해 하는 사람보다 열심히 하는 사람이 낫고, 열심히 하는 사람이 즐기는 사람을 이길 수 없다고들 한다. 이 책으로 화학을 즐긴 분들 중에서 화학으로 큰 벤처 회사를 설립할 CEO도, 화학으로 나라를 빛낼 대단한 화학자도, 세상을 놀라게 할 노벨 화학상 수상자도 나오리라고 믿는다. 호기심과 흥미처럼 큰 원동력은 없다. 이 책은 그 둘을 가져다줄 아주 확실한 마법이니까!

전창림,《미술관에 간 화학자》 저자

사진 출처

별다른 표기가 없는 모든 사진은 닉 만이 제공했으며, 모든 그림과 분자 모형은
시어도어 그레이가 그렸다.(Copyright © 2017 by Theodore Gray)

The Chemistry Project 제공, Copyright © 2016 RGB Ltd

6, 7, 15, 16, 22, 44, 45, 50, 58, 66, 82, 83, 84, 85, 86, 87, 114, 133, 135, 136, 137, 138,
146, 156, 157, 166, 173, 193, 195, 203, 213 : 닉 만

46, 104, 105 : 드루 가드너

65, 79, 83, 92, 109, 134, 190 : 드루 가드너, 그레이엄 베리

112, 113, 116 : 재스퍼 제임스

3, 167, 168, 170, 171 : 앤드루 베리

Copyright © 2016 by Theodore Gray

44, 45 : 닉 만, 터치 프레스, 젬스&주얼스 App

123 : 닉 만, 오케스트라 App, Amphio, 필하모니아 관현악단

213 : 닉 만, 케미컬 헤리티지 파운데이션

30, 91, 97, 100, 106, 122, 184, 200 : 시어도어 그레이

100 : 마리벨 오달리스 샌체즈 디 타일러

Copyright © 2017 by Nick Mann

103, 123, 165, 184, 186 : 닉 만

추가 원본 사진 저작권

16, 27 : 맥스 휏비

30 : 브라이언 핸슨

30 : 브리짓 고울리

3, 120, 141, 146 : 마이크 샌섬, pyroproductions.co.uk

206, 210 : 마이크 샌섬

원본 렌더링: 멜리 스나르

58, 59, 60 : A. Hitchcock, C. N. Hunter, and M. Sener. Determination of cell
doubling times from the return-on-investment time of photosynthetic vesicles

based on atomic detail structural models. J. Phys. Chem. B, 2017
M. Sener, J. Strumpfer, A. Singharoy, C. N. Hunter, and K. Schulten
Overall energy conversion efficiency of a photosynthetic vesicle. eLife, page
10.7554/eLife.09541 (30pages), 2016

137 : 전구 스펙트럼 원본 렌더링: 시어도어 그레이
http://www.designingwithleds.com/light-spectrum-charts-data/

나사(NASA)에서 제공한 퍼블릭 도메인 이미지: 3, 40, 41, 53, 56, 123, 139, 180, 185, 197
(NASA, ESA, A. Fujii, and Z. Levay, STScI)

과학 칼럼에서 인용한 원본 사진 저작권

17, 80, 81, 88, 115, 196, 197, 200 : 마이크 워커

191 : 찰스 샷웰

추가 이미지:

13 : The Three Witches by Daniel Gardner, 1775(public domain, via Wikimedia
Commons)

15 : Painting by Pietro Longhi, 1830(public domain via Wikimedia Commons)

16 : Photographer unknown, via Wikimedia Commons

28 : Photographer unknown(public domain via Wikimedia Commons)

30 : Photographer unknown(public domain via DePauw University)

39 : Copyright © 2003 Adam Block/ Mount Lemmon SkyCenter/ University of
Arizona

42 : ESO(European Southern Observatory)/ H. Boffin, Creative Commons Attribution

81 : Gus Pasquarella, public domain via Wikimedia Commons

94 : Copyright Jana Vengels | http://www.dreamstime.com/bluna_info

94 : Copyright Fibobjects | http://www.dreamstime.com/fibobjects_info

98 : Copyright ago fotostock/ Alamy Stock Photo

98 : Copyright Dirk Ercken | http://www.dreamstime.com/kikkerdirk_info

99 : Copyright Leonid Chernyshev | http://www.dreamstime.com/chernysh_info

찾아보기

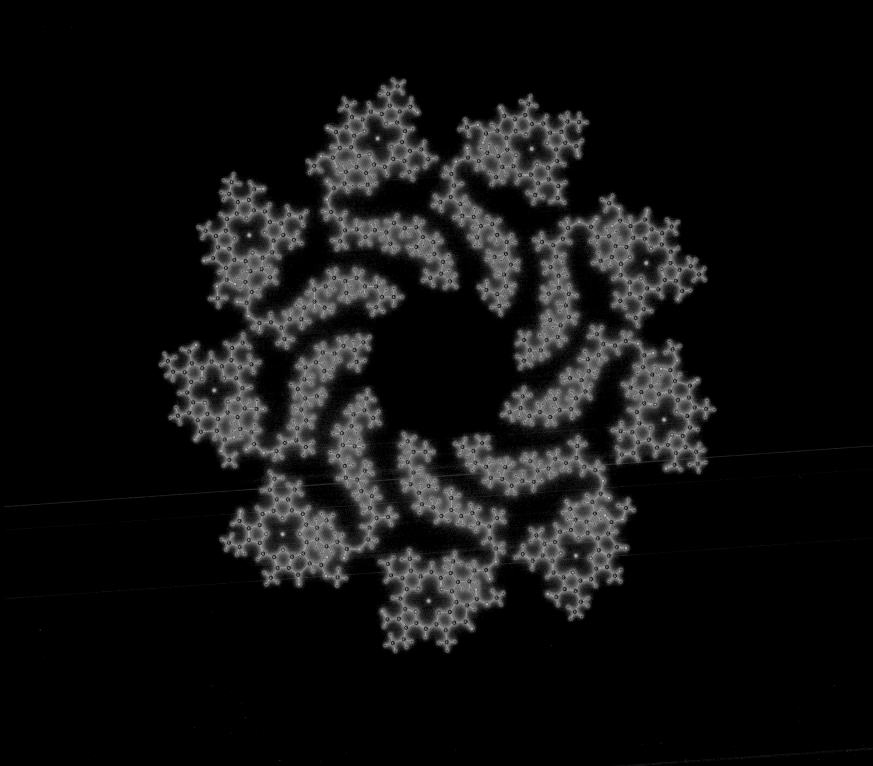

세상을 바꾸는 반응

초판 1쇄   2018년 4월 20일
초판 2쇄   2021년 1월 30일

지은이   시어도어 그레이
사진   닉 만
옮긴이   전창림

펴낸이   김한청
기획편집   원경은 차언조 양선화 양희우 유자영
마케팅   정원식 이진범
디자인   이성아
운영   설채린

펴낸곳 도서출판 다른
출판등록 2004년 9월 2일 제2013-000194호
주소 서울시 마포구 동교로 27길 3-10 희경빌딩 4층
전화 02-3143-6478   팩스 02-3143-6479   이메일 khc15968@hanmail.net
블로그 blog.naver.com/darun_pub   인스타그램 @darunpublishers

ISBN 979-11-5633-194-0 03430

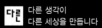

다른 생각이
다른 세상을 만듭니다

다른 포스트   뉴스레터 구독